教育部高等学校电子信息类专业教学指导委员会规划教材
高等学校电子信息类专业系列教材

FPGA Digital System Design

FPGA数字系统设计

薛一鸣 文娟 编著
Xue Yiming Wen Juan

清華大学出版社

北京

内 容 简 介

本书在全面介绍 FPGA 器件结构、Verilog 语法和经典数字逻辑设计的基础上,着重介绍基于 Vivado 的 FPGA 开发流程、基于 FPGA 的基础和高级设计技术、FPGA 时序约束与时序分析方法、Zynq SoC 嵌入式系统设计,最后详细介绍 CNN 手写数字识别系统的设计和实现。

全书共分两篇:第 1~5 章为基础篇,着重介绍 FPGA 设计的基础知识,包括 FPGA 电路结构、Verilog HDL 语法、经典数字逻辑设计,同时详细讲解基于 Vivado 的 FPGA 开发流程,基础实验涵盖信号采集、信号传输、信号处理、信号输出等信息处理全过程;第 6~10 章为提高篇,深入介绍 FPGA 的高级设计技术、FPGA 的时序约束和时序分析、基于 Zynq 的 SoC 嵌入式系统设计,并以 CNN 手写数字识别系统为例讨论 FPGA 数字系统设计过程中的实现细节,综合实验围绕人工智能、多媒体处理和经典数字电路展开。

本书适合作为高等院校电子工程类、自动控制类、计算机类专业大学本科生、研究生的教学用书,同时可供对 FPGA 设计开发比较熟悉的开发人员、广大科技工作者和研究人员参考。

图书在版编目(CIP)数据

FPGA 数字系统设计/薛一鸣,文娟编著. —北京:清华大学出版社,2019(2023.4 重印)
高等学校电子信息类专业系列教材
ISBN 978-7-302-53671-0

Ⅰ. ①F… Ⅱ. ①薛… ②文… Ⅲ. ①可编程序逻辑器件-系统设计-高等学校-教材 Ⅳ. ①TP332.1

中国版本图书馆 CIP 数据核字(2019)第 187312 号

责任编辑:王　芳
封面设计:李召霞
责任校对:时翠兰
责任印制:宋　林

出版发行:清华大学出版社
　　　网　　　址:http://www.tup.com.cn,http://www.wqbook.com
　　　地　　　址:北京清华大学学研大厦 A 座　　　　　　　邮　　编:100084
　　　社 总 机:010-83470000　　　　　　　　　　　　　邮　　购:010-62786544
　　　投稿与读者服务:010-62776969,c-service@tup.tsinghua.edu.cn
　　　质量反馈:010-62772015,zhiliang@tup.tsinghua.edu.cn
　　　课件下载:http://www.tup.com.cn,010-83470236
印 装 者:三河市龙大印装有限公司
经　　　销:全国新华书店
开　　　本:185mm×260mm　　印　　张:19.75　　　　字　　数:475 千字
版　　　次:2019 年 11 月第 1 版　　　　　　　　　　印　　次:2023 年 4 月第 3 次印刷
定　　　价:59.00 元

产品编号:072867-01

高等学校电子信息类专业系列教材

序
FOREWORD

我国电子信息产业销售收入总规模在 2013 年已经突破 12 万亿元,行业收入占工业总体比重已经超过 9%。电子信息产业在工业经济中的支撑作用凸显,更加促进了信息化和工业化的高层次深度融合。随着移动互联网、云计算、物联网、大数据和石墨烯等新兴产业的爆发式增长,电子信息产业的发展呈现了新的特点,电子信息产业的人才培养面临着新的挑战。

(1) 随着控制、通信、人机交互和网络互联等新兴电子信息技术的不断发展,传统工业设备融合了大量最新的电子信息技术,它们一起构成了庞大而复杂的系统,派生出大量新兴的电子信息技术应用需求。这些"系统级"的应用需求,迫切要求具有系统级设计能力的电子信息技术人才。

(2) 电子信息系统设备的功能越来越复杂,系统的集成度越来越高。因此,要求未来的设计者应该具备更扎实的理论基础知识和更宽广的专业视野。未来电子信息系统的设计越来越要求软件和硬件的协同规划、协同设计和协同调试。

(3) 新兴电子信息技术的发展依赖于半导体产业的不断推动,半导体厂商为设计者提供了越来越丰富的生态资源,系统集成厂商的全方位配合又加速了这种生态资源的进一步完善。半导体厂商和系统集成厂商所建立的这种生态系统,为未来的设计者提供了更加便捷却又必须依赖的设计资源。

教育部 2012 年颁布了新版《高等学校本科专业目录》,将电子信息类专业进行了整合,为各高校建立系统化的人才培养体系,培养具有扎实理论基础和宽广专业技能的、兼顾"基础"和"系统"的高层次电子信息人才给出了指引。

传统的电子信息学科专业课程体系呈现"自底向上"的特点,这种课程体系偏重对底层元器件的分析与设计,较少涉及系统级的集成与设计。近年来,国内很多高校对电子信息类专业课程体系进行了大力度的改革,这些改革顺应时代潮流,从系统集成的角度,更加科学合理地构建了课程体系。

为了进一步提高普通高校电子信息类专业教育与教学质量,贯彻落实《国家中长期教育改革和发展规划纲要(2010—2020 年)》和《教育部关于全面提高高等教育质量若干意见》(教高【2012】4 号)的精神,教育部高等学校电子信息类专业教学指导委员会开展了"高等学校电子信息类专业课程体系"的立项研究工作,并于 2014 年 5 月启动了《高等学校电子信息类专业系列教材》(教育部高等学校电子信息类专业教学指导委员会规划教材)的建设工作。其目的是为推进高等教育内涵式发展,提高教学水平,满足高等学校对电子信息类专业人才培养、教学改革与课程改革的需要。

本系列教材定位于高等学校电子信息类专业的专业课程,适用于电子信息类的电子信息工程、电子科学与技术、通信工程、微电子科学与工程、光电信息科学与工程、信息工程及其相近专业。经过编审委员会与众多高校多次沟通,初步拟定分批次(2014—2017 年)建设约 100 门课程教材。本系列教材将力求在保证基础的前提下,突出技术的先进性和科学的前沿性,体现创新教学和工程实践教学;将重视系统集成思想在教学中的体现,鼓励推陈出新,采用"自顶向下"的方法编写教材;将注重反映优秀的教学改革成果,推广优秀的教学经验与理念。

为了保证本系列教材的科学性、系统性及编写质量,本系列教材设立顾问委员会及编审委员会。顾问委员会由教指委高级顾问、特约高级顾问和国家级教学名师担任,编审委员会由教育部高等学校电子信息类专业教学指导委员会委员和一线教学名师组成。同时,清华大学出版社为本系列教材配置优秀的编辑团队,力求高水准出版。本系列教材的建设,不仅有众多高校教师参与,也有大量知名的电子信息类企业支持。在此,谨向参与本系列教材策划、组织、编写与出版的广大教师、企业代表及出版人员致以诚挚的感谢,并殷切希望本系列教材在我国高等学校电子信息类专业人才培养与课程体系建设中发挥切实的作用。

吕志伟 教授

前言
PREFACE

随着半导体技术的发展和 EDA 设计技术的进步,现代数字系统向着高集成度、高速度、低功耗、系统化的方向发展,传统的数字电路设计方法已经难以适应现代数字系统发展,基于 FPGA 平台、采用硬件描述语言进行数字系统设计是现代数字系统设计的重要方向。近年来随着人工智能的兴起,在深度学习的效率方面,FPGA 表现出 GPU 无法比拟的优势。

为了便于读者学习和掌握 FPGA 相关内容,本书主要突出了基础与提高并重、强化实践、面向应用的思想。

为了体现基础与提高并重的指导思想,内容上设置了基础篇和提高篇两个篇章,基础篇包括第 1~5 章,涵盖可编程器件基础、Verilog HDL 语言基础、数字逻辑 HDL 描述、基于 Vivado 的 FPGA 开发流程、FPGA 基础实验,基础篇内容对 Verilog HDL 语言规范进行了适当删减,删除了诸如原语、fork join 等实际 FPGA 应用中较少涉及的内容,使读者专注于掌握 FPGA 基本电路设计;提高篇包括第 6~10 章,内容包括 FPGA 高级设计举例、FPGA 的时序约束与时序分析、Zynq SoC 嵌入式系统设计、基于 Zynq 的 AI 应用——CNN 手写数字识别系统、FPGA 综合实验,可适用于高年级相关专业本科生、研究生设计复杂 FPGA 电路和系统。

实践是学习 FPGA 的关键一环,我们梳理出数字系统结构一般包含信号采集、信号传输、信号处理、信号输出(执行)四部分,为此在基础实验部分设置了对应的四部分 FPGA 实验,使读者掌握 FPGA 基础电路设计的同时,全面了解数字系统的基本结构,为设计 FPGA 数字系统奠定基础;提高篇的综合实验部分,以信号采集、信号传输、信号处理、信号输出(执行)为基础,设置了经典数字电路、多媒体处理和人工智能三个综合性实验。通过基础实验和综合实验,强化读者的 FPGA 实践能力。

FPGA 有着广泛的应用,书中的许多实例来自工程实际。考虑人工智能是当今科技发展的热点方向并且基于 FPGA 的人工智能获得了重要应用,我们针对性地设置了 CNN 手写数字识别系统的章节和综合实验,既让读者掌握了 FPGA 嵌入式系统开发方法,又学习了 FPGA 在人工智能领域应用的优势,让读者体会到利用 FPGA 实现人工智能的乐趣。

本书共 10 章,具体内容为:

第 1 章可编程逻辑器件基础。内容包括专用集成电路的分类、CPLD/FPGA 的工作原理和典型的 CPLD/FPGA 器件结构。

第 2 章 Verilog HDL 语言基础。内容包括硬件描述语言、Verilog HDL 模块结构、语言要素、表达式和运算符、行为建模、结构化建模、系统任务和系统函数、编译指令。

第 3 章数字逻辑 HDL 描述。内容包括组合逻辑电路设计、时序逻辑电路设计、有限状态机设计,通过实例介绍了相关电路的设计方法。

第 4 章基于 Vivado 的 FPGA 开发流程。内容包括设计规划、设计输入、功能仿真、综合、时序仿真、FPGA 调试,覆盖了 FPGA 开发的各个过程。

第 5 章 FPGA 基础实验。内容包括信号采集、信号传输、信号处理、信号输出。

第 6 章 FPGA 高级设计举例。内容包括 FPGA 编码技巧、流水线设计、FIR 滤波器设计、SPI 接口设计、异步 FIFO 设计。

第 7 章 FPGA 的时序约束与时序分析。内容包括静态时序分析、DFF 时序参数、时序分析与时序约束,最后结合实例讨论了时序分析的过程。

第 8 章 Zynq SoC 嵌入式系统设计。内容包括 Zynq 结构、系统互连、基于 Zynq 平台的软硬件设计、Zynq 设计举例。

第 9 章基于 Zynq 的 AI 应用——CNN 手写数字识别系统。内容包括算法分析、系统架构、卷积加速核设计、硬件架构设计、软件架构设计,最后对系统性能进行了评估分析。

第 10 章 FPGA 综合实验。内容包括语音处理系统的 FPGA 实现、数字示波器的 FPGA 实现、基于 Zynq 的 CNN 手写数字识别系统实现。

为了方便读者的学习,提供了本书的教学课件和所用设计实例的完整代码,可以在清华大学出版社网站(http://www.tup.com.cn)下载。本书的实验不限于 Basys3、ZYBO FPGA 板,后续我们将进一步增加其他主流 FPGA 实验板的约束文件。

在本书的编写过程中,引用和参考了诸多专家和教授的研究成果,同时也参考了 Xilinx 公司的大量技术文档,在此向他们表示衷心的感谢。全书由薛一鸣、文娟、何宁宁、李木樨编写。我校王建平教授、中国科学院半导体所肖宛昂研究员审校了全书。全书由薛一鸣负责统稿。在编写过程中陈鹍、刘树荣参加了部分编码和测试工作,在此一并向他们表示感谢。在本书的出版过程中,得到了清华大学出版社王芳编辑的帮助和精心指导,也得到了美国 Digilent 公司的大力支持和帮助,在此也表示深深的谢意。感谢作者的家人对我工作的理解和支持。

时光如梭,今年是作者从事芯片、FPGA 设计二十年,同时也是作者将科研引入教学开设 EDA 技术课程二十年。二十年来作者先后开发了多款多媒体大规模集成电路,更欣慰的是作者指导过的多名学生如今在国内外著名集成电路设计公司从事集成电路的前沿设计工作。这本书凝结了作者多年科研和教学的一些体会,但由于作者经验、能力有限,书中难免有疏漏的地方,敬请读者批评指正。

薛一鸣

2019 年 10 月

目录
CONTENTS

提　高　篇

基础篇

可编程逻辑器件基础

1.1 可编程逻辑器件概述

可编程逻辑器件(Programmable Logic Device,PLD)是一种可由用户进行编程的芯片,其电路结构具有通用性和可配置性。用户通过开发软件对器件编程,从而实现所需的逻辑功能。可编程器件内部包含大量的逻辑单元,用一片可编程逻辑器件可以实现多片通用逻辑器件的功能,可以有效减小数字系统的体积和功耗,提高系统的可靠性。同时由于设计可以通过编程修改,大大提高了系统设计的灵活性。

可编程逻辑器件最早出现在 20 世纪 70 年代,先后出现了可编程只读存储器(Programmable Read Only Memory,PROM)、可编程逻辑阵列(Programmable Logic Array,PLA)、可编程阵列逻辑(Programmable Array Logic,PAL)、通用阵列逻辑器件(Generic Array Logic,GAL)、可用紫外线擦除的可编程逻辑器件(Erasable PLD,EPLD)。后来逐步发展为复杂 PLD(Complex PLD,CPLD)和现场可编程门阵列器件(Field Programmable Gate Array,FPGA)。特别是 FPGA 器件的出现,大大提升了可编程逻辑器件的逻辑密度、性能,器件成本也大幅下降。

一般的数字系统可以采用通用器件、专用集成电路、可编程逻辑器件三种实现方式。以深度学习硬件平台为例,深度学习普遍采用通用器件 GPU。GPU 作为图形处理器,设计初衷是为了应对图像处理中的大规模并行计算,并非专门针对深度学习,因此其能效最低。专用集成电路(Application-Specific Integrated Circuit,ASIC)可以针对深度学习进行定制设计,从而获得最高的性能。如 NVIDIA 推出的 Tesla P100 深度学习芯片是其 2014 年推出 GPU 系列性能的 12 倍。尽管 ASIC 性能高、功耗低,但存在开发周期长、开发成本高、风险大、灵活性差的问题。而采用可编程逻辑器件进行深度学习,其硬件结构可根据需要实时配置、灵活改变,因此同样可以取得较高的性能,同时其开发周期相较于 ASIC 大大缩短,开发风险低。可编程逻辑器件兼具高性能、低成本、灵活性高、开发周期短等特点,这是通用器件和专用集成电路所无法比拟的。因此可编程器件在诸多领域都获得了广泛应用。

1.2　CPLD 的原理与结构

与简单的可编程逻辑器件 PLA、PAL、GAL 相同,CPLD 采用了乘积项技术。

1.2.1　乘积项的工作原理

与或表达式是布尔代数的常用表达形式。根据布尔代数的知识,所有的组合逻辑函数均可以用与或表达式描述。同时与或阵列在硅片上非常容易实现。与或阵列由与阵列(乘积项)和或阵列组成。简单的 PLD 和 CPLD 都是基于与阵列(乘积项)和或阵列构建的。

如 $Y = A'BC + AC + B'C$,可以转换为 $Y = A'BC + AB'C + ABC + A'B'C$,对应的基于与或阵列的实现结构如图 1.1 所示。图中"×"表示连接关系,可以通过熔丝编程技术实现。

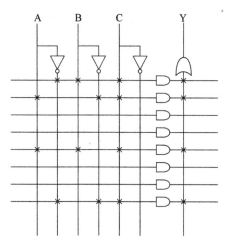

图 1.1　乘积项实现组合逻辑

1.2.2　CPLD 的一般结构

本节以 Altera MAX 7000 器件为例介绍 CPLD 结构。该器件主要由逻辑阵列块(Logic Array Block,LAB)、宏单元、扩展乘积项(共享和并联)、可编程连线阵列和 I/O 控制块等五部分组成,如图 1.2 所示。

每一个 LAB 包含 16 个宏单元,多个 LAB 通过可编程连线阵列(Programmable Interconnect Array,PIA)和全局总线连接在一起。宏单元结构如图 1.3 所示,由逻辑阵列、乘积项选择矩阵和可编程寄存器组成。逻辑阵列用来实现组合逻辑,为每个宏单元提供 5 个乘积项。乘积项选择矩阵把这些乘积项分配到"或门"或"异或门"来作为基本逻辑输入,以实现组合逻辑功能,并输出到宏单元内部的寄存器实现时序逻辑。也可以把这些乘积项作为宏单元的辅助输入来实现寄存器的清除、预置、时钟和时钟使能等控制。扩展乘积项可以用来补充宏单元的逻辑资源,其中共享扩展项用于反馈本级结果到逻辑阵列,并联扩展项用于级联临近宏单元中的乘积项。PIA 是可编程的全局总线通道,可将多个 LAB 相互连接构成所需逻辑。

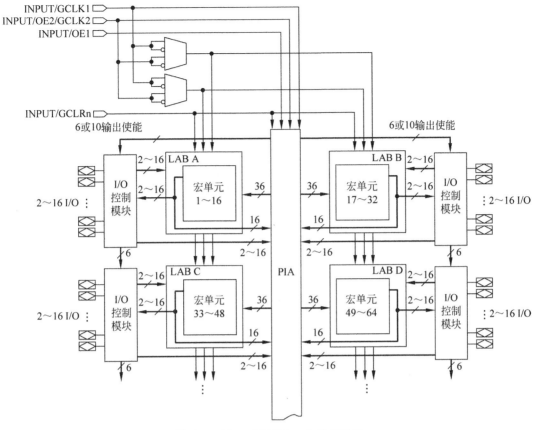

图 1.2　Altera MAX7000A 结构框图

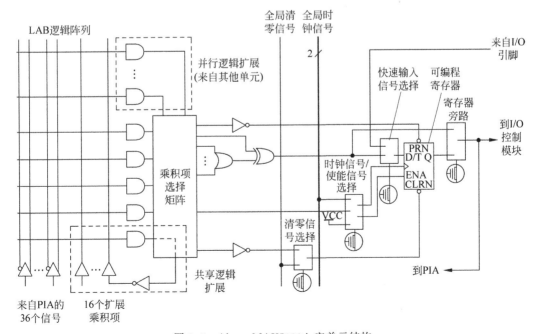

图 1.3　Altera MAX7000A 宏单元结构

I/O 控制单元是内部信号到 I/O 引脚的接口部分,可配置为输入、输出、双向工作方式,如图 1.4 所示。

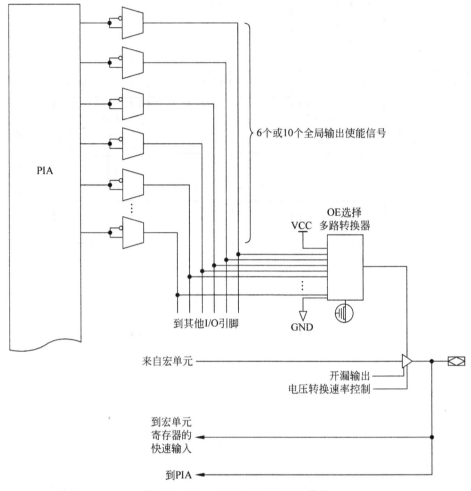

图 1.4　Altera MAX7000A I/O 结构

1.3　FPGA 的原理与结构

与采用乘积项的可编程逻辑器件不同,FPGA 采用查找表实现组合逻辑。

1.3.1　查找表的基本原理

查找表(Look-Up Table,LUT)本质上就是 RAM。Xilinx 7 系列 FPGA 中采用 6 输入 2 输出的 LUT。为简化起见,这里以 4 输入 1 输出的 LUT 为例,说明查找表的工作原理。

每个 4 输入 1 输出的 LUT 可看成有 4 位地址线的 $16 \times 1\text{bit}$ 的 RAM。当用户通过原理图或 HDL 语言描述了一个逻辑电路以后,FPGA 开发软件会自动计算逻辑电路的所有可能的结果,并把结果先写入 RAM。表 1.1 以 4 输入与逻辑电路为例,左半部分是实际电路的逻辑真值表,右半部分是采用 LUT 实现方式时 RAM 各地址单元存储的内容。输入信号进行逻辑运算就等于输入一个地址进行查表,找出对应的内容输出即可。

表 1.1　LUT 的实现方式

实际逻辑电路		LUT 的实现方式	
a, b, c, d 输入	逻辑输出	地址	RAM 中存储的内容
0000	0	0000	0
0001	0	0001	0
...	0	...	0
1111	1	1111	1

1.3.2　FPGA 的结构

本节以 Artix-7 系列 FPGA 为例,介绍 FPGA 结构。

Artix-7 FPGA 采用 28nm 工艺,最大可提供 2.9Tb/s 的 I/O 带宽、200 万逻辑单元和 5.3TMAC/s 的 DSP。一般适用于高数据吞吐率、低成本和低功耗应用场合。

Artix-7 系列 FPGA 内部结构如图 1.5 所示,包含可配置逻辑块(Configurable Logic Block,CLB)、DSP 单元、块 RAM(Block RAM,BRAM)、时钟产生单元 MMCM/PLL、PCIe 以及 XADC、GTP 高速收发器接口和通用 I/O 等。

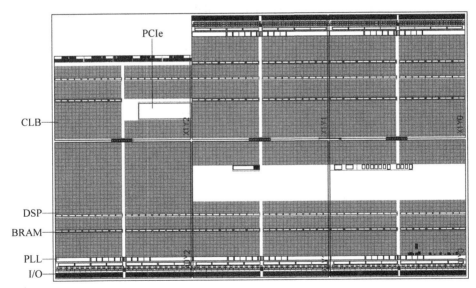

图 1.5　Artix-7 FPGA 内部结构

1. 可编程输入输出单元

可编程输入输出单元(Input Output Block,IOB)是 FPGA 与外界电路的接口部分,适应不同输入/输出信号电气特性的驱动和匹配要求。其主要由逻辑资源和电气资源两部分组成,如图 1.6 所示。支持 1.2～3.3V 的电压。可配置成单端、差分或三态模式。FPGA

的 IOB 通常被划分为若干个组(bank),每个 bank 的接口标准由其接口电压 V_{CCO} 决定,一个 bank 只能有一种 V_{CCO},不同 bank 的 V_{CCO} 可以不同。

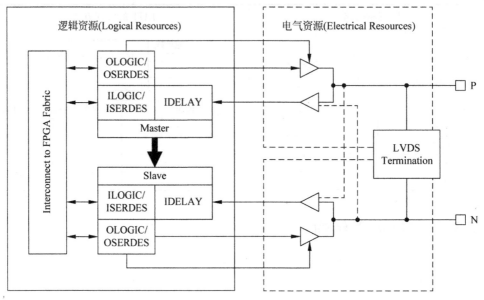

图 1.6　IOB 结构示意图

IOB 的逻辑资源包含 Master 和 Slave 两个模块,每个模块包括 ILOGIC/ISERDES、OLOGIC/OSERDES、IDELAY。输入信号可直接输入到 ILOGIC,也可通过 IDELAY 模块输入,输出信号经 OLOGIC 输出,ISERDES、OSERDES 实现高速串并转换。

2. 可配置逻辑块

可配置逻辑块(Configurable Logic Block,CLB)是实现组合和时序逻辑的主要部件,如图 1.7 所示。每个 CLB 包含一对 SLICE,CLB 连接到开关阵列以访问片内布线资源。

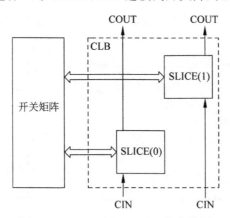

图 1.7　Artix-7 FPGA CLB 结构框图

SLICE 分为 SLICEM 和 SLICEL 两种类型,SLICEL 为普通的 SLICE 逻辑单元,实现逻辑和算术运算的基本功能,而 SLICEM 在实现基本逻辑功能的基础上可以扩展为分布式 RAM 或移位寄存器。每个 SLICE 包括 4 个 6 输入 LUT 和 8 个寄存器,以及多路选择器和进位逻辑。每个 6 输入 LUT 内部包括 2 个 5 输入 LUT,有两个输出分别对应 O6 和 O5。图 1.8 是 SLICEL 的结构图。

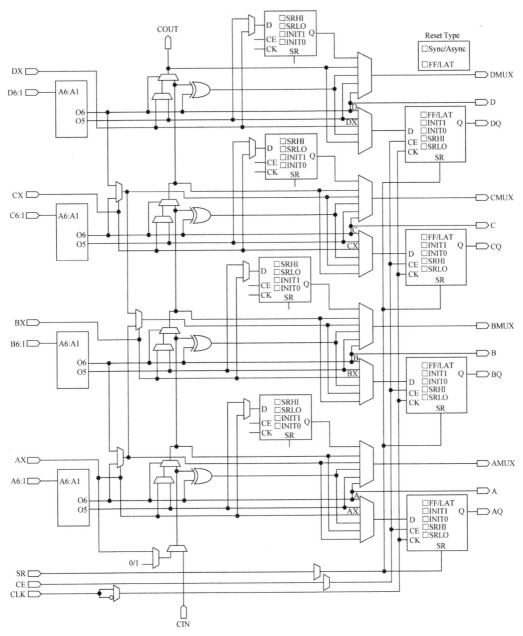

图 1.8 Artix-7 FPGA SLICEL 结构

3. 时钟管理模块

时钟是数字电路最重要、最特殊的信号,其重要性和特殊性体现在以下三个方面:

(1) 时钟信号是系统中频率最高的信号;

(2) 时钟信号是负载最多的信号;

(3) 系统对时钟的相位差(clock skew)有严格的要求。

　　为此,FPGA 内部设有时钟管理单元(Clock Management Tile,CMT)和数量不等的时钟网络。CMT 包括一个混合模式时钟管理器(Mixed-Mode Clock Manager,MMCM)和一个锁相环(Phase Locked Loop,PLL),完成频率综合、时钟去偏移和抖动消除等。PLL 主要用于高速存储器的 I/O 相位调整。时钟网络可分为三种:全局时钟网络(BUFG、BUFH)、区域时钟网络(BUFR、BUFMR)和 I/O 时钟网络。时钟网络结构如图 1.9 所示。

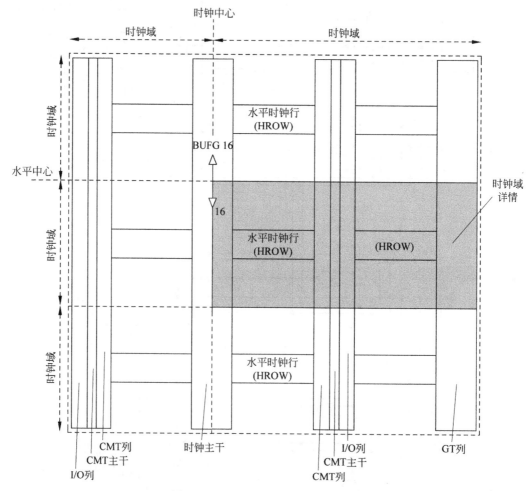

图 1.9　Artix-7 FPGA 时钟网络结构

4. 丰富的布线资源

　　FPGA 内部有丰富的布线资源,一般有四类。第一类是全局布线资源,用于芯片内部全局时钟和全局复位、置位信号的布线。第二类是长线资源,用于芯片 Bank 间的高速信号布线。第三类是短线资源,用于基本逻辑单元间的互连和布线。第四类是分布式的布线资源,用于专有时钟、复位等控制信号。

5. 嵌入式 RAM 块(Block RAM)

　　每个 Block RAM 存储容量可达 36Kb,可配置成两个独立的 18Kb RAM 或一个 36Kb RAM。Block RAM 具有如下主要特性:

　　(1) 具有多种配置模式,可配置成多种存储器类型和数据宽度。

（2）内置控制逻辑，可构建高效 FIFO。

（3）支持两个垂直方向的 32K×1b 的存储器级联。

（4）支持汉明纠错码，可以纠正 1 位错误、检测 2 位错误。

（5）关闭未使用 Block RAM 的电源，以降低 FPGA 功耗。

Block RAM 的详细配置模式如表 1.2 所示。

表 1.2　Block RAM 配置模式

配置模式	18Kb	36Kb	说　　明
单端口	16K×1，8K×2，4K×4，2K×9，1K×18，512×36	32K×1，16K×2，8K×4，4K×9，2K×18，1K×36，512×72	1 个读/写端口，一个时钟周期只能读或写
简单双端口	16K×1，8K×2，4K×4，2K×9，1K×18，512×36	32K×1，16K×2，8K×4，4K×9，2K×18，1K×36，512×72	1 个读端口和 1 个写端口，支持同时读、写
真正双端口	16K×1，8K×2，4K×4，2K×9，1K×18	32K×1，16K×2，8K×4，4K×9，2K×18，1K×36	2 个完全独立的读/写端口，可以同时进行任意读、写操作
FIFO	4K×4，2K×9，1K×18，512×36	8K×4，4K×9，2K×18，1K×36，512×72	同步或异步 FIFO

6. 内嵌功能单元

Artix-7 FPGA 内部还内嵌了很多其他资源，比如 DSP48E1 模块包含 25×18 的乘法器和 48 位的累加器，借助大量的 DSP 模块可实现高速并行处理；可配置模数转换器 XADC，该电路可实现双路 12 位 1MSPS 的模数转换；内嵌 PCIe Gen2 硬件电路，速率可达 5Gb/s。

7. Artix-7 系统 FPGA 主要参数

表 1.3 是 Artix-7 系列 FPGA 的主要参数列表，不同型号提供了不同的硬件资源。

表 1.3　Artix-7 FPGA 主要参数

配置模式	SLICE	Flip-Flop	分布式 RAM/Kb	Block RAM/Kb	CMT	I/O 数	DSP48E1	XADC
XC7A12T	2,000	16,000	171	720	3	150	40	1
XC7A15T	2,600	20,800	200	900	5	250	45	1
XC7A25T	3,650	29,200	313	1,620	3	150	80	1
XC7A35T	5,200	41,600	400	1,800	5	250	90	1
XC7A50T	8,150	65,200	600	2,700	5	250	120	1
XC7A75T	11,800	94,400	892	3,780	6	300	180	1
XC7A100T	15,850	126,800	1,188	4,860	6	300	240	1
XC7A200T	33,650	269,200	2,888	13,140	10	500	740	1

Verilog HDL 语言基础

现代数字系统的电路规模越来越大、设计的复杂度也越来越高,传统的基于原理图输入的电路设计方法,难以适应大规模数字系统设计的需求。基于硬件描述语言(Hardware Description Language,HDL)的设计方法支持不同层次的描述,使得复杂 IC 的描述规范化,便于设计重用,已成为现代数字系统设计的主流。

2.1　硬件描述语言概述

硬件描述语言是描述数字系统的功能(行为)的一种编程语言。经过逻辑仿真,可以对硬件描述的电路进行功能验证,检验电路功能的正确性;经过逻辑综合,将硬件描述语言描述的电路转换成基本逻辑元件组成的实际电路。

主要的硬件描述语言有 VHDL 和 Verilog HDL。VHDL 语法严谨,具有较强的行为描述能力,但不太适于验证。Verilog HDL 语法简洁,应用性强,可广泛应用于设计、验证。作为 Verilog HDL 的延续和发展,System Verilog 是一种集设计、验证于一体的语言,System Verilog 与 Verilog 已经合并为 IEEE Std 1800 标准,获得业界的推崇。综合考虑硬件描述语言的应用现状和发展方向,本书的所有示例均采用 Verilog HDL 描述。本章介绍 Verilog 语法基础,着重讲解 Verilog IEEE 1364-2005,也部分兼顾 Verilog IEEE 1364-1995 和 Verilog IEEE 1364-2001。

Verilog 最早由 Gateway Design Automation 公司在 1983—1984 年间发明,其后随着 Verilog-XL 仿真器的出现,Verilog 得到推广。1989 年 Cadence 收购 Gateway,公开发布了 Verilog HDL。1995 年,IEEE 制定了 Verilog HDL 的标准 IEEE 1364,2001 年在 IEEE 1364-1995 基础上,IEEE 批准了 IEEE 1364-2001,其后又推出了 IEEE 1364-2005。

Verilog HDL 起源于 C 语言,数据类型简单,易于理解和学习。但不同于 C 语言,硬件描述语言具有如下显著特征。

(1) 在不同的设计层次上描述。电路有不同的设计层次,包括算法级、RTL 级、门级、版图级等,硬件描述语言可以在不同的设计层次上展开。

(2) 并行执行。一般的高级语言是串行执行的,但实际的硬件电路是相互独立的,许多硬件操作是在同一时刻并行完成的。所以不同于一般的高级语言,硬件描述语言具有并行执行的能力。

(3) 时序行为。一般的高级语言是没有时序的,但实际的时序电路是在时钟驱动下工作的,所以硬件描述语言需要有时序描述能力,以便体现电路的时序行为。

2.2 Verilog HDL 模块的结构

模块是 Verilog 的基本描述单位,用于描述数字逻辑电路的功能或结构。模块的范畴可以从简单的门到系统,比如一个计数器、一个处理器的指令译码电路或者整个处理器都可以用模块来表示。

模块的定义以关键词 module 开头,其后紧跟模块名并以 endmodule 结束。其一般语法结构包括模块的接口、主体,具体包括:

```
module 模块名(端口名 1,端口名 2,…);
端口类型说明;                          //端口声明, input、output, inout
参数定义;                             //参数声明,可选
数据类型定义;                          //变量定义,wire、reg 等

//主体部分
调用低层次模块和基本门级元件;
连续赋值语句;                          //assign
过程块                               //initial、always
任务和函数;
endmodule
```

模块名是所设计电路的标识符,其后的括号中以逗号分隔列出的端口名是该模块的输入、输出。端口类型说明是对模块所列端口属性的声明,说明各端口信号是输入(input),输出(output)或双向(inout)信号。参数定义一般用来将常量用符号常量替代,从而增加程序的可读性。数据类型定义用来指定模块内所用的数据对象的数据类型。

模块的主体部分用于描述模块的逻辑功能。可以采用实例化低层模块或基本门级元件的方法,也可以采用连续赋值语句(assign)的方式,或是采用过程语句块结构来对电路逻辑功能进行描述。

【例 2.1】 用 Verilog HDL 描述一个上升沿触发的 D 触发器。

```
module dff(Q, Clk, Rstn, D);           //模块名 dff
output Q;                              //端口声明 Q、Clk、Rstn、D
input Clk, Rstn, D;
reg Q;                                 //数据类型声明

always @(posedge Clk or negedge Rstn) begin   //主体部分,描述电路功能
    if(!Rstn)
        Q <= 1'b0;
    else
        Q <= D;
end
endmodule
```

2.3　Verilog HDL 语言要素

2.3.1　标识符与关键词

标识符是赋给对象的名字。Verilog HDL 中的标识符可以是任意一组字母、数字、$、下画线的组合,标识符必须以英文字母或下画线开始,不能以数字或 $ 开头。标识符区分大小写。

【例 2.2】 合法的标识符。

```
sys_clk
dat$20
master8
dataout
```

【例 2.3】 非法的标识符。

```
8master
b * c
```

转义标识符以"\"开始,以空格结束(也可以是制表符或者换行符),其作用是在一个标识符中包含任何可打印的 ASCII 字符。比如:

【例 2.4】 转义标识符。

```
\busa + index
\{a,b}
\a * (b + c)
```

这些均是合法的标识符。

关键词是 Verilog HDL 规定的具有专门意义的特殊字符,通常为小写英文字符,如 assign、module、wire 等都属于关键词。关键词不能定义为标识符。

2.3.2　注释

与 C 语言类似,Verilog 支持用"//"实现一行注释,用成对出现的"/ *"和" * /"实现成段代码注释。如:

【例 2.5】 注释举例。

```
//test
/ * test1
    ⋮
test2 * /
```

2.3.3　四值逻辑

Verilog HDL 有四种逻辑状态:即 0、1、x、z(x、z 不区分大小写)。其中 0 代表低电平、逻辑 0、false。1 代表高电平、逻辑 1、true。x 代表不确定(unknown logic value)或者不关心(don't care),z 表示高阻态。

Verilog HDL 的所有数据类型都在上述 4 种类型逻辑状态中取值。

2.3.4 常量及其表示

1. 整型常量

Verilog HDL 语言中主要用到的常量类型是整型常量,整型常量的完整表示方式为:

[+/-] [size] '[signed] < base format > < number >

其中[+/-]表示常量是正整数还是负整数,当常量为正整数时,前面的"+"号可以省略;[size]用十进制数定义了常量对应的二进制数的宽度;符号" ' "为基数格式的固有字符;[signed]为有符号标志,用小写 s 或大写 S 表示,默认时为无符号数;< base format >定义了数值< number >所采用的进制,整数可以采用二进制整数(b 或 B)、十进制整数(d 或 D)、十六进制整数(h 或 H)、八进制整数(o 或 O)的形式表示。数值< number >是数基内合法的字符或者 x 或者 z,数字间可以加"_"增加可读性。

【例 2.6】 整数型常量举例。

```
4'b1001                   //4 位二进制数
5'D3                      //5 位十进制数
3'b01x                    //3 位二进制数,最低位为 x
12'hx                     //12 位数据均为 x
8'd-6                     //非法表示,数值< number >不能为负
                          //应为 - 8'd6
-8'd6                     //位宽为 8,十进制数 - 6
4'shf                     //4 位有符号数 1111,可表示为 - 4'h1(即 - 1)
-4'sd15                   //等价于 - ( - 4'd1),即 0001
27_195_000                //十进制数 27195000,用"_"增加可读性
```

若直接写< number >,则默认采用十进制、32 位位宽,若直接写< base format >< number >,则采用机器系统默认位宽(如 32 位)。

【例 2.7】 未指定位宽的整数型常量举例。

```
659                       //十进制数
'h837FF                   //32 位位宽的十六进制数
'o7460                    //32 位位宽的八进制数
4af                       //非法表示,十六进制数需加'h
```

2. 参数型常量

在 Verilog HDL 中可以用 parameter 来定义一个标识符代表一个常量。其声明格式为:

parameter [signed] [range] param1 = const_expr1, param2 = const_expr2, …;

【例 2.8】 参数型常量定义举例。

```
parameter msb = 7;                      //定义 msb 为常值 7
parameter e = 25, f = 9;                //定义两个常值
parameter average_delay = (r + f) / 2;  //带有表达式的参数常量
parameter signed [3:0] mux_selector = 0; //signed 参数常量
```

3. 字符串

字符串是双引号内的字符序列。

【例 2.9】 字符串举例。

```
"This is a string"
```

Verilog 中字符串是按照每个字符 8 位存储的。例 2.10 声明了 $8b \times 12 = 96b$ 的变量 stringvar 来保存字符串"Hello world!"。

【例 2.10】 字符串存储举例。

```
reg [8 * 12:1] stringvar;
initial begin
    stringvar = "Hello world!";
end
```

2.3.5 数据类型

数据类型用于表示数字电路中的数据存储元件和物理连线。Verilog HDL 中的变量分为两种数据类型：net 型、variable 型。

net 型数据相当于硬件电路中的各种物理连接，其中最常用的 net 型数据是 wire 型，variable 型变量则可以映射成物理连线或存储元件，其中常用的 variable 型数据是 reg 型和 integer 型。本书主要介绍 wire、reg 和 integer 数据类型。

1. wire 类型

wire 是最常用的 net 型数据类型，wire 型数据可以用作表达式的输入，也可以用作 assign 和实例化元件的输出。Verilog HDL 模块中的输入/输出信号没有明确指定数据类型时都默认为 wire 型。

wire 型变量的定义如下：

wire 数据名 1,数据名 2,…,数据名 i;

若定义多位的 wire 型数据（wire 型向量），定义方式如下：

wire [n-1:0]数据名 1,数据名 2,…,数据名 i;

【例 2.11】 wire 类型变量定义举例。

```
wire a;                          //a 是 1 位的 wire 型变量
wire [7:0] qout;                 //qout 是 8 位的 wire 型向量
```

2. reg 型

reg 型变量是最常用的 variable 型数据类型，其通过 always、initial 过程语句块中的过程赋值语句赋值。需要强调的是 reg 型变量并不一定对应着硬件上的寄存器。

reg 型变量的定义如下：

reg 数据名 1,数据名 2,…,数据名 i;

若定义一个多位的 reg 型数据（reg 型向量），定义方式如下：

reg [signed] [n-1:0]数据名 1,数据名 2,…,数据名 i;

【例 2.12】 reg 型变量定义举例。

```
reg a;                           //a 是 1 位的 reg 型变量
```

```
reg [7:0] qout;                     //qout 是 8 位的 reg 型向量
reg signed [3:0] signed_reg;        //signed_reg 是 4 位 reg 型向量,范围 -8~7
```

具体一个变量是定义为 wire 型还是 reg 型,需要由变量的赋值方式来确定。如果变量在当前模块是通过过程赋值语句来赋值的,那这个变量必须设为 reg 型,反之其他所有情况必须选用 wire 型。例如,变量在当前模块通过连续赋值语句赋值、变量通过输入端口传递信号值、变量通过输入端口例化模块的方式传递信号值等。

Verilog HDL 通过定义寄存器数组来描述 RAM、ROM 等各类型存储器。其定义为:

```
reg [n-1:0] 存储器名[m-1:0];
```

其中 reg[n-1:0]定义了存储器中每一个存储单元的位宽;存储器名后的[m-1:0]则定义了该存储器中有多少个这样的存储器单元。

【例 2.13】 存储器定义举例。

```
reg [7:0] mem[255:0];               //定义了名为 mem 的存储器
                                    //地址范围 0~255,位宽 8 位
```

需要注意存储器和 reg 型数据的不同之处。

【例 2.14】 寄存器向量与存储器定义举例。

```
reg[7:0] rega;                      //表示 rega 是 1 个 8 位的寄存器
reg memb[7:0];                      //表示 memb 是 8 个 1 位的存储器
                                    //地址范围 0~7
```

寄存器向量与存储器的读写操作有很大不同,一个 n 位的寄存器可以在一条赋值语句中赋值,而对存储器的访问必须对指定的单元进行。

【例 2.15】 寄存器向量和存储器的访问举例。

```
rega = 0;
memb[2] = 0;                        //如直接令 memb = 0,则是非法的
```

3. integer 型

integer 类型属于 variable 型数据类型,常用于循环变量和计数。一个整数型变量可存储有符号数据。

integer 型变量定义方式如下:

```
integer 数据名 1,数据名 2,…,数据名 i;
```

【例 2.16】 整数型变量定义举例。

```
integer A, B;                       //定义两个整型变量
A = 6;                              //A 的值为 32 'h0000_0006
B = -6;                             //B 的值为 32 'hFFFF_FFFA
```

2.4　表达式和运算符

Verilog HDL 表达式由操作数和运算符组成,表达式可以在出现数值的任何地方使用。表达式中的操作数可以是以下类型中的一种:

(1) 常量；

(2) 参数型常量；

(3) 线网类型；

(4) 寄存器类型；

(5) 位选择；

(6) 部分位选择；

(7) 存储器单元；

(8) 函数调用。

表达式中的运算符，根据 IEEE Verilog-2005 标准共分为 10 大类，如表 2.1 所示。

表 2.1 IEEE Verilog-2005 HDL 运算符列表

运　算　符	类　　别	备　　注
{} {{}}	拼接，复制	
+ －	符号运算符	一元运算
+ － * / ** %	算术运算符	
> >= < <=	关系运算符	
! && || == !=	逻辑运算符	
=== !==	全等比较运算符	不可综合
~ & | ^ ^~或~^	按位运算符	
& ~& | ~| ^ ^~或~^	归约运算符	一元运算
<< >> <<< >>>	移位操作符	
? :	条件运算符	三元运算

在 Verilog HDL 语言中运算符所带的操作数是不同的，按所带操作数的个数运算符可以分为 3 种：

(1) 一元运算符，带一个操作数，操作数放在运算符的右边。

(2) 二元运算符，带两个操作数，操作数放在运算符的两边。

(3) 三元运算符，带三个操作数，三个操作数用三元运算符分割开。

【例 2.17】 不同的操作数个数举例。

```
invA = ~ A;                          //~为一元运算符,对 A 取反赋给 invA
c = a & b;                           //& 为二元运算符
Muxout = sel ? a : b;                //? : 为三元运算符
```

下面详细说明 Verilog HDL 所支持的各运算符。

2.4.1　连接与复制操作符

连接操作是将位宽较小的表达式合并后形成位宽较大的表达式的操作，复制操作则是将一个表达式复制多次的操作。连接操作、复制操作的符号与说明如表 2.2 所示。

表 2.2　拼接与复制操作符功能说明

运算符使用形式	功能说明
{a,b[3:0]}	拼接 a 和 b[3:0]
{3{a,b}}	复制得到{a,b,a,b,a,b}

【例 2.18】 拼接与复制操作举例。

```
module concatenations;
reg [2:0] a,b;
initital begin
    a = 3'b100;
    b = 3'b111;
    $displayb({a,b[1:0]});                    //5'b100_11
    $displayb({2{a,b}});                      //12'b100_111_100_111
end
endmodule
```

2.4.2 符号运算符

符号运算符是表征数据符号特性的运算符,属于一元运算符。其功能说明如表 2.3 所示。

表 2.3 符号运算符功能说明

运算符使用形式	功 能 说 明
+a	正数 a
−a	负数 a

【例 2.19】 符号运算符使用举例。

```
module unary;
initial begin
    $display( + 3);                           //3
    $display( + 1'bx);                         //x
    $display( − 3);                            // − 3
    $display( − 1'bz);                         //x
end
endmodule
```

当操作数 a 为 x 或 z 态时,运算结果为 x。

2.4.3 算术运算符

算术运算符实现加、减、乘、除、求模以及求幂共六种运算操作。算术运算符功能说明如表 2.4 所示。

表 2.4 算术运算符功能说明

运算符使用形式	功 能 说 明
a+b	a 加 b
a−b	a 减 b
a * b	a 乘以 b
a/b	a 除以 b
a%b	a 模 b
a ** b	a 的 b 次方

表达式中的整数有不同的表示形式,表 2.5 是不同形式整数的说明。

表 2.5 表达式中的整数说明

整数表示形式	功 能 说 明	语法解析结果
12 −12	不指定位宽,不指定基的整数	视为二进制补码形式的有符号数
'd12 −'d12	不指定位宽,指定无符号基的整数	视为无符号数
'sd12 −'sd12	不指定位宽,指定有符号基的整数	视为有符号数
4'd12 −4'd12	指定位宽,指定无符号基的整数	视为无符号数
4'sd12 −4'sd12	指定位宽,指定有符号基的整数	视为有符号数

【例 2.20】 算术运算举例。

```
module arithmetic;
initial begin
    $display(12 + 3);              //15
    $display(12 − 3);              //9
    $display(12 * 3);              //36
    $display(−12 / 3);            //−4
    $display(13 / 3);             //4,结果四舍五入
    $display(−13 / 3);           //−4,结果四舍五入
    $display(−'d12 / 3);         //1431655761
    $display(−'sd12 / 3);        //−4
    $display(−4'sd12 / 3);       //1,−4'sd12 表示 4 位有符号数 1100(−4)的相反数
                                  //即−4'sd12 / 3 = −(−4)/3 = 4/3 = 1
    $display(10 % 3);             //1
    $display(12 % 3);             //0
    $display(−10 % 3);           //−1,运算结果的符号与第一个操作数保持相同
    $display(11 % −3);           //2,运算结果的符号与第一个操作数的符号保持相同
    $display(−4'd12 % 3);        //1,−4'd12 视作 4 位正数 4'b1100(12)的相反数,对 4'b1100
                                  //取反加 1,得到 4'b0100,4'b0100 对 3 取余的结果为 1
    $display(3 ** 2);             //9
    $display(2.0 ** −3'sb1);     //0.5、2.0 为实数,运算结果返回实倒数
    $display(2 ** −3'sb1);       //0,2^(−1) = 1/2,整数除法的结果四舍五入为 0
    $display(0 ** −1);           //x,0^(−1) = 1/0,除数为 0 时整数除法结果为'bx
    $display(9 ** 0.5);          //3,实平方根
    $display(9.0 ** (1/2));      //1,指数 1/2 为整数除法,结果四舍五入为 0,即 9.0^0
    $display(−3.0 ** 2.0);       //9,实指数 2.0 为整数
end
endmodule
```

【例 2.21】 算术运算与变量赋值。

```
module arithmetic_with_integer_reg;
integer intA;
reg [15:0] regA;
reg signed [15:0] regS;

initial begin
    intA = −4'd12;
    regA = intA / 3;              //表达式的结果为−4,regA 为 65532
```

```
    regA  =  - 4'd12;                //regA 的值为 65524
    intA  =  regA / 3;               //表达式和 intA 结果都为 21841
    intA  =  - 4'd12 / 3;            // - 4'd12 为 4294967284,
                                     //表达式结果和 intA 都为 1431655761
    regA  =  - 12 / 3;               //表达式的结果为 - 4,regA 为 65532
    regS  =  - 12 / 3;               //表达式的结果为 - 4,regS 为 - 4
    regS  =  - 4'sd12 / 3;           // - 4'sd12 即为 4, 所以表达式的结果为 1,regS 为 1
end
endmodule
```

Verilog 根据表达式中变量的长度对表达式的值自动地进行调整,自动截断或扩展赋值语句中右边的值以适应左边变量的长度。当一个负数赋值给无符号变量如 reg 时,Verilog 自动完成二进制补码计算。

【例 2.22】 变量长度对表达式的影响举例。

```
module sign_size;
reg [3:0] a, b;
reg [15:0] c;
initial begin
    a = -1;                  //a 是无符号数,因此其值为 1111
    b = 8;
    c = 8;                   //b = c = 1000
    ♯10 b = b + a;           //结果 10111 截断, b = 0111
    ♯10 c = c + a;           //c = 10111
end
endmodule
```

2.4.4　关系运算符

表 2.6 是关系运算符列表及其功能描述。若有一个或以上操作数为 x 或 z 态,则关系运算结果 x 为 1bit。

表 2.6　关系运算符功能说明

运算符使用形式	功能说明
a > b	a 大于 b
a < b	a 小于 b
a >= b	a 大于或等于 b
a <= b	a 小于或等于 b

（1）无符号数比较。当有一个或以上操作数为无符号数时,关系运算视为两个无符号数的比较。此时,如果两个操作数位宽不等,则小位宽的数将高位扩展 0 至与大位宽数相同的位宽。

（2）有符号数比较。当两个操作数均为有符号数时,关系运算视为两个有符号数的比较。此时,如果两个操作数位宽不等,则小位宽的数将符号位扩展至与大位宽数相同的位宽。

【**例 2. 23**】　关系运算举例。

```
module relational;
initial begin
    $displayb(2 > 1);                //1
    $displayb(2 > 1'bx);             //x
    $displayb(2 > - 1);              //1
    $displayb(2'd2 > 3'd1);          //1,视为 3'd2 > 3'd1
    $displayb(3'sd2 > - 2'sd1);      //1,视为 3'sd2 > - 3'sd1
end
endmodule
```

2.4.5　逻辑运算符

表 2.7 是逻辑运算符列表及其功能描述。表 2.8～表 2.12 是各逻辑运算的功能说明。

表 2.7　逻辑运算符功能说明

运算符使用形式	功能说明
!a	逻辑非
a&&b	逻辑与
a||b	逻辑或
a==b	逻辑相等
a!=b	逻辑不等

表 2.8　逻辑非功能说明

!	运算结果
1	0
0	1
x	x
z	x

表 2.9　逻辑与功能说明

&&	1	0	x	z
1	1	0	x	x
0	0	0	0	0
x	x	0	x	x
z	x	0	x	x

表 2.10　逻辑或功能说明

||	1	0	x	z
1	1	1	1	1
0	1	0	x	x
x	1	x	x	x
z	1	x	x	x

表 2.11　逻辑相等功能说明

==	1	0	x	z
1	1	0	x	x
0	0	1	x	x
x	x	x	x	x
z	x	x	x	x

表 2.12　逻辑不等功能说明

!=	1	0	x	z
1	0	1	x	x
0	1	0	x	x
x	x	x	x	x
z	x	x	x	x

【例 2.24】　逻辑运算举例。

```
module logical;
initial begin
    $displayb(!2'b10);              //0
    $displayb(!2'b00);              //1
    $displayb(!2'bx0);              //x

    $displayb(2'b10 && 2'b10);      //1
    $displayb(2'b00 && 2'b10);      //0
    $displayb(2'bx0 && 2'b10);      //x

    $displayb(2'b10 || 2'b00);      //1
    $displayb(2'b00 || 2'b00);      //0
    $displayb(2'bx0 || 2'b00);      //x

    $displayb(2'b10 != 2'b00);      //1
    $displayb(2'b00 != 2'b00);      //0
    $displayb(2'bx0 != 2'b00);      //x
end
endmodule
```

2.4.6　全等比较运算符

全等比较运算符列表及其功能描述如表 2.13 所示。在全等比较中,值 x 和 z 严格按位比较,如表 2.14 所示。

表 2.13　全等运算符功能说明

运算符使用形式	功能说明
A===b	全等
A!==b	不全等

表 2.14　全等功能说明

===	1	0	x	z
1	1	0	0	0
0	0	1	0	0
x	0	0	1	0
z	0	0	0	1

【例 2.25】　全等比较举例。

```
module case_equality;
initial begin
    $displayb(2'b10 === 2'b00);    //0
    $displayb(2'b00 === 2'b00);    //1
    $displayb(2'bx0 === 2'bx0);    //1
    $displayb(2'bz0 === 2'bz0);    //1
end
endmodule
```

2.4.7　按位运算符

按位操作符列表及其功能描述如表 2.15 所示。按位操作在输入操作数的对应位上按位操作,并产生相应结果。表 2.16～表 2.20 是不同按位操作符按位操作的结果。

表 2.15　按位运算符功能说明

运算符使用形式	功能说明
～a	按位非
a&b	按位与
a|b	按位或
a^b	按位异或
a^～b 或 a～^b	按位同或

表 2.16　按位非功能说明

～	运算结果
1	0
0	1
x	x
z	x

表 2.17　按位与功能说明

&	1	0	x	z
1	1	0	x	x
0	0	0	0	0
x	x	0	x	x
z	x	0	x	x

表 2.18 按位或功能说明

|	1	0	x	z
1	1	1	1	1
0	1	0	x	x
x	1	x	x	x
z	1	x	x	x

表 2.19 按位异或功能说明

^	1	0	x	z
1	0	1	x	x
0	1	0	x	x
x	x	x	x	x
z	x	x	x	x

表 2.20 按位同或功能说明

^~或~^	1	0	x	z
1	1	0	x	x
0	0	1	x	x
x	x	x	x	x
z	x	x	x	x

【例 2.26】 位操作举例。

```
module bitwise;
initial begin
    $displayb(~3'b101);             //3'b010
    $displayb(3'b101 & 3'b100);     //3'b100
    $displayb(3'b101 | 3'b100);     //3'b101
    $displayb(3'b101 ^3'b100);      //3'b001
    $displayb(3'b101 ^~ 3'b100);    //3'b110
end
endmodule
```

2.4.8 归约运算符

归约操作符列表及其功能描述如表 2.21 所示。归约操作符对单一操作数的所有位进行操作,并产生 1 位结果。表 2.22~表 2.27 是各种归约操作的具体功能说明。

表 2.21 归约运算符功能说明

运算符使用形式	功能说明
&a	归约与
~&a	归约与的非
|a	归约或
~|a	归约或的非
^a	归约异或
^~a 或~^a	归约同或

表 2.22　归约与功能说明

&	1	0	x	z
1	1	0	x	x
0	0	0	0	0
x	x	0	x	x
z	x	0	x	x

表 2.23　归约与的非功能说明

~&	1	0	x	z
1	0	1	x	x
0	1	1	1	1
x	x	1	x	x
z	x	1	x	x

表 2.24　归约或功能说明

|	1	0	x	z
1	1	1	1	1
0	1	0	x	x
x	1	x	x	x
z	1	x	x	x

表 2.25　归约或的非功能说明

~|	1	0	x	z
1	0	0	0	0
0	0	1	x	x
x	0	x	x	x
z	0	x	x	x

表 2.26　归约异或功能说明

^	1	0	x	z
1	0	1	x	x
0	1	0	x	x
x	x	x	x	x
z	x	x	x	x

表 2.27　归约同或功能说明

^~a 或 ~^a	1	0	x	z
1	1	0	x	x
0	0	1	x	x
x	x	x	x	x
z	x	x	x	x

【例 2.27】　归约操作举例。

```
module reduction;
initial begin
    $displayb(&4'b0000);              //0
    $displayb(&4'b1111);              //1
    $displayb(~&4'b0000);             //1
    $displayb(~&4'b1111);             //0

    $displayb(|4'b0000);              //0
    $displayb(|4'b1111);              //1
    $displayb(~|4'b0000);             //1
    $displayb(~|4'b1111);             //0

    $displayb(^4'b0000);              //0
    $displayb(^4'b1111);              //0
    $displayb(^4'b1000);              //1,奇数个 1,则运算结果为 1
    $displayb(~^4'b0000);             //1
    $displayb(~^4'b1111);             //1
    $displayb(~^4'b1000);             //0
end
endmodule
```

2.4.9　移位操作符

移位操作符列表及其功能描述如表 2.28 所示。移位操作符左侧的操作数将移动右侧操作数指定的位数,空闲位补 0 或符号位(仅在算术右移的情况下)。

表 2.28　移位操作符功能说明

运算符使用形式	功能说明
<<	逻辑左移
>>	逻辑右移
<<<	算术左移
>>>	算术右移

【例 2.28】　移位操作举例。

```
module shift;
initial begin
    $displayb(4'sb1001 << 2 );        //4'sb0100,逻辑左移补充 0
    $displayb(4'sb1001 >> 2 );        //4'sb0010,逻辑右移补充 0
    $displayb(4'sb1001 <<< 2);        //4'sb0100,算术左移位补充 0
    $displayb(4'sb1001 >>> 2);        //4'sb1110,算术右移补充符号位
end
endmodule
```

2.4.10　条件运算符

条件操作符列表及其功能描述如表 2.29 所示。条件操作符将根据条件表达式的值来

选择表达式。

表 2.29　条件运算符功能说明

运算符使用形式	功能说明
d ＝ a ? b : c	相当于二输入数据选择器

【例 2.29】 条件运算举例。

wire [15:0] busa = busa_en ? data : 16'bz;

当 busa_en 使能时(置高),数据 data 被驱动给 busa,否则 busa 赋值为高阻态。

2.4.11　优先级说明

对 10 类操作符的优先级进行排序,结果如表 2.30 所示。表中优先级从高到低排列,同一行内的操作符具有相同的优先级。需要注意的有:

(1) 除条件操作符从右向左关联外,其余所有操作符自左向右关联(自左向右执行)。

(2) 当表达式中有不同优先级的操作符时,先执行高优先级的操作符。

(3) 圆括号可用于改变优先级顺序。

表 2.30　操作符优先级说明

运　算　符	优　先　级
＋　－　!　～　&　～&　|　～|　～^或^～(一元运算)	最高优先级
**	
*　/　%	
＋　－(二元运算)	
＜＜　＞＞　＜＜＜　＞＞＞	
＜　＜=　＞　＞=	
==　!=　===　!==	
&(二元运算)	
^　^～或～^(二元运算)	
|(二元运算)	
&&	
||	
? :	
{}　{{}}	最低优先级

2.5　Verilog HDL 的行为建模

行为建模是使用 Verilog HDL 进行电路设计的主要方式,常用的行为描述结构有过程结构(procedural construct)、连续赋值语句(assignment)、任务(task)和函数(function)。

2.5.1　行为描述的结构

模块可以采用行为描述的方式,描述电路的逻辑功能。其基本语法形式如下:

```
module 模块名 [端口列表]
    模块端口说明
    参数定义(可选)
    数据类型说明
    过程结构(可有一个或多个过程结构)
    连续赋值语句
    任务定义(可选)
    函数定义(可选)
endmodule
```

过程结构、连续赋值语句、任务和函数是行为描述常用的结构。其中过程结构为 initial 或 always 开头的过程语句或过程块。连续赋值语句是由关键词 assign 来标识的赋值语句 (assign 语句也称数据流描述)。任务和函数可以从不同位置执行共同的代码,引入任务和函数将增强代码的可读性。

一个行为描述的模块中可以同时包含多个过程结构和多个连续赋值语句,这些行为描述结构并行地各自独立执行,而与其在模块中出现的次序无关。

2.5.2　过程结构

过程结构由过程语句或过程语句块组成。initial 和 always 是过程结构的关键词,可以引导一条语句,也可以引导语句块。两条或多条语句组合,在语法结构上相当于一条语句,称为语句块。Verilog HDL 常用的是顺序语句块(begin … end),顺序语句块中的语句按给定次序顺序执行。

1. initial 语句和语句块

initial 语句的语法结构如下:

```
initial statement
```

其中 initial 为关键字,语句(statement)可以是过程赋值语句、控制语句等。

【例 2.30】 initial 语句举例。

```
reg tmp1;
initial
    tmp1 = 1;                      //无时延控制的过程赋值语句。在 0 时刻 tmp1 置 1
```

initial 过程块由 begin…end 定界,包含顺序执行的 n 个语句。initial 语句在模拟的 0 时刻开始执行,顺序块内的各语句依次执行。注意各个进程语句仅执行一次。

【例 2.31】 initial 过程块举例。

```
module initial_procedure;
reg[7:0] A;
reg B;
initial begin
    A = 8'hFF;
```

```
    B = 1'b1;
end
endmodule
```

2. always 语句和语句块

与 initial 语句相反,always 语句可重复执行。always 语句语法结构如下:

```
always statement
```

【例 2.32】 0 延迟 always 举例。

```
always clk = ~clk;
```

例 2.32 中将会产生 0 延迟无限循环。因此需要引入时延控制,加入时延控制后产生时钟输出。

【例 2.33】 加入时延控制的 always 举例。

```
always #5 clk = ~clk;              //产生时钟周期为 10 的波形
```

例 2.34 是由事件控制的 always 语句块。每当事件控制的条件满足(这里是 clk 上升沿),就顺序执行过程赋值:X<=A,Y<=B。

【例 2.34】 带有事件控制的 always 举例。

```
always @(posedge clk) begin
    X <= A;
    Y <= B;
end
```

2.5.3　时序控制

时序控制与过程语句相关联。时序控制(timing control)可以是时延控制,即等待一个确定的时间,也可以是事件控制,即等待确定的事件发生或某一特定的条件为真。

1. 时延控制

时延控制形式如下:

```
#delay statement
```

时延控制中的"时延",指的是执行过程中首次遇到该语句的时刻与该语句开始执行的时刻之间的时间间隔,即语句执行前的"等待时延"。

【例 2.35】 带有时延控制的 always 语句。

```
#2 result = datain - 3;            //过程赋值语句在 2 个时间单位后开始计算、赋值
```

【例 2.36】 带有时延控制的 initial 语句块。

```
initial begin
    Dataout = 4'b1111;
    #5   Dataout = 4'b0111;
    #10  Dataout = 4'b1100;
    #10  Dataout = 4'b0000;
end
```

该语句执行的波形图,如图 2.1 所示。

图 2.1 带有时延控制的 always 过程语句块执行结果

2. 事件控制

线网、变量值的变化可以作为触发事件使用,线网、变量值变化的方向也可以作为触发事件。带有事件控制的过程结构执行,须等到指定事件发生。其控制方式如下:

```
@ event statement
```

【例 2.37】 事件控制举例。

```
@Cla Zoo = Foo;              //Cla 有任何变化即触发事件控制
@ (negedge Rstn) Cnt = 0;    //Rstn 的下降沿为事件控制,下降沿到来 Cnt = 0
```

事件之间也能够进行或运算,表明"如果有任何事件发生"。由关键词"or"连接的多个信号或者信号的变化方向组成的列表称为敏感列表。

【例 2.38】 多个信号或者信号变化方向组成的敏感列表。

```
@ (posedge clk or negedge Rstn);   //clk 上升沿或 Rstn 下降沿到来后,执行后续语句
@ (A or B);                        //A 或 B 变化,执行后续语句
```

可以使用基于事件控制的 always 语句块来设计组合逻辑电路和时序逻辑电路。电平触发的 always 块可以描述组合逻辑电路,也可以描述锁存器。边沿触发的 always 块可以描述时序逻辑电路。

【例 2.39】 always 描述组合逻辑电路举例。

```
always @(A or B or C or D) begin
    out1 = A & B;
    out2 = C & D;
end
```

设计组合逻辑电路时,敏感列表需要包括组合逻辑的所有输入信号,如果输入信号很多,编写敏感列表容易遗漏。这时可以采用 * 来替代所有输入信号,即用@ * 或@(*)来表示电平触发事件。

【例 2.40】 用 * 表示的组合电路敏感信号举例。

```
always @( * ) begin              //用 * 代替 A, B, C, D
    out1 = A & B;
    out2 = C & D;
end
```

【例 2.41】 always 描述时序逻辑电路举例。

```
always @( posedge clk) begin
    out1 <= A & B;
    out2 <= C & D;
end
```

2.5.4 赋值语句

1. 连续赋值语句

连续赋值语句用于驱动线网型变量,其调用格式如下:

assign #(延时) 线网型变量 = 赋值表达式;

连续赋值语句是否执行取决于右端赋值表达式的输入操作数是否有数值的变化,只要输入操作数有事件发生,表达式便被重新计算,如果重新计算的值发生变化,新结果就在指定的延时时间后赋给左边的线网型变量。

【例 2.42】 连续赋值举例。

```
wire a, b;                      //标量线网类型
assign a = b;

wire [7:0] Out1, A1, B1;        //线网类型向量
assign Out1 = A1 | B1;

wire [7:0] Out2, A2, B2;        //线网类型向量中的某一位或某几位
assign Out2[1] = B2[5]&A2[2];

wire c,d;                       //上述类型的任意拼接运算结果
wire [1:0] e;
assign {c, d} = e;

wire Out3, A3, B3, sel;         //与条件操作符结合的连续赋值
assign Out3 = sel ? A3 : B3;
```

与寄存器变量不同,线网型变量没有数据保持能力,只有被连续驱动后才能获得确定值,而寄存器变量只要在某一时刻得到一次赋值后就能一直保持其值。连续赋值是实现对线网型变量进行连续驱动的一种方法,通过连续赋值语句可对线网变量进行持续的驱动。

2. 过程性赋值

过程性赋值是在 initial、always 语句或语句块内的赋值。过程性赋值分两类,即阻塞性过程赋值和非阻塞性过程赋值。其基本格式如下:

阻塞性赋值方式: 被赋值变量 = 赋值表达式;
非阻塞性赋值方式: 被赋值变量 <= 赋值表达式;

过程性赋值只能对寄存器数据类型的变量进行赋值,在下一次过程赋值之前保持变量的取值不变。

1) 过程性赋值的时序控制

过程赋值语句可以带有时序控制,支持时延控制或事件控制。根据时序控制在过程赋值语句中出现的位置,可以把过程赋值语句中的时序控制分为语句内时序控制和语句间的时序控制。

【例 2.43】 过程赋值语句时延控制方式。

```
reg A, tmp1, tmp2;
A = 1'b1;
tmp1 = #10 A;                   //语句内部时延控制
```

```
#10 tmp2 = A;                        //语句间时延控制
```

对于语句内部时序控制方式,过程赋值语句在仿真时执行过程是:仿真遇到带有内部时序控制的过程赋值语句后,立即计算赋值语句右端表达式的值,然后进入时序控制部分指定的等待状态,在指定的时延或事件到达后赋值给左端的被赋值变量。

而对于语句间时序控制方式,过程赋值语句在仿真时执行过程是:仿真遇到语句间时序控制的过程赋值语句后,首先要等待指定的时延或时间到达后,才开始计算右端的赋值表达式并赋值给左端的被赋值变量。

2) 阻塞性过程赋值

赋值操作符是"="的过程赋值是阻塞性过程赋值(blocking assignment)。

阻塞性过程赋值语句的执行过程是首先计算右端表达式的值,然后立即将计算结果赋给"="左端的被赋值变量。也即下一条语句的执行会被本条阻塞性过程赋值语句所阻塞,只有当前这条阻塞性过程赋值语句完成对应的赋值操作后,才会执行下一条语句。

【例 2.44】 阻塞性过程赋值举例。

```
reg T1, T2, T3;
always @ (A or B or Cin) begin
    T1 = A & B;
    T2 = B & Cin;
    T3 = A & Cin;
    Cout = T1 | T2 | T3;
end
```

首先对 T1 赋值;在下一个内部 delta 时间后(用于表明同一时间步内的先后顺序)接着执行第二条语句,T2 被赋值;再过一个 delta 时间后然后执行第三条语句,T3 被赋值,以此类推。上述赋值过程的执行都在一个时间步完成。

3) 非阻塞性过程赋值

赋值操作符是"<="的过程赋值是非阻塞性过程赋值(nonblocking assignment)。非阻塞性过程赋值可以看作调度和赋值两个步骤:

(1) 在赋值开始时刻,计算非阻塞赋值右端表达式的值,并把其调度到非阻塞赋值更改事件队列。

(2) 在赋值结束时刻,仿真器激活非阻塞赋值更改事件队列,更改每个赋值语句的被赋值变量。

可见非阻塞赋值语句的执行不会阻塞下一条语句的执行,各条非阻塞赋值语句的赋值操作是在同一时间步赋值的。

【例 2.45】 非阻塞语句执行举例。

```
begin
    Load <= 32;
    RegA <= Load;
    RegB <= Store;
end
```

在例 2.45 中,我们假设顺序语句块在时刻 10 执行。第一条语句促使 Load 在第 10 个时间步结束时被赋值为 32,然后执行第 2 条语句,Load 的值此时没有改变(注意时间还没有前进,并且第 1 个赋值还没有被赋新值),RegB 的赋值同样被预定为在第 10 个时间步结束时。所有的事件在第 10 个时间步结束后,完成对左端目标的所有预定赋值。

【例 2.46】 阻塞性和非阻塞性过程赋值的对比。

```
reg [2:0] State;
initial begin
    State = 3'b001;
    State <= 3'b100 ;
    $display(" Current value of State is % b " , State);
    #5;                              //等待 5 个时间单位
    $display(" The delayed value of State is % b " , State);
end
```

执行 initial 语句产生如下结果:

```
Current value of State is 001
The delayed value of State is 100
```

第一个阻塞性赋值使 State 被赋值为 3'b001。执行第二条赋值语句(为非阻塞性赋值语句)促使 State 在当前时间步(第 0 步)结束时被赋值为 3'b100。因此当第一个 $display 任务被执行时,State 还保持来自第一个赋值的值,即 3'b001。当 #5 时延被执行后,促使被调度的 State 赋值发生,State 的值被更新。延迟 5 个时间单位后,执行下一个 $display 任务,此时显示 State 的更新值 3'b100。

4) 阻塞性赋值与非阻塞性赋值的使用原则

(1) 时序电路建模采用非阻塞赋值。

(2) 用 always 过程语句建立组合逻辑时采用阻塞赋值。

(3) 同一个 always 块中建立时序和组合逻辑电路时用非阻塞赋值。

(4) 同一个 always 块中不能既采用非阻塞赋值又采用阻塞赋值。

下面以移位寄存器设计为例,对比分别采用阻塞建模和非阻塞建模时电路综合的差异。

【例 2.47】 采用阻塞赋值设计移位寄存器。

```
module blocking(clk, in, out);
    input clk, in;
    output out;
    reg q1, q2, out;
    always @(posedge clk) begin
        q1 = in;
        q2 = q1;
        out = q2;
    end
endmodule
```

如图 2.2 所示,采用阻塞赋值,所以在每个时钟沿都有 out=q2=q1=in, 即 out=in。无法综合为移位寄存器。

【例 2.48】 采用非阻塞赋值设计移位寄存器。

```
module non_blocking(clk, in, out);
    input clk, in;
    output out;
    reg q1, q2, out;
    always @(posedge clk) begin
        q1 <= in;
```

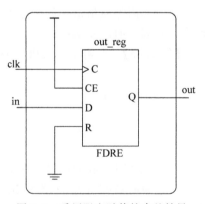

图 2.2 采用阻塞赋值综合的结果

```
            q2 <= q1;
            out <= q2;
        end
    endmodule
```

如图 2.3 所示,由于采用非阻塞赋值,in、q1、q2 的原值可以在时钟有效沿分别传递给 q1、q2、out。此代码可以成功综合为移位寄存器。

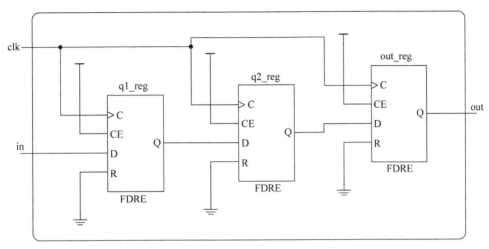

图 2.3 采用非阻塞赋值综合的结果

2.5.5 条件与控制语句

Verilog HDL 提供了条件语句、循环语句等语句,在 initial 或 always 语句块中可以根据需要选择不同的条件及控制语句结构。

1. if 语句

if 语句用来判断所给的条件是否满足,根据判断的结果来决定后续的操作。Verilog HDL 提供了 3 种形式的 if 语句,如表 2.31 所示。

表 2.31 if 语句形式

类　型	格　式	示　例
第一种 if 语句	if(条件表达式)语句	if (a < b)　dout = din;

第二种 if 语句	if(条件表达式)
	　　语句 1
	else
	　　语句 2
		if (a < b)
		　　dout = din1;
		else
		　　dout = din2;

第三种 if 语句	if(条件表达式 1)
	　　语句 1
	else if(条件表达式 2)
	　　语句 2
	　　…
	else
	　　语句 n
		if (a < b)
		　　dout = din1;
		else if (a == b)
		　　dout = din2;
		else
		　　dout = din3;

编写程序时注意以下几点：

（1）条件表达式需放置在括号内。表达式的值为 0、x、z,按"假"处理；若为 1,按"真"处理,执行指定的语句。

（2）if 和 else 后面的语句可以是一条语句,也可以是多个语句构成的语句块,此时用 begin 和 end 将这些语句包含成为一个复合语句块。

（3）若为 if-if 语句,建议使用块语句 begin…end。

【例 2.49】 if-if 采用 begin…end 的例子。

```
if (a > b) begin
    if (c > d)
        Q = 0;
    else
        Q = Din;
end
```

2. case 语句

case 语句是另一种实现多路分支选择控制的分支语句。Verilog HDL 的 case 语句有 case、casez 和 casex 三种形式。case 语句的语法格式为：

```
case(控制表达式)
    <分支项表达式 1>: 语句 1;
    <分支项表达式 2>: 语句 2;
        ⋮
    <分支项表达式 n>: 语句 n;
    default: 语句 n + 1
endcase
```

控制表达式是对程序流向进行控制的控制信号,case 语句首先对控制表达式求值并进行比较,第一个与控制表达式相匹配的分支中的语句会被执行,执行完毕后跳出 case 语句。如果没有与控制表达式相匹配的值,则会执行 default 关键字对应的默认分支语句。

case 语句在执行时控制表达式和分支项表达式间进行的是一种按位比较的"全等比较",也就是说,只有在分支表达式与控制表达式之间对应的所有位都相等的情况下,才会执行对应的分支语句。

【例 2.50】 case 语句举例。

```
reg [3:0] opcode;
reg [9:0] result;
case (opcode)
    4'd0: result = 10'b0111111111;
    4'd1: result = 10'b1011111111;
    4'd2: result = 10'b1101111111;
    4'd3: result = 10'b1110111111;
    4'd4: result = 10'b1111011111;
    4'd5: result = 10'b1111110111;
    4'd6: result = 10'b1111111011;
    4'd7: result = 10'b1111111101;
    default: result = 10'b1111111110;
endcase
```

casez 和 casex 是另外两种 case 分支语句。利用 casez、casex 可以实现条件表达式和分支表达式的一部分数位的比较,比较结果决定分支的走向。

在 casez 语句中,出现在 case 条件表达式和任意分支项中的值 z 都被认为是无关值,即该位不参与比较(被忽略),而在 casex 语句中,值 x 和 z 都被作为无关位。

【例 2.51】 casez 语句举例。

```
casez (sel)
    4'b1zzz: dout = 1;
    4'b01??: dout = 2;
    4'b001?: dout = 3;
    default: dout = 4;
```

在该实例中,字符?用来代替 z,表示无关位。该例中首先判断 sel 的最高位(忽略其他位),如最高位为 1,则输出 1;如果最高位为 0,次高位为 1,则输出 2,以此类推。

3. 循环语句

Verilog HDL 中有四类循环语句,它们是 for 循环、forever 循环、repeat 循环和 while 循环。下面对这四类循环语句分别进行介绍。

(1) for 循环是一种条件循环,只有在指定的条件表达式成立的时候才进行循环。一个 for 循环语句按照指定的次数重复执行过程赋值语句若干次。初始赋值语句给出循环变量的初始值。条件表达式指定循环结束的条件。只要条件表达式为真,循环中的语句就继续执行,而赋值修改通常为增加或减少循环变量计数值。

其语法形式如下:

for(初始赋值语句 ; 条件表达式 ; 赋值修改)
语句或语句块

【例 2.52】 利用 for 循环语句对存储器进行清 0 初始化。

```
for(n = 0; n < mem_size; n = n + 1)
    Mem(n) = 32'h0;
```

(2) forever 循环语句实现的是一种无限循环,该循环语句内指定的循环体部分(语句或语句块)将不断地重复执行。在循环体内必须采用某种形式的时序控制,否则 forever 循环将在 0 时刻后永远循环下去。forever 循环语句的语法如下:

forever 语句或语句块

【例 2.53】 forever 循环语句产生时钟。

```
initial begin
    clock = 0;
    forever #10 clock = ~clock;
end
```

这一实例产生时钟波形,时钟首先初始化为 0,此后每隔 10 个时间单位,clock 反相一次。

(3) repeat 循环语句执行指定循环次数的语句或语句块。循环次数表达式可以是一个整数、一个变量或一个数值表达式,如果循环计数表达式的值不确定,即为 x 或 z 时,那么循环次数按 0 处理。repeat 循环语句形式如下:

```
repeat(循环次数表达式)
语句或语句块
```

【例 2.54】 repeat 循环语句使用举例。

```
repeat (3) @(posedge clk);          //等待三个时钟上升沿
```

（4）while 循环语句的条件表达式代表了循环体（语句或语句块）重复执行时必须满足的条件,在每次执行循环体之前都要对这个条件表达式是否成立进行判断。如果条件表达式为假,那么语句或语句块就不再执行。如果条件表达式为 x 或 z,它也同样按 0（假）处理。while 循环语句语法如下:

```
while(条件表达式)
语句或语句块
```

【例 2.55】 while 循环语句使用举例。

```
initial begin
    count = 20;
    while(count > 10) begin
        $display("count = %d", count);
        #10 count = count - 1;
    end
end
```

2.5.6 任务与函数结构

Verilog HDL 的任务（task）和函数（function）可以提供从描述的不同位置执行共同代码的能力。利用任务和函数还可以把一个大的过程分解成许多小的部分,从而便于理解和调试。

1. 任务

任务可以包含时序控制,还可以调用其他的任务和函数。任务的使用过程包括任务定义和任务调用两步。任务定义的形式为:

```
task 任务名;
    端口与类型说明;
    变量声明;
    语句块
endtask
```

其中 task 和 endtask 为关键词,中间的内容标识为一个任务定义,端口与类型说明用来声明输入输出的参数,端口类型可以是 input、output 等,其语法与模块定义一致。

一个任务由任务调用语句调用,任务调用语句给出输入任务的变量值和接收任务执行结果的变量值,其语法为:

```
任务名 (端口1, 端口2, …,端口n);
```

关于任务调用,需注意:

（1）任务调用语句只能出现在 always 过程语句块和 initial 过程语句块。

（2）任务调用语句中的端口列表必须与任务定义时的输入、输出顺序相匹配。

【例2.56】 任务的定义和调用举例。

```
module traffic_lights;
    reg clock, red, amber, green;
    parameter on = 1, off = 0, red_tics = 400,
              amber_tics = 30, green_tics = 200;
    initial begin
        red = off;
        amber = off;
        green = off;
        #5 red = on;                    //红灯亮
        $display("red on");
        light(red, red_tics);
        amber = on;                     //黄灯亮
        $display("amber on");
        light(amber, amber_tics);
        green = on;                     //绿灯亮
        $display("green on");
        light(green, green_tics);
        #5 $finish;
    end

    always begin                        //产生时钟信号
        #100 clock = 0;
        #100 clock = 1;
    end

    initial begin                       //监控红黄绿灯变
        $monitor( $time, red, amber, green);
    end

    task light;                         //灯开启任务
        output color;
        input[31:0] tics;
        begin
            repeat(tics) @(posedge clock)//等待 tics 个时钟上升沿
            color = off;
        end
    endtask
endmodule
```

2. 函数

函数(function)同任务一样,可以在模块的不同位置执行共同的代码。

函数的定义形式如下:

```
function [返回值类型或位宽] 函数名;
    输入端口声明;
    局部变量声明;
    语句块;
endfunction
```

其中 function 和 endfunction 是关键词,中间的内容为函数的定义,"返回值类型或位宽"说明函数返回值的数据类型或位宽,该项是可选项默认返回值为一位寄存器类型数据。

函数的调用是表达式的一部分,其格式为:

函数名(输入表达式 1,输入表达式 2,…,输入表达式 n);

其中输入表达式与函数定义结构中说明的各个输入端口相对应,这些输入表达式的排列顺序必须与各个输入端口在函数定义结构中的排列顺序一致。

【例 2.57】 阶乘函数的举例。

```verilog
module test_factorial;
reg [31:0] result;
reg[3:0] n;
initial begin
    result = 1;
    for(n = 2;n < 9;n = n + 1) begin
        result = factorial(n);     //函数的调用
        $display("n = %d, result = %d", n, result);
    end
    #5 $finish;
end

function[31:0] factorial;          //函数的定义
input[3:0] operand;
reg [3:0] index;
begin
    factorial = 1;
    for(index = 2;index <= operand; index = index + 1)
        factorial = index * factorial;
    end
endfunction
endmodule
```

3. 任务与函数的不同

任务和函数都可以把大的程序模块分解成较小且相对独立的程序模块,提高了代码的可读性,也便于调试。但任务和函数有以下不同:

(1) 函数至少有一个输入变量,而任务可以没有或有多个输入变量。

(2) 函数返回一个值,而任务却可以有多个输出变量。

(3) 任务块的调用通过一条语句来实现,而函数只能在一个表达式中被引用。

(4) 一个任务块可以包含时序控制,而函数则没有时序控制。

(5) 任务可以调用其他函数和任务,而函数可以调用其他函数,但不能调用其他任务。

2.5.7 可综合与不可综合

前面介绍的 Verilog HDL 的建模方法和常用语句,有的是可综合的,有的则是不可综合的。不可综合的语句主要用于建立测试平台(testbench)、产生仿真激励。只有采用可综合的语句,才能由综合工具综合成硬件电路。

不同的综合工具对 Verilog 语法的支持有所不同,下面列出 Xilinx Vivado 综合所支持的 Verilog 语法及不支持的 Verilog 语法。注意所列仅涵盖本书前面所介绍的 Verilog 语法。

可综合的 Verilog 基本语法:

(1) reg；

(2) wire；

(3) parameter；

(4) input、output、inout；

(5) assign；

(6) module；

(7) gate 例化；

(8) always；

(9) task；

(10) function；

(11) for（for 语句可综合的条件是循环次数确定）。

2.4 节所介绍的常规运算综合工具都支持，但有一些例外，如："＝＝＝""！＝＝"、**（指数为变量的情况）等。

不可综合的 Verilog 基本语法：

(1) delay；

(2) initial；

(3) repeat；

(4) while。

其他常见的不可综合的 Verilog 语法包括 wait、fork…join、force、release、deassign 等。

在进行硬件电路设计时，应选择可综合的 Verilog 语法。在测试验证时，为了增加其灵活性，既可选择可综合的也可选择不可综合的 Verilog 语法。

2.6 Verilog HDL 的结构化建模

Verilog HDL 支持结构化建模，采用实例语句实例化基本门或实例化其他模块，可构建层次化设计。

2.6.1 内置的基本门及其例化

Verilog HDL 内置有门级和开关级模型，如表 2.32 所示。

表 2.32 内置 gate 和 switch 模型

n 输入门	n 输出门	三态门	上拉门	MOS 开关	双向开关
and	buf	bufif0	pulldown	cmos	rtran
nand	not	bufif1	pullup	nmos	rtranif0
nor		notif0		pmos	rtranif1
or		notif1		rcmos	tran
xnor				rnmos	tranif0
xor				rpmos	tranif1

内置门的基本逻辑功能由该基本逻辑部件的原语（primitive）提供，读者可以阅读 IEEE Std 1364 了解各内置门的功能。

内置门实例化语句的格式如下：

gate_type [instance_name] (term1,term2,…,termN);

注意，instance_name 是上述所列出的内置门的实例化名称，是可选的，gate_type 为前面列出的某种门类型。各 term 用于表示和门的输入/输出端口相连的线网或寄存器数据变量。

一个结构中可以定义同一类型内置门的多个实例，语法如下：

gate_type
[instance_name1] (term11,term12,…,term1N),
[instance_name2] (term21,term22,…,term2N),
…
[instance_nameM] (termM1, termM2, …, termMN);

图 2.4 是 4-1 多路选择器的门级结构图。

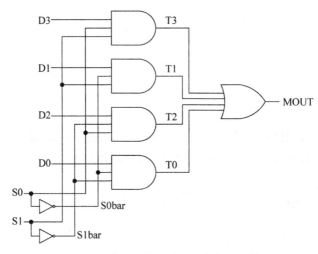

图 2.4　内置门构成的 4-1 多路选择器

【例 2.58】 采用内置门的实例化描述举例。

```
module MUX4x1(MOUT, D0, D1, D2, D3, S0, S1);
output MOUT;                      //MOUT 是选择器输出
input D0, D1, D2, D3;            //D0～D3 是 MUX4x1 的四个输入
input S0, S1;                    //S0, S1 是选择信号
and (T0, D0, S0bar, S1bar),
    (T1, D1, S0bar, S1),
    (T2, D2, S0, S1bar),
    (T3, D3, S0, S1);

not (S0bar, S0),
    (S1bar, S1);

or (MOUT, T0, T1, T2, T3);
endmodule
```

2.6.2 模块实例化

1. 模块实例化语句

一个模块可以在另外一个模块中被调用,即实例化。实例化语句形式如下:

```
module_name instance_name (port_associations);
```

其中 module_name 是被调用模块的名称,instance_name 是实例化名,port_associations 指端口信号关联。信号端口可以通过位置或名称关联,但是两种关联方式不能够混合使用。端口关联形式如下:

```
port_expr                      //通过位置关联
.portname (port_expr)          //通过名称关联
```

port_expr 可以是 reg 或 wire 变量的标识符、位选择以及表达式(表达式只能用于输入端口关联)。

在位置关联中,端口表达式 port_expr 需要按照指定的顺序与模块中的端口关联。在通过名称实现的关联中,模块端口和端口表达式的关联被显式地指定,因此端口的关联顺序并不重要。

【例 2.59】 模块实例化的举例。

```
module comp (o1, o2, i1, i2);                    //被实例化模块
    output o1, o2;
    input i1, i2;
    …                                             //描述主体省略
endmodule
module test;                                     //测试 module 可以没有端口信号
    comp c1 (Q, R, J, K);                        //位置关联
    comp c2 (.i2(K), .o1(Q), .o2(R), .i1(J));    //名称关联
    comp c3 (.i1(J), .i2(1'b0), .o1(Q), .o2());  //名称关联,i2、o2 未关联
endmodule
```

位置关联方式需要设计者熟知被例化模块的端口顺序,可读性较差,所以在设计中推荐使用名称关联方式。例化时输出端口可以浮空(如 comp c3 的 o2 端口),但输入端口如果没有信号驱动则不能浮空,应接一个确定的电平,即低电平或高电平(如 comp c3 的 i2 端口)。

2. 模块实例化的参数传递

当某个模块在另一个模块内例化时,被例化模块中的参数可以在上层模块中改变。如例 2.60 所示,用 multipler_test 模块例化 multipler 时可以采用参数传递的方式修改 op1、op2 信号的位宽。

【例 2.60】 模块例化的参数传递举例。

```
module multiplier(op1, op2, result );
parameter op1_width = 4;
parameter op2_width = 2;
input [op1_width－1 : 0] op1;
input [op2_width－1 : 0] op2;
output [op1_width + op2_width － 1 : 0] result;
```

```
assign result = op1 * op2;
endmodule

module multiplier_test;
wire [4:0] in1;
wire [2:0] in2;
wire [7:0] out;

assign in1 = 5'b10001;
assign in2 = 3'b110;

initial begin
$display("op1_width is %d, op2_width is %d", umult.op1_width, umult.op2_width);
end

//op1、op2 的位宽分别改为 5、3
multiplier #(5, 3) umult(.op1(in1), .op2(in2), .result(out));
endmodule
```

2.6.3　层次化设计

对于复杂系统,可按照功能将其划分为不同的子系统,每个子系统再划分模块,实现分层次设计,这样可以有效降低设计复杂度。同时各个子系统、子模块可以并行设计、并行仿真调试,缩短系统开发周期。设计好的模块可以复用,加快新产品、新系统的设计。层次化设计方法的思想如图 2.5 所示。fpga_top 是系统的顶层,包含 I/O 控制模块 ioctrl,时钟生成子系统 clkgen,存储器控制子系统 memctrl 等,其下又包含各自的子模块。

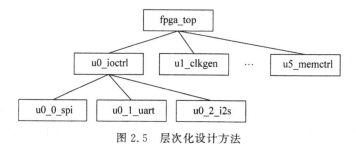

图 2.5　层次化设计方法

模块划分需遵循一定的设计准则:
(1) 功能相对独立的部分,应设计成一个独立模块便于复用。
(2) 模块规模要适中,模块太大或太小都不合适,需要拆分或合并。
(3) 模块间的接口要简洁。
(4) 模块尽量采用寄存器输出,便于综合、布局布线工具独立进行优化实现。

2.7　系统任务和系统函数

为了便于设计者对仿真结果进行分析和比较,Verilog HDL 提供了内置的系统任务和系统函数。系统任务与系统函数均以"＄"标识符开头。用户常用的有显示任务、文件 I/O

任务、从文件中读取数据、仿真控制任务、仿真时间函数等。本书仅列出了这些常用的系统任务和函数，读者可以查阅 Verilog HDL 标准了解其他的系统任务和函数。

2.7.1　显示任务

显示任务用于显示和输出，主要有 $display、$displayb、$displayh、$displayo、$write、$writeb、$writeh、$writeo、$monitor、$monitorb、$monitorh、$monitoro、$monitoron、$monitoroff、$strobe、$strobeb、$strobeh、$strobeo 等。

$display 用于输出字符串、表达式及变量，其语法与 C 语言中的 printf 函数相同。语法格式如下：

```
$display  (format_specification1, argument_list1,
          format_specification2, argument_list2,
          …
          format_specificationN, argument_listN);
```

$display 显示任务将信息按特定格式输出到标准输出设备，并且带有行结束符。$write 输出时不带有行结束符。format_specification 用来指定输出格式。表 2.33 给出了各种不同的格式定义。

表 2.33　输出格式说明

格式	说明	格式	说明
%h 或 %H	十六进制	%v 或 %V	线网信号长度
%d 或 %D	十进制	%m 或 %M	层次名
%o 或 %O	八进制	%s 或 %S	字符串
%b 或 %B	二进制	%t 或 %T	当前时间格式
%c 或 %C	ASCII 字符		

如果没有特定的参数格式说明，默认值如下：

$display，$write，$monitor，$strobe：十进制数

$displayb，$writeb，$monitorb，$strobeb：二进制数

$displayo，$writeo，$monitoro，$strobeo：八进制数

$displayh，$writeh，$monitorh，$strobeh：十六进制数

【例 2.61】　$dispaly 显示实例。

```
reg [7:0] A;
initial begin
    A = 231;
    $display("The decimal value is: % d", A);
    $display("The binary value is: % b", A);
end
```

输出结果为：

```
The decimal value is: 231
The binary value is: 11100111
```

$write 与 $display 类似,用于即时显示信息,输出在控制台。与 $display 唯一的区别是 $write 输出不会自动换行。$strobe 则是显示当前时刻信号的稳定值,输出在控制台。$monitor 则监控信号变化,每当指定监控信号变化时激活执行一次,输出在控制台。

【例 2.62】　$monitor 使用实例。

```
initial $monitor("at % t, D = % d, Clk = % d", $time, D, Clk, "and Q is % b",Q);
```

2.7.2　文件输入/输出任务

1) 文件的打开与关闭

系统函数 $fopen 用于打开一个文件,返回一个关于文件的整数(指针)。

```
integer   file_pointer = $fopen(file_name);
```

而系统函数 $fclose 用于关闭一个文件。

```
$fclose (file_pointer);
```

2) 输出到文件

各种显示系统函数都对应了一个用于向文件输出的任务,该任务用于将信息写入文件。这些系统任务包括: $fdisplay、$fdisplayb、$fdisplayh、$fdisplayo、$fwrite、$fwriteb、$fwriteh、$fwriteo、$fstrobe、$fstrobeb、$fstrobeh、$fstrobeo、$fmonitor、$fmonitorb、$fmonitorh、$fmonitoro。这些任务的第一个参数都是文件指针,其余的所有参数是带有参数表的格式定义序列。

【例 2.63】　文件输入输出任务使用实例。

```
integer Vec_File;
initial begin
    Vec_File =  $fopen("sti.vec");
    ...
    $fdisplay(Vec_File, "The simulation time is % t", $time);
    $fclose(Vec_file);
end
```

执行时出现如下提示信息:

```
The simulation time is 0
```

2.7.3　从文件中读取数据任务

系统任务 $readmemb、$readmemh 能够用于从文件中读取数据,这些任务从文本文件中读取数据并将数据加载到存储器,文本文件中@<地址>指定地址,数据由空白空间隔离。

【例 2.64】　从文件读取数据实例。名称为 file.dat 的文件中内容如下:

```
@00 10
@01 FF
@02 20
@03 3d
@04 4b
```

@05 5c
@06 6d
@07 7e
@08 8f
@09 90

模块代码如下：

```
module fileread;
reg [7:0] memory [9:0];
integer index;

initial begin
    $readmemh("file.dat", memory);
    for(index = 0; index < 10; index = index + 1)
        $display("memory[ %d] = %h", index, memory[index]);
end
endmodule
```

执行结果如下：

```
memory[0] = 10
memory[1] = ff
memory[2] = 20
memory[3] = 3d
memory[4] = 4b
memory[5] = 5c
memory[6] = 6d
memory[7] = 7e
memory[8] = 8f
memory[9] = 90
```

2.7.4 仿真控制任务

仿真控制任务包括 $finish、$stop。$finish 结束仿真，并返回到主操作系统。$stop 使仿真被暂停，在仿真环境下给出一个挂起的命令提示符，将控制权交给用户。

【例 2.65】 $stop 使用实例。

```
initial  #1000 $stop;                              //1000 个时间单位后仿真暂停
```

2.7.5 仿真时间函数

以下所列为系统函数返回仿真时间。
（1）$time 返回 64 位的整数来表示当前仿真时刻值。
（2）$stime 返回 32 位的整数来表示当前仿真时刻值。
（3）$realtime 返回实型仿真时间。
返回的仿真时间是以模块的仿真时间尺度为基准的。

【例 2.66】 仿真时间函数调用的实例。

```
`timescale 10ns/1ns
```

```
module test_time;
reg [7:0] Sig;
parameter Delay = 1.3;
initial begin
    $monitor( $time, "Sig =  % h ", Sig);
    Sig = 8'b0;
    #Delay Sig = 8'h04;
    #Delay Sig = 8'h1A;
end
endmodule
```

运行执行结果如下：

```
0 Sig = 00
1 Sig = 04
3 Sig = 1a
```

2.8 编译指令

以`(反引号)开始的标识符是编译指令，编译指令让仿真器和综合工具执行一些特殊操作。编译指令将一直保持有效，直到被其他编译指令覆盖或失效。完整的编译指令请参考Verilog标准，本书仅介绍常用的编译指令。

1. `define 和`undef

`define 用于文本替换，用一个指定的标识符来代表一个字符串。指令格式如下：

`define 标识符(宏)   字符串(宏内容)

【例 2.67】 define 使用举例。

```
`define BUS_SIZE 32
reg [`BUS_SIZE - 1: 0] data_in;
```

使用宏定义可以提高程序的可移植性和可读性。

`undef 指令用于取消前面定义的宏，在执行`undef 编译指令后，前面定义的宏不再有效。

2. `include

`include 编译指令用于嵌入内嵌文件的内容，文件既可以采用相对路径，也可以采用绝对路径。在下例编译时，include 对应的行将由文件"decoder. v"的内容替代。

【例 2.68】 include 使用举例。

```
`include "../../decoder.v"
```

3. `timescale

`timescale 用来定义时间单位和时间精度。其语法如下：

`timescale 时间单位/时间精度

时间精度由 1、10 和 100 及单位 s、ms、us、ns、ps 和 fs 组成。

【例 2.69】　timescale 使用举例。

```
`timescale 1ns/100ps
module TB;
reg A, B;
initial begin
    A = 0;
    B = 0;
    #5.22 A = 1;
    #6.17 B = 1;
end
endmodule
```

例 2.69 中时间单位是 1ns,时间精度是 100ps。所以 5.22 对应 5.2ns,6.17 对应 6.2ns。

2.9　验证平台搭建

2.9.1　验证平台结构

搭建验证平台(testbench)的目的是验证 RTL 设计所实现的功能是否与预期相符。平台结构如图 2.6 所示,包括 4 个组件,分别为激励发生器(Stimulator)、待验证设计(Design Under Test,DUT)、比较器(Checker)和时钟生成器。Stimulator 产生激励数据(stimulus data),并将数据驱动至 DUT 的输入接口,DUT 根据 stimulus data 启动工作并生成结果数据(Result data),Checker 从 DUT 的输出接口处采集 result data,与标准数据(Golden data)进行对比,并输出比较结果。若比较通过则说明 DUT 在当前测试用例下的功能正常,否则说明 DUT 设计可能存在 BUG,需进行设计调试与修改。时钟生成器产生时钟驱动 DUT,同时供 Stimulator 和 Checker 使用。

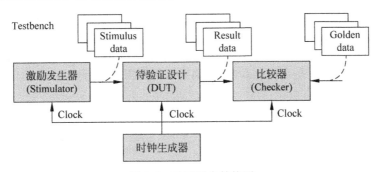

图 2.6　验证平台结构图

使用 Verilog 描述的验证平台示例结构如下:

```
`timescale 1ns/10ps                    //此处时间单位为 1ns,仿真时间精度为 10ps
    module tb()
    //信号声明
    reg clk;
    reg rst;
```

```
    …
    //第 1 部分: 待验证设计
    fulladd4b u_fulladd4b (
    .clk    (clk),
    .rst    (rst),
    …
    );
    //第 2 部分: 时钟生成器
    …
    //第 3 部分: 激励发生器
    …
    //第 4 部分: 比较器
    …
    endmodule
```

下面详细介绍验证平台中每个组件的实现细节。

2.9.2　待验证设计

待验证设计即为 RTL 设计的一个实例化。示例代码如下,注意接口的连接信号需提前声明,对连接至 DUT 输入的信号声明为 reg 型(例如 clk 信号),对连接至 DUT 输出信号声明为 wire 型(例如 sum 信号)。

```
fulladd4b u_fulladd4b (
    .clk    (clk),          //时钟信号
    .rst    (rst),          //复位信号,高有效
    .sum    (sum),          //结果数据,和
    .cout   (cout),         //结果数据,进位输出
    .a      (a),            //激励数据,加数 a
    .b      (b),            //激励数据,加数 b
    .cin    (cin)           //激励数据,进位输入
);
```

2.9.3　时钟生成器

时钟生成器生成验证平台的驱动时钟,周期可根据需要进行配置,示例代码如下。

```
parameter clk_period = 10;
//方法 1
initial begin
    clk = 0;                            //时钟信号赋初值
end
initial begin
    forever #(clk_period/2) clk = ~ clk;     //时钟翻转逻辑
end

//方法 2
initial begin
    clk = 0;                            //时钟信号赋初值
end
```

```
always #(clk_period/2) clk = ~ clk;
```

以上方法 1 和方法 2 的实现效果等价,都可以生成周期为 clk_period,占空比为 50% 的时钟信号 clk。

2.9.4 激励发生器(Stimulator)

激励发生器包括两部分功能,一是产生激励数据,激励数据类型应该尽可能多,以保证所有的待验证功能都被覆盖到;二是将激励数据驱动给 DUT,驱动过程应符合 DUT 的输入时序要求。两部分功能的实现说明如下。

(1) 当激励数据较少时,可以手动输入激励数据,简单快捷。

```
//方法 1: 手动输入激励数据
case_num = 1;

//功能 1、2: 上升沿时驱动数据
@(posedge clk);
a = 4'd10;
b = 4'd1;
cin = 1'd0;
repeat(6) @(posedge clk);
```

(2) 如果激励数据较多,通过从 txt 文件中加载激励数据的方式会更高效。

```
//方法 2: 从 txt 文件中加载激励数据
//功能 1: 将 txt 文件数据读取至数组 txt_data
$readmemb("C:/desktop/txt_data.txt",txt_data);

for (case_num = 2;case_num < 7;case_num = case_num + 1) begin
    @(posedge clk);
    stimul_a = txt_data[(case_num - 2) * 5];          //读取激励数据
    stimul_b = txt_data[(case_num - 2) * 5 + 1];      //读取激励数据
    stimul_cin = txt_data[(case_num - 2) * 5 + 2];    //读取激励数据
    golden_sum = txt_data[(case_num - 2) * 5 + 3];    //读取标准数据
    golden_cout = txt_data[(case_num - 2) * 5 + 4];   //读取标准数据
//功能 2: 驱动加数 a、加数 b、进位输入 cin 至 DUT 输入端口
    a = stimul_a;
    b = stimul_b;
    cin = stimul_cin;
    repeat(6) @(posedge clk);
end
```

2.9.5 比较器(Checker)

比较器是对 DUT 的输出进行比较判决,给出比较结果以表征当前验证的成功与否。其实现的功能分为三部分:

(1) 采集 DUT 结果数据,在 DUT 处理结束后根据输出接口的时序读取结果数据。

(2) 将结果数据与标准数据进行对比,显示比较结果。注意标准数据为验证者所期望的 DUT 输出,由验证者提供。

（3）最后保存结果数据至 txt 文件中。

```
for (result_num = 2;result_num < 7;result_num = result_num + 1) begin
    //功能 1：根据时序要求采集输出数据
    @(posedge clk);

    //功能 2：将结果数据与标准数据进行对比,比较失败时打印结果
    if (sum == golden_sum && cout == golden_cout)
        $display("[Simulation Info] Case % 3d PASS.",case_num);
    else
        $display("[Simulation ERROR] Case % 3d FAIL.",case_num);

    //功能 3：将结果数据写入到所创建的文件中
    $fdisplay(result_data_file," % 4b  % 4b  % b  % 4b  % b", stimul_a, stimul_b, stimul_cin,
    sum,cout);
    repeat(6) @(posedge clk);
end
$fclose(result_data_file);
$display("Write completed, Close the file!");
```

注意：有时后期的处理(如比较结果未通过的原因追溯)需要用到当前的结果数据,此时将结果数据保存至 txt 文件中显得尤为必要。

2.9.6 验证平台完整实例

一个包含待验证设计、时钟生成器、激励发生器和比较器的完整的验证平台示例代码如下(4 位全加器验证为例)。

```
`timescale 1ns/10ps                //时间单位为 1ns,仿真时间精度为 10ps
module fulladd4b_tb();
parameter clk_period = 1000_000;   //1ms

//信号声明
reg clk;                           //系统时钟
reg rst;                           //复位,高有效
reg [3:0] a;                       //加数 a
reg [3:0] b;                       //加数 b
reg cin;                           //进位输入
wire [3:0] sum;                    //和
wire cout;                         //进位输出
reg [3:0] txt_data[499:0];         //txt 文件中的数据,包括激励数据和标准数据
reg [3:0] stimul_a;                //存储激励数据 a
reg [3:0] stimul_b;                //存储激励数据 b
reg    stimul_cin;                 //存储激励数据 cin
reg [3:0] golden_sum;              //存储标准数据 sum
reg    golden_cout;                //存储标准数据 cout

//第 1 部分：待验证设计
fulladd4b u_fulladd4b (
    .clk    (clk),
    .rst    (rst),
    .sum    (sum),
```

```
    .cout    (cout),
    .a       (a),
    .b       (b),
    .cin     (cin)
);

//第2部分: 时钟生成器
initial clk = 1'b1;
always #(clk_period/2) clk = ~clk;              //产生 1kHz 的系统时钟

integer case_num;                               //测试用例序号,用于显示标识不同测试用例
integer result_num;                             //输出结果的序号,用于数据比对定位
integer result_data_file;                       //定义一个 txt 文件,用于存储结果数据

initial begin
    result_data_file = $fopen("C:/desktop/result_data.txt"); //打开文件
    if(result_data_file == 0) begin
        $display ("can not open the file!");    //创建文件失败
        $stop;
    end
end

//第3部分: 激励发生器
initial begin
    $display("Simulation start!");
    rst = 1'b1; //复位
    repeat(4) @(posedge clk); //4clk 时刻
    rst = 1'b0; //复位释放

    //----------------------------------------------------------------
    //第1类 case:手动输入激励数据,构造"无进位输出产生"的特定运算场景
    //----------------------------------------------------------------
    case_num = 1;
    //上升沿时驱动数据(5clk 时刻)
    @(posedge clk);
    a = 4'd10;
    b = 4'd1;
    cin = 1'd0;
    repeat(6) @(posedge clk);                   //11clk 时刻

    //----------------------------------------------------------------
    //第2类 case:从 txt 文件中读取激励数据和标准数据,可构造大批量运算场景
    //----------------------------------------------------------------
    //功能1: 将 txt 文件数据读取至数组 txt_data
    $readmemb("C:/desktop/txt_data.txt",txt_data);

    for (case_num = 2;case_num < 7;case_num = case_num + 1) begin
        @(posedge clk);                         //11 + 1 + (case_num - 2) * 7clk 时刻
        stimul_a = txt_data[(case_num - 2) * 5];        //读取激励数据
        stimul_b = txt_data[(case_num - 2) * 5 + 1];    //读取激励数据
        stimul_cin = txt_data[(case_num - 2) * 5 + 2];  //读取激励数据
        golden_sum = txt_data[(case_num - 2) * 5 + 3];  //读取标准数据
        golden_cout = txt_data[(case_num - 2) * 5 + 4]; //读取标准数据
        //功能2: 驱动加数 a、加数 b、进位输入 cin 至 DUT 输入端口
```

```
            a = stimul_a;
            b = stimul_b;
            cin = stimul_cin;
            //11 + 7 + (case_num - 2) * 7clk 时刻
            repeat(6) @(posedge clk);
        end
    end                                        //激励发生器 initial 块结束

//第 4 部分: 比较器
initial begin
    //----------------------------------------------------------------
    //第 1 类 case:手动输入激励数据,构造"无进位输出产生"的特定运算场景
    //----------------------------------------------------------------
    //功能 1: 根据时序要求采集输出数据(7clk 时刻)
    repeat(2 + 5) @(posedge clk);

    //功能 2: 将结果数据与标准数据进行对比,比较失败时打印结果
    if (sum == 4'd11 && cout == 1'd0)
        $display("[Simulation Info] Case % 3d PASS.",case_num);
    else
        $display("[Simulation ERROR] Case % 3d FAIL.",case_num);
    repeat(6) @(posedge clk);                      //13clk 时刻

    //----------------------------------------------------------------
    //第 2 类 case:从 txt 文件中读取激励数据和标准数据,可构造大批量运算场景
    //----------------------------------------------------------------
    for (result_num = 2;result_num < 7;result_num = result_num + 1) begin
        //功能 1: 根据时序要求采集输出数据(13 + 1 + (case_num - 2) * 7clk 时刻)
        @(posedge clk);

        //功能 2: 将结果数据与标准数据进行对比,比较失败时打印结果
        if (sum == golden_sum && cout == golden_cout)
            $display("[Simulation Info] Case % 3d PASS.",case_num);
        else
            $display("[Simulation ERROR] Case % 3d FAIL.",case_num);

        //功能 3: 将结果数据写入到所创建的文件中
        $fdisplay(result_data_file," % 4b % 4b % b % 4b % b",stimul_a, stimul_b, stimul_
        cin, sum,cout);
        //13 + 7 + (case_num - 2) * 7clk 时刻
        repeat(6) @(posedge clk);
    end
    $fclose(result_data_file);
    $display("Write completed, Close the file!");

    $finish;
end                                            //比较器 initial 块结束
endmodule
```

仿真波形及运行的打印信息分别如图 2.7 和图 2.8 所示。

输入的 txt_data.txt 的文件内容介绍如图 2.9 所示,每一行为一组测试数据,每组数据又包括加数 $a[3:0]$、加数 $b[3:0]$、进位输入 cin 和 $sum[3:0]$ 以及进位输出 cout,这 5 个数据之间以空格进行分隔。

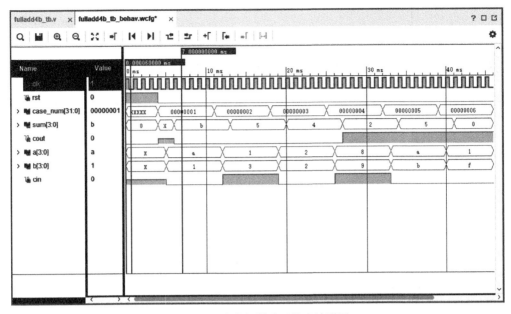

图 2.7　4 位全加器验证仿真波形图

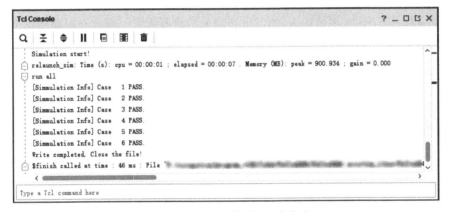

图 2.8　4 位全加器验证打印信息

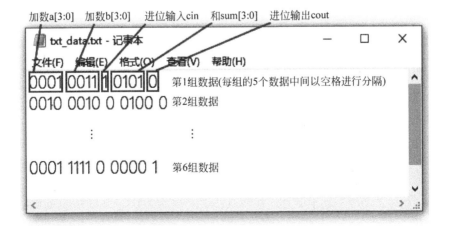

图 2.9　txt_data.txt 文件内容说明

## 第 3 章

数字逻辑 HDL 描述

数字逻辑电路由组合逻辑电路和时序逻辑电路构成,本章通过介绍常用组合逻辑电路和时序逻辑电路设计,掌握使用 Verilog HDL 描述数字逻辑单元的方法,同时也为复杂数字电路的设计奠定基础。

3.1 组合逻辑电路设计举例

组合逻辑电路(Combinational Logic Circuit)简称组合电路。在组合逻辑电路中,任意时刻的输出仅取决于该时刻的输入,而与电路原来的状态无关。因此在电路结构上,组合逻辑电路不能包含有存储功能的单元。

3.1.1 比较器

图 3.1 是比较器的逻辑框图。比较器逐位比较两个输入值,当两者完全相等时输出为 1,不等时输出为 0。以两位比较器为例,其真值表如表 3.1 所示。

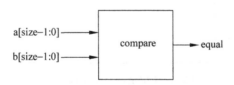

图 3.1 比较器逻辑框图

表 3.1 两位比较器真值表

a	b	equal
00	00	1
	01	0
	10	0
	11	0
01	00	0
	01	1
	10	0
	11	0

续表

a	b	equal
10	00	0
	01	0
	10	1
	11	0
11	00	0
	01	0
	10	0
	11	1

【例 3.1】 两位比较器的 Verilog 描述。

```
module compare(equal,a,b);
    parameter size = 2;
    output equal;
    input[size - 1:0] a,b;
    assign equal = (a == b)?1:0;
endmodule
```

3.1.2 编码器

为了区分不同的事物,人们会给它们取不同的名字。这些名字在数字系统的世界里就是二进制编码。用于编码的组合逻辑电路称为编码器,分为普通编码器和优先级编码器两类。在普通编码器中,任何时刻只允许有一个输入,如出现多个输入将导致错误,而优先级编码器允许同一时刻有多个输入,并对优先级最高的输入进行编码后输出。

以 8 线-3 线编码器为例,其逻辑框图如图 3.2 所示,有 8 个信号输入端,3 个二进制编码输出端,输入输出均以高电平作为有效电平。EN 为输入使能端,EN=1 时编码器工作。GS 为工作状态指示信号,当 EN=1 且至少有一个输入有效时 GS 输出值为 1。表 3.2 是 8 线-3 线编码器的真值表。

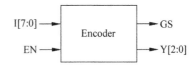

图 3.2　8 线-3 线优先级编码器逻辑框图

表 3.2　8 线-3 线优先级编码器真值表

输入									输出			
EN	I[7]	I[6]	I[5]	I[4]	I[3]	I[2]	I[1]	I[0]	Y[2]	Y[1]	Y[0]	GS
0	×	×	×	×	×	×	×	×	0	0	0	0
1	0	0	0	0	0	0	0	0	0	0	0	0
1	1	×	×	×	×	×	×	×	1	1	1	1
1	0	1	×	×	×	×	×	×	1	1	0	1
1	0	0	1	×	×	×	×	×	1	0	1	1
1	0	0	0	1	×	×	×	×	1	0	0	1
1	0	0	0	0	1	×	×	×	0	1	1	1
1	0	0	0	0	0	1	×	×	0	1	0	1
1	0	0	0	0	0	0	1	×	0	0	1	1
1	0	0	0	0	0	0	0	1	0	0	0	1

【例 3.2】 8 线-3 线编码器的 Verilog 描述。

```verilog
module Encoder(EN, I, Y, GS);
input EN;
input[7:0] I;
output reg GS;
output[2:0] Y;
reg[2:0] out_coding;
assign Y = out_coding;
always @(I or EN) begin
    if(~EN) begin
        out_coding = 3'b000;
        GS = 1'b0;
    end
    else begin
        GS = 1'b1;
        case(I)
            8'b1???_????: out_coding = 3'b111;        //?表示无关值,相应位不考虑
            8'b01??_????: out_coding = 3'b110;
            8'b001?_????: out_coding = 3'b101;
            8'b0001_????: out_coding = 3'b100;
            8'b0000_1???: out_coding = 3'b011;
            8'b0000_01??: out_coding = 3'b010;
            8'b0000_001?: out_coding = 3'b001;
            8'b0000_0001: out_coding = 3'b000;
            8'b0000_0000:
            begin
                out_coding = 3'b000;
                GS = 1'b0;
            end
            default: begin
                out_coding = 3'b000;
                GS = 1'b0;
            end
        endcase
    end
end
endmodule
```

3.1.3 译码器

二进制译码器的功能是将具有特定意义的二进制码转换成与之对应的有效电平信号输出。以七段数码管的译码器为例,介绍译码器的设计。

首先介绍七段数码管的背景知识。根据连接方式的不同,七段数码管可分为共阳极和共阴极。共阳极数码管的公共端接电源,而共阴极数码管的公共端接地。以共阳极数码管为例,译码显示电路如图 3.3 所示。输出端为低电平时,对应的一段数码管点亮。

【例 3.3】 共阳极数码管译码器的 Verilog 描述。

```verilog
module SEG7_LUT(oSEG, iDIG);        //oSEG[6:0]即{ g, f, e, d, c, b, a}
```

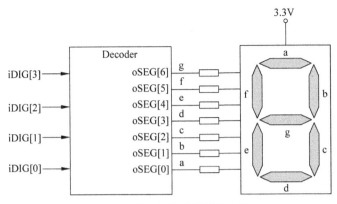

图 3.3　共阳极数码管译码电路

```
input[3:0] iDIG;
output reg[6:0] oSEG;
always @(iDIG) begin
    case(iDIG)
        4'h1: oSEG = 7'b111_1001;
        4'h2: oSEG = 7'b010_0100;
        4'h3: oSEG = 7'b011_0000;
        4'h4: oSEG = 7'b001_1001;
        4'h5: oSEG = 7'b001_0010;
        4'h6: oSEG = 7'b000_0010;
        4'h7: oSEG = 7'b111_1000;
        4'h8: oSEG = 7'b000_0000;
        4'h9: oSEG = 7'b001_1000;
        4'ha: oSEG = 7'b000_1001;
        4'hb: oSEG = 7'b000_0011;
        4'hc: oSEG = 7'b100_0110;
        4'hd: oSEG = 7'b010_0001;
        4'he: oSEG = 7'b000_0110;
        4'hf: oSEG = 7'b000_1110;
        4'h0: oSEG = 7'b100_0000;
    endcase
end
endmodule
```

3.1.4　简单的 ALU 电路

算术逻辑单元(Arithmetic Logic Unit,ALU)是 CPU 的核心组成部分,是专门执行算术和逻辑运算的电路。ALU 执行运算操作时,必须首先分析这条指令的操作码是什么,以决定具体的操作类型。简单的 ALU 逻辑框图如图 3.4 所示。

【例 3.4】　ALU 的 Verilog 描述。

图 3.4　ALU 电路逻辑框图

```
`define plus        3'd0
`define minus       3'd1
`define band        3'd2
```

```
`define bord          3'd3
`define unegate       3'd4
module alu(out,opcode,a,b);
output[7:0] out;
input[2:0] opcode;
input[7:0] a,b;
reg[7:0] out;
always @(opcode or a or b) begin     //电平敏感的 always 块
    case(opcode)                      //设计组合逻辑
        //算术运算
        `plus: out = a + b;
        `minus: out = a - b;
        //位运算
        `band: out = a&b;
        `bor: out = a|b;
        //单目运算
        `unegate: out = ~a;
        default: out = 8'hx;
    endcase
end
endmodule
```

3.2 时序逻辑电路设计举例

与组合逻辑电路不同,时序逻辑电路任一时刻的输出信号不仅取决于当时的输入信号,而且还与以前的输入有关。所以时序逻辑电路必然存在记忆元件以保存电路的工作状态。

3.2.1 D 触发器

触发器的触发方式可分为电平触发、边沿触发和脉冲触发。无论触发方式如何,只要在时钟信号的作用下,符合表 3.3 的逻辑功能的触发器都称为 D 触发器(D Flip-Flop,DFF),其中 Q^* 为次态。DFF 的逻辑符号如图 3.5 所示。

表 3.3 带异步复位的 D 触发器特性表

RESET	D	Q	Q^*
1	/	0	/
0	0	0	0
0	0	1	0
0	1	0	1
0	1	1	1

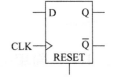

图 3.5 D 触发器逻辑符号

【例 3.5】 DFF 的 Verilog 描述。

```
module dff_asyn_res(Q, D, CLK, RESET);
output Q;
input D, CLK, RESET;
reg Q;
```

```
always @(posedge CLK or posedge RESET)
    if (RESET)
        Q <= 1'b0;
    else
        Q <= D;
endmodule
```

D 触发器工作的波形图,如图 3.6 所示。

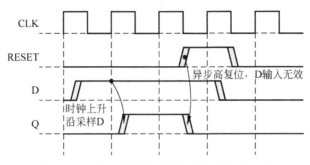

图 3.6　D 触发器数据寄存与异步复位波形图

3.2.2　移位寄存器

在 FPGA 电路中一个 n 位移位寄存器通常由 n 个 D 触发器组成。在时钟脉冲的作用下移位寄存器的输出依次左移或右移,不仅可以用于寄存代码,还可以用来实现数据的串-并转换、数值运算和处理等功能。图 3.7 是 4 位移位寄存器的结构图。

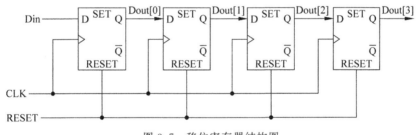

图 3.7　移位寄存器结构图

【例 3.6】 4 位移位寄存器的 Verilog 描述。

```
module shifter(Din,Clk,Reset,Dout);
input Din,Clk,Reset;
output[3:0] Dout;
reg[3:0] Dout;

always @(posedge Clk or posedge Reset ) begin
    if(Reset)
        Dout <= 4'b0;                    //清零
    else begin
        Dout <= Dout << 1;              //左移一位
        Dout[0]<= Din;                  //输入信号存入寄存器的最低位
```

```
        end
    end
    endmodule
```

4 位移位寄存器工作的波形图如图 3.8 所示。

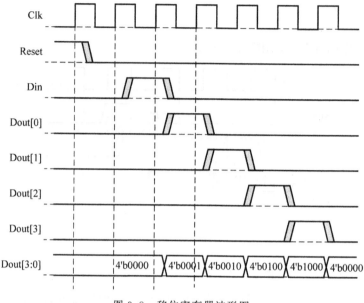

图 3.8　移位寄存器波形图

3.2.3　计数器

计数器是具有加法或减法计数功能的基本电路单元,常用于数字电路设计的各种应用中。图 3.9 是一个具有数据预加载功能、支持加法或者减法两种计数模式的 3 位加减计数器逻辑框图。其端口信号列表如表 3.4 所示。通过 load 信号和 Datain[2:0]信号进行计数器初始值的加载,配置 count_up 信号实现加法计数器和减法计数器的模式切换,当 count_on 信号有效时,计数器启动由计数初始值开始的 3 位数循环计数。

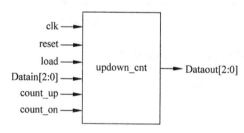

图 3.9　3 位加减计数器逻辑框图

表 3.4　3 位加减计数器端口列表

端口信号	属性	位宽	说　明
clk	Input	1	计数器工作时钟
reset	Input	1	异步复位信号。高电平有效

续表

端口信号	属性	位宽	说　　　明
load	Input	1	数据预加载使能信号。高电平有效
Datain	Input	3	待预加载的数据输入
count_up	Input	1	加减模式选择信号。1：加法器,0：减法器
count_on	Input	1	计数器启动信号。高电平有效
Dataout	Output	3	计数器输出

【例 3.7】　3 位加减计数器 Verilog 描述。

```
module updown_cnt(clk,reset,load,count_up,count_on,Datain,Dataout);
input clk, reset, load, count_up, count_on;
input[2:0] Datain;
output[2:0] Dataout;
reg[2:0] Count;
always @ (posedge reset or posedge clk) begin
    if (reset)
        Count <= 3'b0;
    else if (load)
        Count <= Datain;
    else
        if (count_on) begin
            if (count_up)
                Count <= Count + 1;
            else
                Count <= Count - 1;
        end
end
assign Dataout = Count;
endmodule
```

图 3.10 是 3 位加减计数器仿真的波形图。

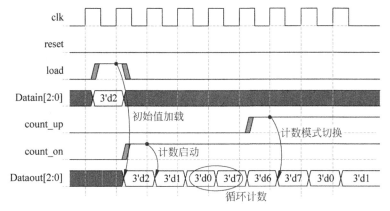

图 3.10　3 位加减计数器波形图

3.2.4　分频电路

在 FPGA 数字系统设计中,受到硬件资源的限制,系统源时钟往往只有一个(例如 Basys3 开发板中为单一的 100MHz 时钟源),而实际上不同的模块可能工作在不同的时钟域,此时需要一个合适的时钟方案来产生所需的各种各样频率的时钟。采用分频电路是解决上述问题的一种简单可行方案。

根据电路形式和具体实现方式的不同,分频电路的分类对比如表 3.5 所示。其中 PLL 和 DLL 由 FPGA 开发板或者 FPGA 芯片提供,无须开发者自行设计。数字 N 分频电路通过 RTL 综合实现,可由开发者根据需求设计奇数、偶数或者分数分频的任意分频器。下面以经典的偶数分频电路为例,介绍分频电路的设计思路和实现细节。

表 3.5　分频电路分类

分频电路形式	具体实现方式或类别	适用场景
模拟电路	PLL(Phase Locked Loop)锁相环	可以实现倍频分频、占空比调整,调节范围大于 DLL 锁相环
数字电路	DLL(Delay Locked Loop)锁相环	可以实现倍频分频、占空比调整
	N 分频电路	可以实现 N 为奇数、偶数、分数的任意分频器

偶数分频电路的设计较为简单,用一个简单的计数器就可以实现。如要实现一个 N 分频(N 为偶数)的分频器,其基本思路是利用加法计数器,当从 0 计数到 $N/2-1$ 时,让输出状态翻转,并将计数器清零,此时得到的输出信号即为输入时钟的 N 分频时钟。图 3.11 是 4 分频电路的逻辑框图。

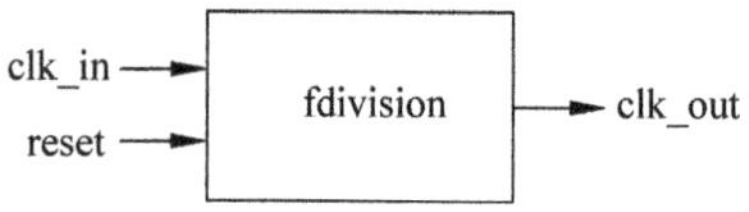

图 3.11　4 分频电路逻辑框图

【例 3.8】　4 分频电路 Verilog 描述。

```
module fdivision #(parameter N = 4) (clk_in, reset, clk_out);
input clk_in, reset;
output reg clk_out;
reg [3:0] cnt;                                 //4 位计数器
always @(posedge clk_in or posedge reset) begin //N 应小于或等于 2 * 2^4 = 32
    if(reset) begin
        clk_out <= 1'b0;
        cnt <= 4'b0;
    end
    else begin
        if(cnt == (N/2 - 1)) begin
            cnt <= 4'b0;
            clk_out <= ~clk_out;
        end
        else
            cnt <= cnt + 1;
    end
end
endmodule
```

4 分频电路的仿真波形如图 3.12 所示。

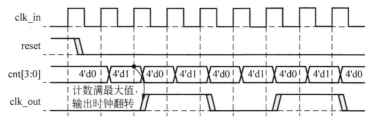

图 3.12　4 分频电路波形图

3.3　有限状态机设计

有限状态机(Finite State Machine,FSM)是描述时序逻辑电路的有效方法,特别适合于描述数字系统的控制部分。有限状态机的结构如图 3.13 所示,一般由三部分组成:

(1) 当前状态时序逻辑电路;

(2) 次态组合逻辑电路;

(3) 输出组合逻辑电路。

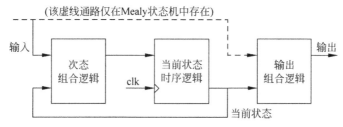

图 3.13　有限状态机的标准模型

根据电路的输出是否与输入有关,有限状态机可分为:

(1) Mealy 状态机,电路的输出不仅与当前的状态有关,还与电路的输入有关。

(2) Moore 状态机,电路的输出只与当前状态有关。

本节利用有限状态机设计序列检测器电路,检测出串行输入数据 data 中的二进制序列 110,当检测到该序列时,电路输出 out = 1,没有检测到该序列时,电路输出 0。电路的状态图如图 3.14 所示。

【例 3.9】　用有限状态机设计序列检测器。

```
module pulse_check ( data, clk, rstn, out );
input data, clk, rstn;
output out;
reg out;
reg [1:0] current_state, next_state;

parameter [1:0] ST0 = 0, ST1 = 1, ST2 = 2, ST3 = 3;
always @(posedge clk or negedge rstn) begin
```

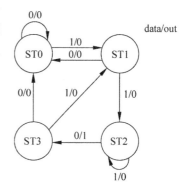

图 3.14　序列检测器电路状态图

```
        if(!rstn)
            current_state <= ST0;
        else
            current_state <= next_state;
    end

    always @(current_state or data ) begin
        case(current_state)
            ST0: if(data == 1'b1)
                    next_state = ST1;
                else
                    next_state = ST0;
            ST1: if(data == 1'b1)
                    next_state = ST2;
                else
                    next_state = ST0;
            ST2: if(data == 1'b1)
                    next_state = ST2;
                else
                    next_state = ST3;
            ST3: if(data == 1'b1)
                    next_state = ST1;
                else
                    next_state = ST0;
        endcase
    end

    always @(current_state or data)
            case(current_state)
                ST0: out = 0;
                ST1: out = 0;
                ST2: if(data == 1'b0)
                        out = 1;
                    else
                        out = 0;
                ST3: out = 0;
            endcase
endmodule
```

序列检测器的仿真波形如图 3.15 所示。

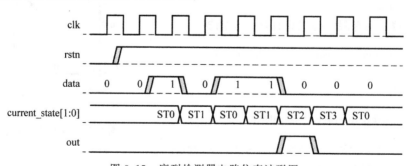

图 3.15　序列检测器电路仿真波形图

第 4 章 基于 Vivado 的 FPGA 开发流程

CHAPTER 4

本章基于 Digilent Basys3 FPGA 开发板,详细介绍 Xilinx Vivado 的设计开发流程,包括设计规划、设计输入、功能仿真、综合、实现、时序仿真、FPGA 调试等。

4.1 FPGA 基本开发流程

Vivado 是 Xilinx 公司推出的高集成度 FPGA 开发环境,采用最新共享的可扩展数据模型架构,支持 AMBA AXI4 互连规范、IP 封装集成技术、工具命令语言(TCL)、Synopsys 系统约束(SDC)等业界标准。本节主要介绍基于 Vivado 的 FPGA 基本开发流程,在后续章节会涉及 Vivado 工具的一些高级特征。

Vivado 的基本开发流程如图 4.1 所示,主要流程包括设计规划、设计输入、功能仿真、综合、实现、时序仿真、比特流(bitstream)生成和程序下载,当电路实现与预期不符时,还需要进行 FPGA 调试。

设计规划是根据需求分析定义当前设计所需要实现的功能、性能指标(Performance Power Area,PPA)、输入输出端口信号、电路实现结构等内容。

设计输入即使用硬件描述语言(本书使用 Verilog HDL)描述电路行为,编写成设计文件(.v)后加载到工程中。

功能仿真的目的是验证设计文件所实现的功能是否与设计规划的一致,这里需要编写仿真验证文件(.v)来搭建仿真平台。

FPGA 综合是根据约束文件(.xdc 或.sdc)将设计文件(.v)从 RTL 级映射到 FPGA 的硬件资源上,主要为 LUT、DFF 以及 DSP 等。

实现则主要根据用户约束和物理约束,对设计进行布局和布线操作。

时序仿真包括综合后的时序仿真和布局布线后的时序仿真,综合后的时序仿真加入了门时延的影响,而布局布线后的时序仿真既包含了门时延也包含了线时延,仿真也更接近实际电路工作的情况。

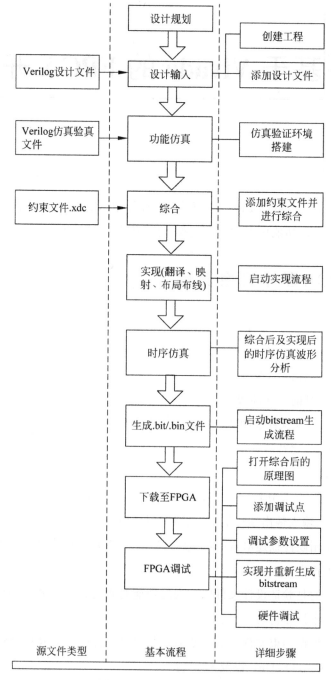

图 4.1　FPGA 开发流程图

4.2　设计规划

　　设计规划是整个设计流程中至关重要的环节,其指引着整个设计实现过程的开展,设计规划正确与否直接决定一个设计是否能成功。

4.2.1　规划的内容及意义

设计规划阶段需按照以下步骤开展：

（1）进行设计的需求分析，明确设计的意义，确定设计对象和目标；

（2）进一步明确设计所需实现的功能、性能要求和参数指标（比如接口功能、时钟频率要求、接口定义、时序定义、寄存器定义等），输出概要设计文档；

（3）根据概要设计文档，分析论证各种可行的方案，选择最佳的实现方式后进行软硬件划分、实现结构设计、数据流和控制流设计等，最终形成详细设计文档；

（4）根据概要设计文档，设计验证方案，选择验证方法学，搭建验证平台，设计测试用例，最终保证验证的准确性和完备性。

4.2.2　设计规划实例

本节以 4 位全加器设计为例简要说明其概要设计，4 位全加器采用 4 个 1 位全加器以行波进位的方式构成，主要功能是实现两个 4 位无符号数及 1 位进位输入的加法，输出和以及进位信号。其逻辑框图如图 4.2 所示，输入输出端口如表 4.1 所示。

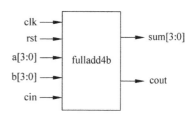

图 4.2　4 位全加器的逻辑框图

表 4.1　4 位全加器的顶层端口列表

端口信号	属性	位宽	说　　明
clk	Input	1	输入时钟，FPGA 系统时钟 100MHz
rst	Input	1	复位信号，高有效
a[3:0]	Input	4	二进制加数 a
b[3:0]	Input	4	二进制加数 b
cin	Input	1	进位输入
sum[3:0]	Output	4	和
cout	Output	1	进位输出

4.3　设计输入

设计输入是详细设计方案的编码过程，最终结果是以 RTL 代码的形式表示出具体设计。

4.3.1　设计输入方式

根据设计的来源划分，设计的输入可分为自行设计的 RTL 代码和使用 Xilinx 或第三方提供的 IP 两种方式。一般而言，Xilinx 或者第三方的 IP 是经过严格验证的，其实现结果的正确性具有良好保障，而自行设计的代码能实现最优化的定制效果，但后续需要进行完备的验证以确保设计没有 bug。

根据实际设计需求，往往采用两种方式相结合的模式来达到设计输入的目的。

4.3.2 设计实例

根据真值表或者功能分析可得到 1 位全加器的数学表示如下

$sum = (a \oplus b \oplus cin)$

$cout = (a \cdot b) + (cin \cdot a) + (cin \cdot b)$

【例 4.1】 4 位全加器的 Verilog 描述。

```verilog
module fulladd1b (
    sum,                              //和
    cout,                             //进位输出
    a,                                //加数
    b,                                //加数
    cin                               //进位输入
); //1 位全加器

output reg sum, cout;
input a,b,cin;

always @ ( * ) begin
    sum = a^b^cin;
    cout = (a&b) | (cin&a) | (cin&b);
end
endmodule

//通过调用 4 次一位全加器,可得到 4 位全加器的 Verilog 设计如下
module fulladd4b (
    clk,
    rst,
    sum,
    cout,
    a,
    b,
    cin
);

output reg [3:0] sum;
output reg cout;
input [3:0] a,b;
input cin;
input clk;
input rst;
wire c1, c2, c3, cout_tmp;
wire[3:0] sum_tmp;

fulladd1b u1_fulladd1b (sum_tmp[0], c1, a[0], b[0], cin);
fulladd1b u2_fulladd1b (sum_tmp[1], c2, a[1], b[1], c1);
fulladd1b u3_fulladd1b (sum_tmp[2], c3, a[2], b[2], c2);
fulladd1b u4_fulladd1b (sum_tmp[3], cout_tmp, a[3], b[3], c3);

always @ (posedge clk or posedge rst)     //寄存输出
if (rst) begin
    sum <= 4'b0;
```

```
        cout <= 1'b0;
end
else begin
    sum <= sum_tmp;
    cout <= cout_tmp;
end
endmodule
```

下面结合 Vivado 软件,说明工程创建和设计文件的添加。

1. 创建新工程

打开 Vivado 开发软件,如图 4.3 所示,选择 Create Project。

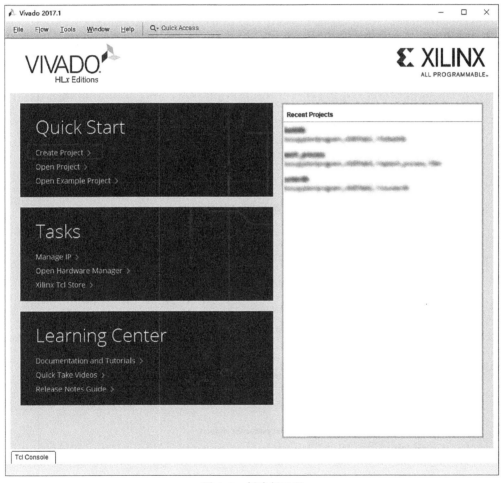

图 4.3　创建新工程

在弹出的创建新工程界面中,单击 Next 按钮,开始创建新工程。

如图 4.4 所示,在 Project Name 界面中,依次为工程设置名称和存储路径。完成后单击 Next 按钮。注意,名称和路径中不能有中文或者空格,请以字母、数字、下画线作为名称的组成元素,否则会出错。

在 Project Type 界面中,如图 4.5 所示,选择工程类型为 RTL Project,勾选 Do not specify sources at this time,单击 Next 按钮。

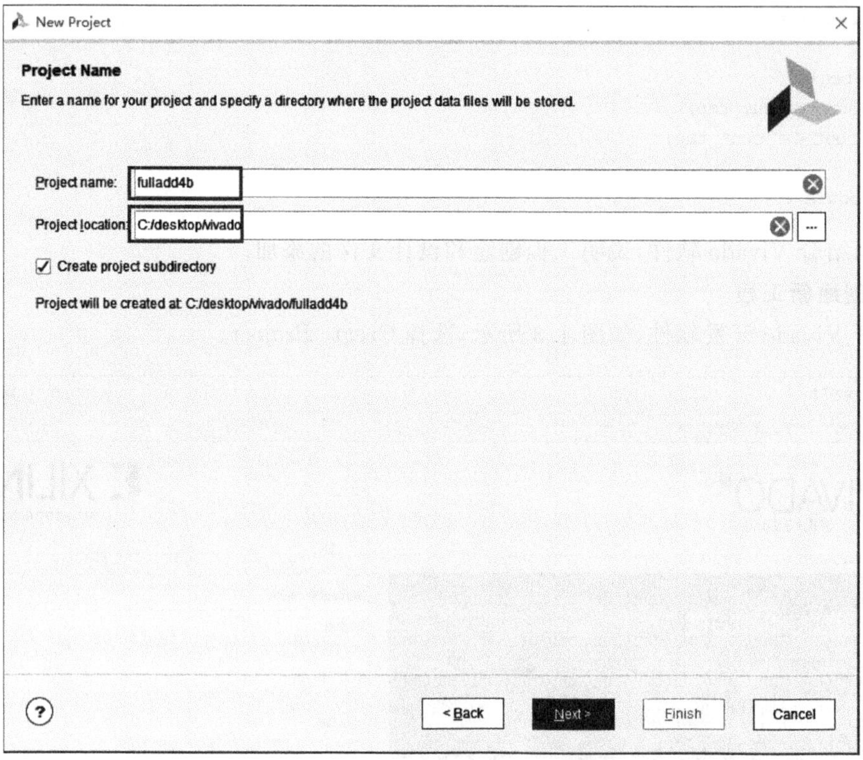

图 4.4　设置工程名称和存储路径

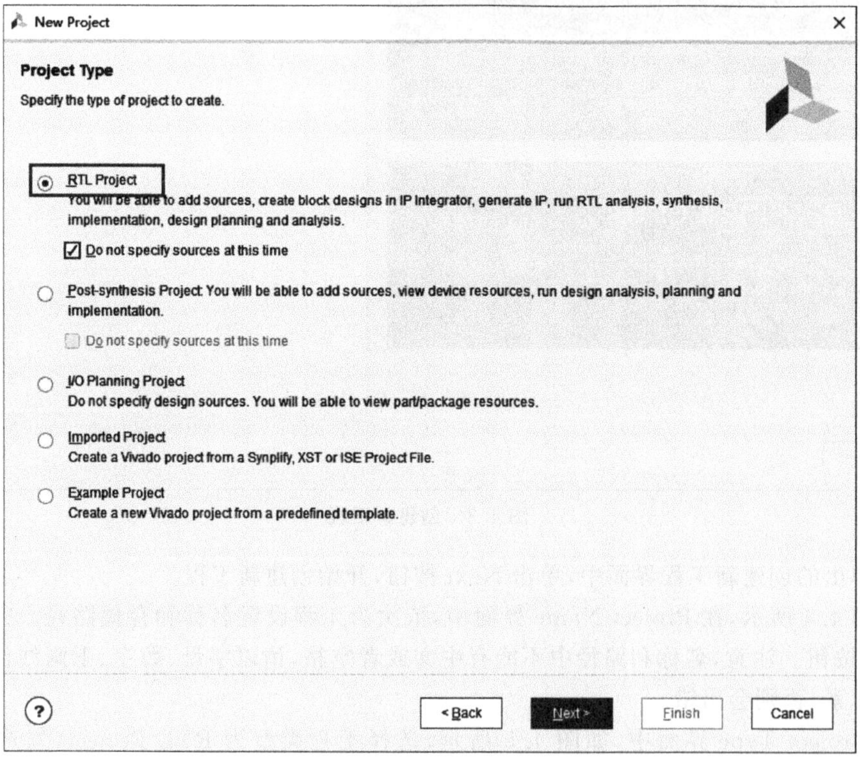

图 4.5　指定工程类别

在 Default Part 界面中,按照图 4.6 所示在 Search 框内输入 xc7a35tcpg236-1,选择 BASYS3 开发板对应的 FPGA 型号,单击 Next 按钮。

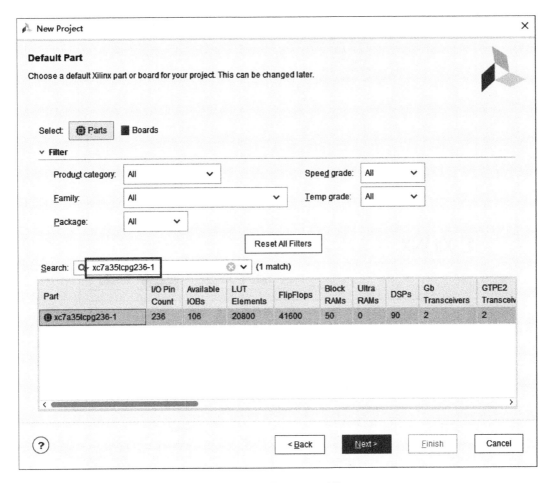

图 4.6 选择 FPGA 型号

以上步骤完成后,将弹出 New Project Summary 对话框。请核对工程信息中 FPGA 的型号、封装、速度等级是否与 BASYS3 提供的一致,若无误,则单击 Finish 按钮完成工程的创建,否则单击 Back 按钮,返回上一界面进行信息修改。工程创建成功后信息概述如图 4.7 所示。

2. 添加设计文件

在工程中添加设计文件,步骤如下。

如图 4.8 所示,单击左侧导航栏 Add Sources,弹出源文件添加对话框。

如图 4.9 所示,选择 Add or create design sources,以添加设计源文件。

如图 4.10 所示,单击 Add Files,添加 fulladd1b. v 和 fulladd4b. v 两个设计源文件。

完成添加后,Vivado 主界面内容如图 4.11 所示。

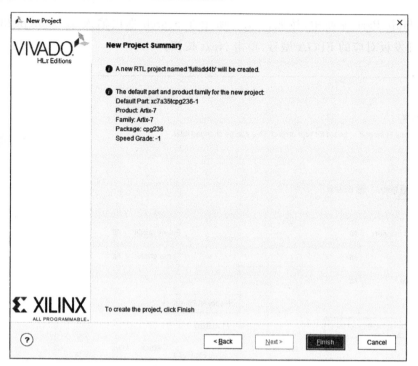

图 4.7　新工程信息概述

图 4.8　添加源文件

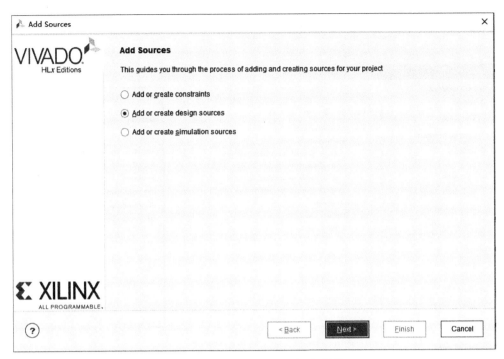

图 4.9 指定待添加源文件的类别

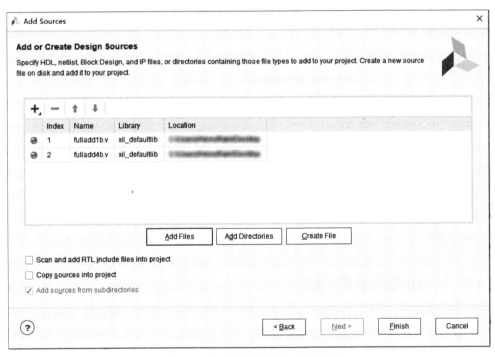

图 4.10 指定具体待添加的源文件

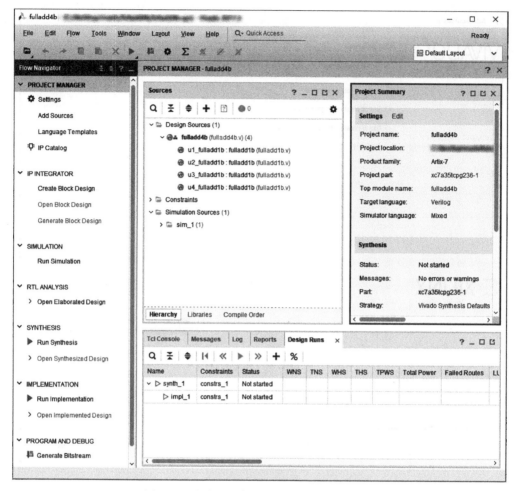

图 4.11　完成源文件添加后的 Vivado 主界面

4.4　功能仿真

一个高效完备的仿真验证方案是诸多验证方式、验证方法学、仿真工具、开发语言的有机结合。功能仿真（Functional simulation），又称前仿，作为仿真验证中的一个组成部分，是仿真验证的第一个验证环节（其他还有时序仿真等）。

4.4.1　功能仿真的目的

功能仿真就是验证所设计的逻辑代码是否符合设计规划阶段概要设计文档里所描述的内容（比如预期的要求、预先定义的规范等），其目的是检测出代码的功能逻辑缺陷。

4.4.2　功能仿真的原理

功能仿真属于动态仿真，该方式是通过测试序列和激励生成器给待验证设计适当的激励，随着仿真进程的推进，判断输出是否符合预期。

验证的激励生成方式有定向测试和随机测试,验证的检查方式也可分为参考模型检查和断言检查(具体操作表现为查看比较结果和仿真波形)。

从验证环境搭建来讲,功能仿真通常分为使用方法学和不使用方法学的仿真验证,不使用方法学即采用 Verilog 搭建简单的测试验证程序以及一些测试的 task 用于完成简单模块的验证工作,该方式比较快速便捷并且容易理解。但当设计变得庞大复杂时,这种方式在验证效率和可重用性上已经无法满足需求,而基于验证方法学的仿真验证更为可靠,最典型的是基于 UVM+SystemVerilog 的验证环境。

基础设计部分仅涉及较为简单和基础的模块,无须使用方法学的验证环境,仅介绍基于 Verilog 的仿真验证流程。

4.4.3　编写测试验证程序

简单的测试验证程序(testbench)主要有三个目的:

(1) 产生时钟复位及测试激励。测试激励需结合待验证的功能点进行,可以包括寄存器读写访问的激励、各种工作模式下的功能验证激励、模拟例外/错误输入处理测试激励等。

(2) 将输入激励加到待验证的电路并收集其输出响应。

(3) 将响应输出与期望值进行比较。

4.4.4　功能仿真实例

【例 4.2】　4 位全加器的验证。

```verilog
`timescale 1ns / 1ps
module fulladd4b_tb ();
reg clk, rst;
wire [3:0] sum;                    //和信号
reg [3:0] a, b;                    //加数、被加数
wire cout;                         //进位输出
reg cin;                           //进位输入
integer case_num;                  //测试用例序号

    fulladd4b u_fulladd4b (
    .clk        ( clk ),
    .rst        ( rst ),
    .sum        ( sum ),
    .cout       ( cout ),
    .a          ( a ),
    .b          ( b ),
    .cin        ( cin )
    );
    always begin
        #5 clk = ~clk;
```

```
        end

    initial begin
        clk = 1'b0;
        //无进位输出产生
        case_num = 1;
        rst = 1'b1;
        a = 4'b1010;
        b = 4'b0001;
        cin = 1'b0;
        #110;
        rst = 1'b0;
        #20;                          //等待结果生成
        if (sum == 4'd11 && cout == 1'b0)    //判断计算结果的正确性
            $display("[Simulation Info] Case % 2d PASS.",case_num);
        else
            $display("[Simulation ERROR] Case % 2d FAIL.",case_num);
        #200;

        //有进位输出产生
        case_num = 2;
        a = 4'b1000;
        b = 4'b1110;
        cin = 1'b1;
        #20
        if (sum == 4'd7 && cout == 1'b1)
            $display("[Simulation Info] Case % 2d PASS.",case_num);
        else
            $display("[Simulation ERROR] Case % 2d FAIL.",case_num);
        #200;
        $finish;
    end
    endmodule
```

如例 4.2 所示搭建好仿真环境后,如图 4.12 所示,按照设计输入添加的方式将仿真文件加入工程。

在 Vivado 主界面左侧的 Flow Navigator 中选择 SIMULATION 下的 Run Simulation 选项,弹出框中选择 Run Behavioral Simulation 一项,进入仿真界面过程如图 4.13 所示。

通过左侧 Scope 一栏中的目录结构,设计者可定位到想要查看的 module 内部寄存器。如图 4.14 所示,在 Objects 一栏对应的信号名称上右击,选择 Add to Wave Window,可将信号加入波形图中。仿真波形输出波形及仿真结果分别如图 4.15 和图 4.16 所示。

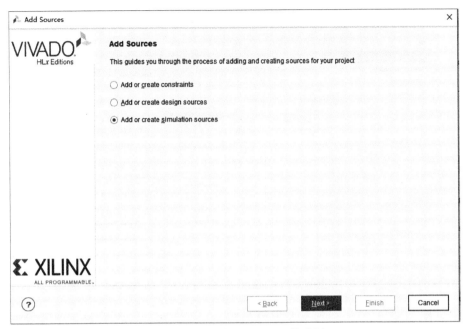

图 4.12　指定待添加的源文件类别

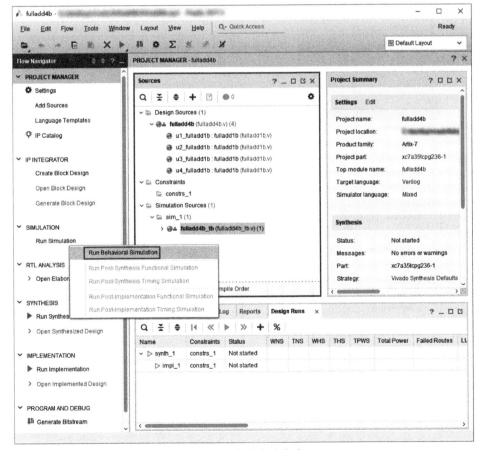

图 4.13　启动行为仿真

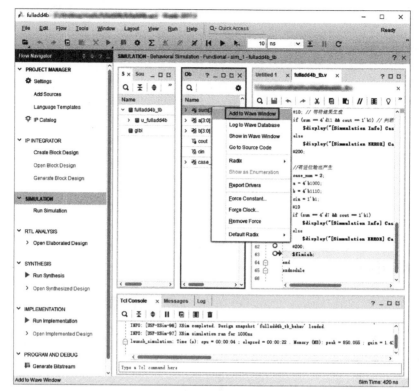

图 4.14　添加待观测信号至波形窗口

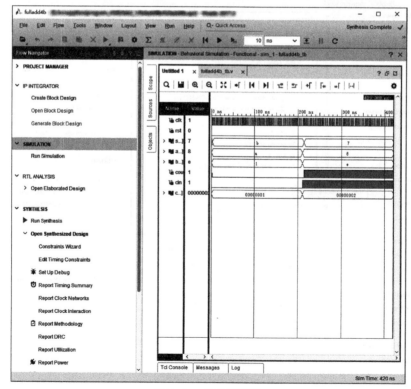

图 4.15　仿真波形图

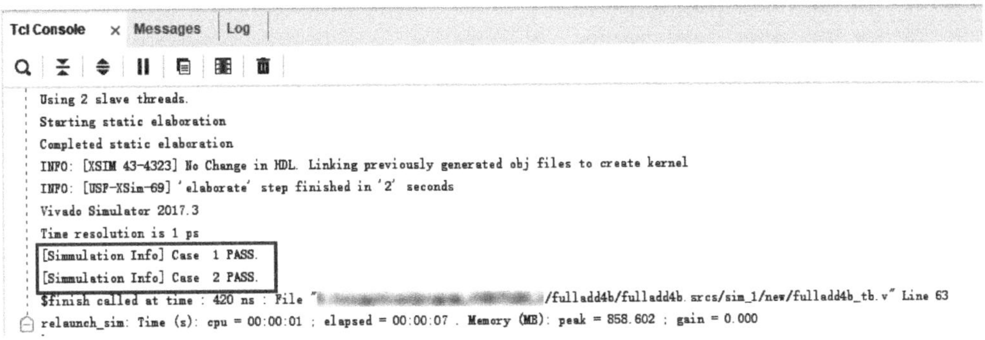

图 4.16　仿真结果的打印信息

4.5　综合

4.5.1　综合的目的

在 FPGA 开发流程中,综合(Synthesis)的目的是将 RTL 输入映射至 FPGA 底层硬件资源(LUT、FF、DSP、BlockRAM 等)后的门级网表。

4.5.2　综合的原理

综合的关键在于给设计添加时序约束和物理约束,在这些约束下,综合工具会根据约束中所体现的性能、功耗、面积要求进行电路优化,并得到最优的实现结果。时序约束主要包括设计时钟约束和输入输出延时约束,物理约束则包括芯片管脚分配、输出电压设置等。

4.5.3　综合实例

在 Vivado 中添加约束文件并进行综合。添加约束文件有两种方式,一是利用 Vivado 中的 I/O planning 功能,采用图形界面方式指定引脚约束;二是可以直接新建 XDC 或 SDC 的约束文件,手动输入约束命令。

1. 采用图形界面方式指定引脚约束

如图 4.17 所示,单击 Flow Navigator 中 Synthesis 中的 Run Synthesis 按钮,先对工程进行综合。

综合完成之后,选择 Open Synthesized Design,如图 4.18 所示,打开综合结果。

此时应出现如图 4.19 所示界面,如果没有出现,可在图示位置的 layout 中选择 I/O Planning。

在右下方的选项卡中切换到 I/O Ports 一栏,并在对应的信号后,输入对应的 FPGA 管脚标号(或将信号拖曳到右上方 Package 图中对应的管脚上),并指定 I/O std(具体的 FPGA 约束管脚和 I/O 电平标准,可参考对应板卡的用户手册或原理图)。

图 4.17　启动综合

图 4.18　打开综合后的设计

约束输入完成后如图 4.20 所示。单击左上方工具栏中的保存按钮,工程提示新建 XDC 文件或选择工程中已有的 XDC 文件。在这里,要选中 Create a new file,如图 4.21 输入 File name,单击 OK 按钮完成约束过程。

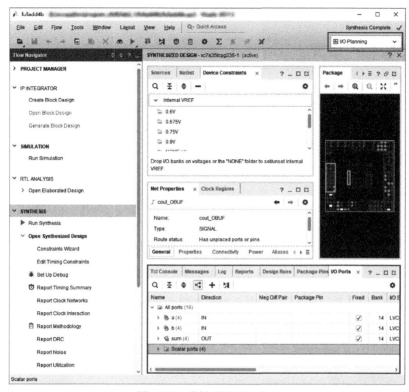

图 4.19 选择 I/O Planning

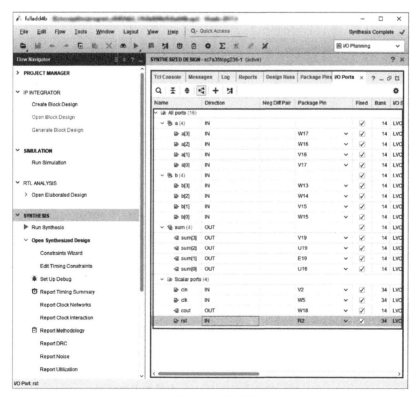

图 4.20 指定 FPGA 管脚及 I/O 电平

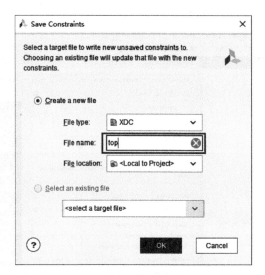

图 4.21　保存约束文件

此时，在 Sources 下 Constraints 中会找到新建的 XDC 文件，如图 4.22 所示。

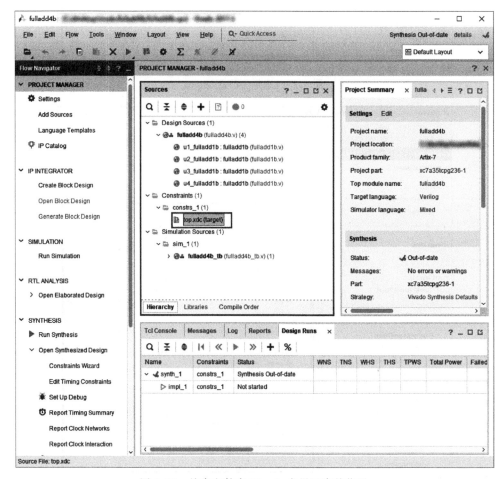

图 4.22　约束文件在 Vivado 主界面中的位置

2. 手动输入约束命令

采用添加约束文件的方式更加直接和便捷,具体操作如下。

如图 4.23 所示,单击 Add Sources,接着如图 4.24 所示选择第一项 Add or create constraints 一项,单击 Next 按钮。

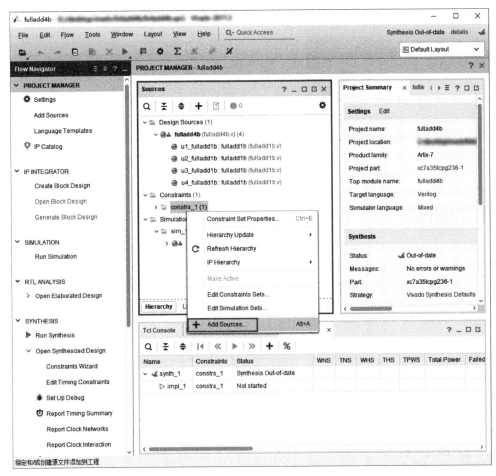

图 4.23 添加约束文件

如图 4.25 所示,单击 Create File,新建一个 XDC 文件,输入 XDC 文件名,单击 OK 按钮。单击 Finish 按钮。

双击打开新建好的 XDC 文件,并按照如下内容,输入相应的 FPGA 管脚约束信息和电平标准。

```
# # This file is a general .xdc for the Basys3 rev B board
# # To use it in a project:
# # - uncomment the lines corresponding to used pins
# # - rename the used ports (in each line, after get_ports) according to the top level signal
names in # # the project
# Clock signal
set_property PACKAGE_PIN W5 [get_ports clk]
set_property IOSTANDARD LVCMOS33 [get_ports clk]
```

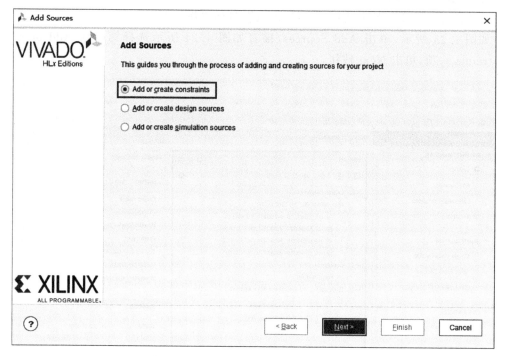

图 4.24　指定待添加文件类别为约束文件

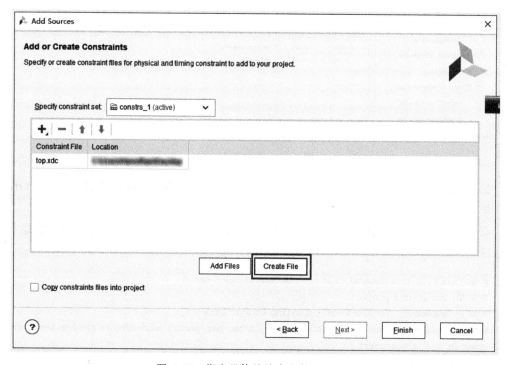

图 4.25　指定具体的约束文件 top. xdc

```
# # Switches
set_property PACKAGE_PIN V17 [get_ports {a[0]}]
set_property IOSTANDARD LVCMOS33 [get_ports {a[0]}]
set_property PACKAGE_PIN V16 [get_ports {a[1]}]
set_property IOSTANDARD LVCMOS33 [get_ports {a[1]}]
set_property PACKAGE_PIN W16 [get_ports {a[2]}]
set_property IOSTANDARD LVCMOS33 [get_ports {a[2]}]
set_property PACKAGE_PIN W17 [get_ports {a[3]}]
set_property IOSTANDARD LVCMOS33 [get_ports {a[3]}]
set_property PACKAGE_PIN W15 [get_ports {b[0]}]
set_property IOSTANDARD LVCMOS33 [get_ports {b[0]}]
set_property PACKAGE_PIN V15 [get_ports {b[1]}]
set_property IOSTANDARD LVCMOS33 [get_ports {b[1]}]
set_property PACKAGE_PIN W14 [get_ports {b[2]}]
set_property IOSTANDARD LVCMOS33 [get_ports {b[2]}]
set_property PACKAGE_PIN W13 [get_ports {b[3]}]
set_property IOSTANDARD LVCMOS33 [get_ports {b[3]}]
set_property PACKAGE_PIN V2 [get_ports {cin}]
set_property IOSTANDARD LVCMOS33 [get_ports {cin}]
set_property PACKAGE_PIN R2 [get_ports rst]
set_property IOSTANDARD LVCMOS33 [get_ports rst]

# # LEDs
set_property PACKAGE_PIN U16 [get_ports {sum[0]}]
set_property IOSTANDARD LVCMOS33 [get_ports {sum[0]}]
set_property PACKAGE_PIN E19 [get_ports {sum[1]}]
set_property IOSTANDARD LVCMOS33 [get_ports {sum[1]}]
set_property PACKAGE_PIN U19 [get_ports {sum[2]}]
set_property IOSTANDARD LVCMOS33 [get_ports {sum[2]}]
set_property PACKAGE_PIN V19 [get_ports {sum[3]}]
set_property IOSTANDARD LVCMOS33 [get_ports {sum[3]}]
set_property PACKAGE_PIN W18 [get_ports {cout}]
set_property IOSTANDARD LVCMOS33 [get_ports {cout}]

# # Timing Constraint
create_clock - period 10.000 - name sys_clk - waveform {0.000 5.000} - add [get_ports clk]
set_input_delay - clock sys_clk 2.0 [get_ports a * ]
set_input_delay - clock sys_clk 2.0 [get_ports b * ]
set_input_delay - clock sys_clk 2.0 [get_ports cin]
set_output_delay - clock sys_clk - 1 [get_ports sum * ]
set_output_delay - clock sys_clk - 1 [get_ports cout][H33]
```

最后单击左侧设计流程导航窗口中的 Run Synthesis 按钮,等待综合过程的完成。

4.6　实现

4.6.1　实现的目的

在 FPGA 的实现(Implementation)环节,将综合后的门级网表进行优化并映射到选定器件的物理单元上,最后完成布局布线。

4.6.2 实现的原理

实现环节在逻辑约束、物理约束和时序约束的约束之下,将综合后的设计匹配到目标 FPGA 器件中。实现的基本过程包括逻辑设计的优化、逻辑单元的布局以及布线等,最终生成 FPGA 的下载文件(比特流)。

4.6.3 实现实例

1. 实现并生成比特流文件

如图 4.26 所示,选择 Run Implementation 启动工程实现。实现完成后,选择 Generate Bitstream,生成可下载到 FPGA 的比特流文件,如图 4.27 所示。

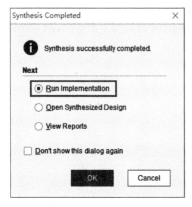

图 4.26　启动实现

图 4.27　生成比特流文件

生成比特流文件后,如图 4.28 所示选择 Open Hardware Manager,打开硬件管理器,并选择目标器件。

单击图 4.29 所示的 Open target,选择 Open New Target。

在图 4.30 所示 Open Hardware Target 界面中,单击 Next 按钮。

接下来在 Hardware Server Settings 界面中,单击 Next 按钮,如图 4.31 所示。

在图 4.32 所示的 Select Hardware Target 界面中可以看到 Vivado 已经连接 Basys3 开发板,并且已经识别开发板上的 FPGA 芯片型号。此时单击 Next 按钮即可。

如图 4.33 所示,在弹出的 Open Hardware Target Summary 界面中单击 Finish 按钮。至此,

图 4.28　打开硬件管理器

已经完成比特流文件的生成和目标器件的连接。接下来执行比特流的下载操作。

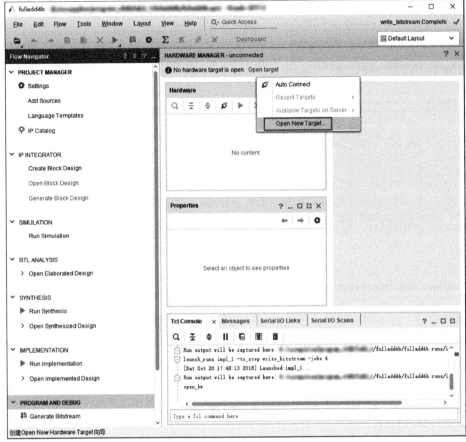

图 4.29　单击打开目标器件

图 4.30　打开目标器件界面

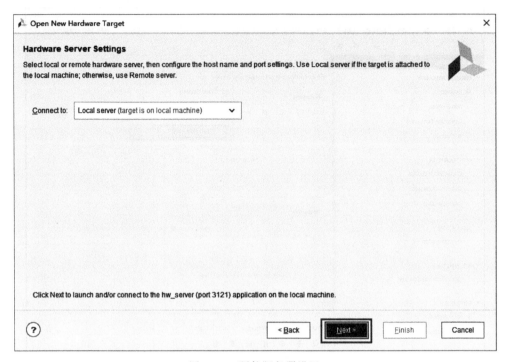

图 4.31　硬件服务器设置

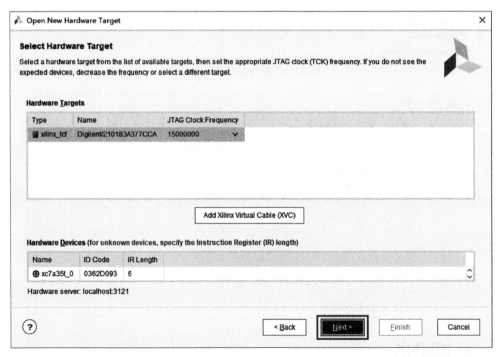

图 4.32　FPGA 型号识别

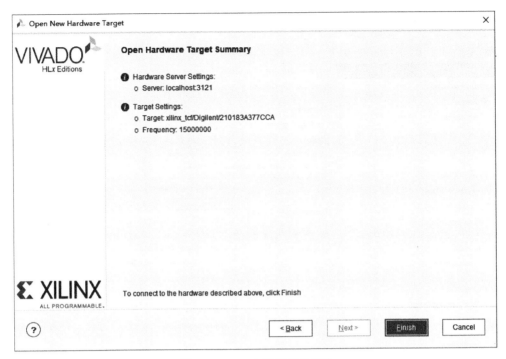

图 4.33 FPGA 连接信息概述

2. 下载比特流文件(. bit/. bin)

可以通过 3 种方式: JTAG、USB Flash Drive 和 Quad SPI Flash 将生成的比特流文件下载到 Basys3 开发板上。这 3 种方式的比较如表 4.2 所示。

表 4.2 3 种 Basys3 程序下载方式对比

下 载 方 式	支持的下载文件类型	说　　明
JTAG	. bit	. bit 文件可以通过 JTAG 下载线或者标准 USB 存储设备下载到 Basys3 FPGA。JTAG 方式每次在 Basys3 开发板重新上电后都需要连接计算机重新下载。JTAG 方式为调试模式,推荐在设计未定版时使用
USB Flash Drive	. bit	
Quad SPI Flash	. bin	. bin 文件在烧写成功后将存储在 Basys3 开发板自带的 Flash 存储器中,此后在 Basys3 开发板每次上电时自动通过 Quad SPI 加载到 Basys3 FPGA。Quad SPI Flash 方式无须连接计算机重新下载,一般在设计已经成熟后使用该方式

1) JTAG 方式下载

(1) 将模式跳线 JP1 设置为 JTAG 模式。

(2) 如图 4.34 所示回到 Vivado 主界面,在 Hardware 栏中右击选择 FPGA 芯片(xc7a35t_0),在弹出的窗口中选择 Program Device。

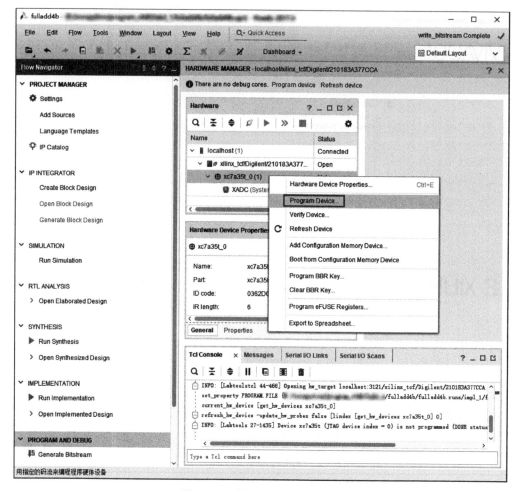

图 4.34　选择 FPGA 进行编程

（3）选择 .bit 文件，如图 4.35 所示在工程目录下选择前面生成的 .bit 文件。单击 Program 按钮，观察 Basys3 板子，DONE LED 灯亮起表示下载完成。

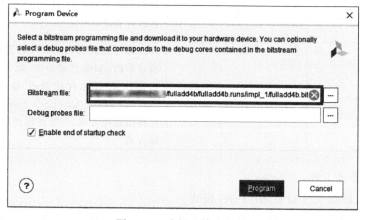

图 4.35　选择比特流文件

此时拨动 Basys3 板子上的拨码开关 SW0～SW8,4 位全加器的加数 A 为 SW3～SW0,加数 B 为 SW7～SW4,进位输入为 SW8,输出结果显示在 LED 灯 LD4～LD0。可拨码设置操作数,验证电路的 4 位全加器功能是否正常。

2) USB Flash Drive 方式下载

需要注意的是,通过 USB 设备下载/配置 Basys3 只支持 FAT32 格式。而且 USB 设备必须是空白的,不能有其他文件或文件夹。通过以下步骤使用 USB 设备下载.bit 文件到Basys3。

(1) 将模式跳线 JP1 设置成 USB 模式(连接最下面两个跳线)。

(2) 将 U 盘格式化成 FAT32 文件系统。

(3) 从 PC 复制并粘贴.bit 文件到 USB 设备的根目录。(注意: USB 设备的根目录中只能有此次需要下载的.bit 文件,如果根目录下的.bit 文件多于一个会使得 FPGA 无法正常启动)。

(4) 从 PC 安全移除 USB 设备并插入 Basys3 的 USB 接口。

(5) 打开 Basys3 电源,Basys3 将立即从 USB 设备中加载.bit 文件到 FPGA。DONE LED 灯亮起表示下载完成。

3) Quad SPI Flash 方式下载

Quad SPI 闪存是一种非易失性的存储介质,Basys3 FPGA 芯片在每次启动(上电)时都会读取里面的内容。这就意味着 Basys3 只要通电就会自己从 Quad SPI 闪存中加载/配置,配置的速度非常快,适用于已经完成的设计项目的最终展示或演示使用。Quad SPI 闪存支持重复烧写,下一次烧写会擦除上一次烧写的内容。通过 Quad SPI 闪存加载/配置Basys3 仅支持.bin 文件或.mcs 文件,具体步骤如下:

(1) 将模式跳线 JP1 设置成 QSPI 模式(连接最上方两个跳线)。

(2) 如图 4.36 所示,在 Hardware Manager 窗口中的 Hardware 下右键已经连接的设备(xc7a35t_0),选择 Add Configuration Memory Device…。

(3) 在弹出的窗口中搜索 S25FL032,如图 4.37 所示,单击 OK 按钮,在图 4.38 所示界面中弹出提示窗提醒是否需要现在下载,单击 OK 按钮。

(4) 如图 4.39 所示,在 Configuration file 一栏中添加.bin 文件,单击 OK 按钮。

Vivado 会开始擦除上一次烧写在 Quad SPI 闪存中的配置文件,然后将新的配置文件烧写到闪存中,图 4.40 所示为 FLASH 编程成功界面。之后 Basys3 开发板只要通电就会自动从闪存中配置开发板。DONE LED 灯亮起表示下载完成。如果按下按键 PROG,则在约 7s 后全加器电路开始工作。若使用高版本的 Vivado 如 2017.03,还可以通过设置比特流压缩、配置时钟等方式缩短下载时间,有兴趣的读者可以自己去探索。

注意:对于开发板上的红色按键 PROG,在任何时候按下,FPGA 内部的配置寄存器都会重新复位。此时,不论处于哪种下载模式下,FPGA 复位后都会立即尝试重新编程下载(需注意跳线帽所选择的下载模式,根据模式确定是否需要连接计算机从 Vivado 界面下载或插入 U 盘下载或直接按下 PROG 按键)。

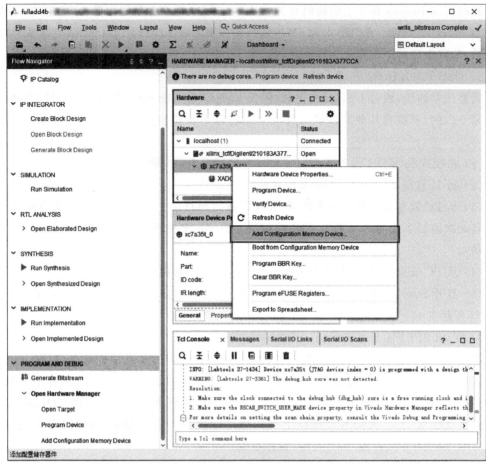

图 4.36　选择待配置的存储设备

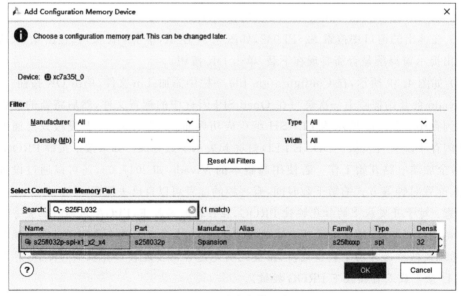

图 4.37　搜索存储设备

图 4.38 确认存储设备配置操作

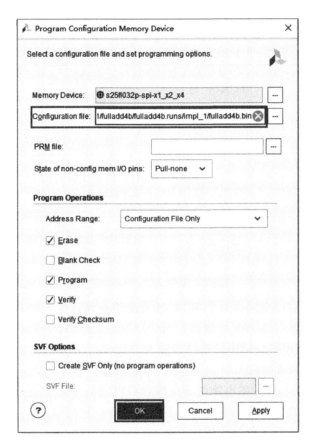

图 4.39 选择配置文件

图 4.40 Flash 编程成功

4.7 时序仿真

4.7.1 时序仿真的目的

与功能仿真不同,时序仿真(Timing simulation)是在综合或者实现(布局布线)后做的电路仿真,因此也称后仿,能够分析门延时、布线延时对电路功能和性能的影响。

4.7.2 时序仿真的原理

如表 4.3 所述,对功能仿真、综合后时序仿真以及实现后时序仿真进行了对比分析。

表 4.3 功能仿真与时序仿真类型对比

仿 真 类 型	仿 真 电 路	电路所使用的 FPGA 资源	SDF 反标所使用的 延时信息
功能仿真 (Functional Simulation)	RTL 级电路	无	无 SDF 反标
综合后时序仿真 (Post-Synthesis、 Timing Simulation)	综合后的电路	IOB、CLB、Block RAM 等逻辑单元	门延时
实现后时序仿真 (Post-Implementation Timing Simulation)	实现后的电路	包括布线资源在内的所 有 FPGA 片上资源	门延时、布线延时

综合(Synthesis)后的电路相对于 RTL 级电路的差异在于,电路的逻辑功能已经映射到了可编程输入输出单元(IOB)、可编程逻辑块(CLB)、嵌入式块 RAM(Block RAM)等逻辑单元上,基于综合后电路的时序仿真将通过 SDF(Standard Delay Format)文件反标这些逻辑单元的延时信息到电路网表中。

实现(Implementation)后的电路则是在综合后电路的基础上进行布局布线得到的,实现步骤结束后所生成的 SDF 文件包含了门延时以及布线延时信息,因此实现后的时序仿真是最接近 FPGA 电路实际工作状态的仿真。

4.7.3 仿真实例

单击左侧 Run Simulation,在下拉菜单中分别选择 Run Post-Synthesis Timing Simulation 和 Run Post-Implementation Timing Simulation 进行综合后时序仿真和实现后时序仿真。选择实现后时序仿真界面如图 4.41 所示。

在仿真环境中设置 timescale 为 1ns/1ps,clk 时钟周期为 10ns。图 4.42～图 4.44 为两种时序仿真波形与 4.3 节的功能仿真波形的对比,显然,由于同时存在门延时和布线延时,实现后时序仿真信号延时最大。

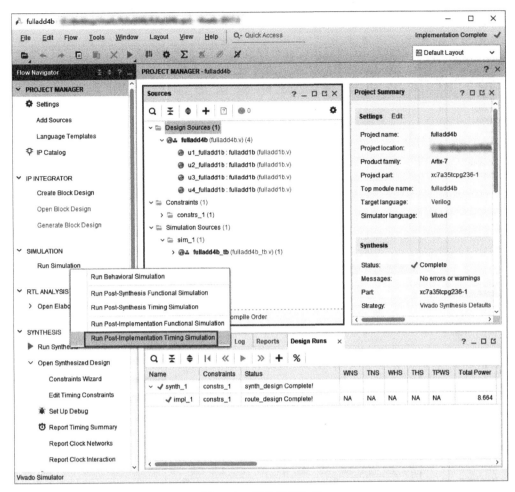

图 4.41 启动时序仿真

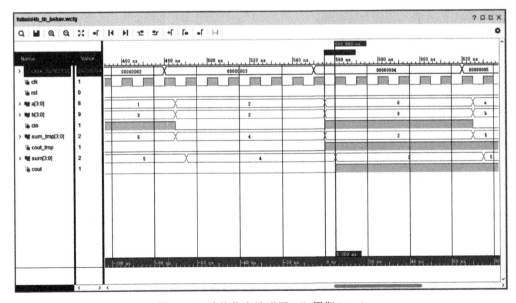

图 4.42 功能仿真波形图(clk 周期 10ns)

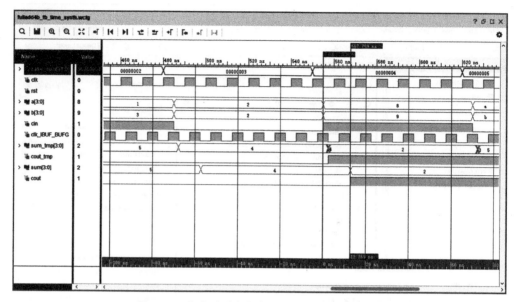

图 4.43   综合后时序仿真波形图(clk 周期 10ns)

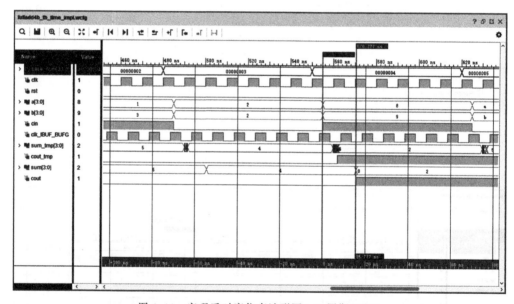

图 4.44   实现后时序仿真波形图(clk 周期 10ns)

4.8   FPGA 调试

当比特流文件下载到 FPGA 板进行测试且发现功能异常时,一般借助于 FPGA 逻辑分析仪进行 FPGA 调试(Debug)。

4.8.1   FPGA 逻辑分析仪

FPGA 布局布线后的电路都在芯片内部,无法用示波器或者外部逻辑分析仪器去测量信号,所以 Xilinx 等厂家就发明了内置的逻辑分析仪。在 Vivado 中称为 ILA(Integrated Logic Analyzer),ILA 的基本原理就是用 FPGA 内部的门电路去搭建一个逻辑分析仪,综合成一个 ILA 的核,来探测(probe)FPGA 内部信号。

4.8.2　使用流程

(1) 先根据调试需求确定所需要分析的信号(wire 或者 reg 型变量);

(2) 打开综合后的原理图,找到对应信号并标注为 debug;

(3) 设置 ila 的时钟域及调试深度;

(4) 重新生成比特流文件并下载至 FPGA 板开始调试;

(5) 在调试界面设置触发信号和条件等。

4.8.3　调试实例

1. 打开综合后原理图

单击 Flow Navigator 中的 Run Synthesis 进行综合。综合完成后选择 Open Synthesized Design 查看综合结果。在 Flow Navigator 中,选择 Synthesis → Open Synthesized Design→Schematic 打开电路结构图,如图 4.45 所示。

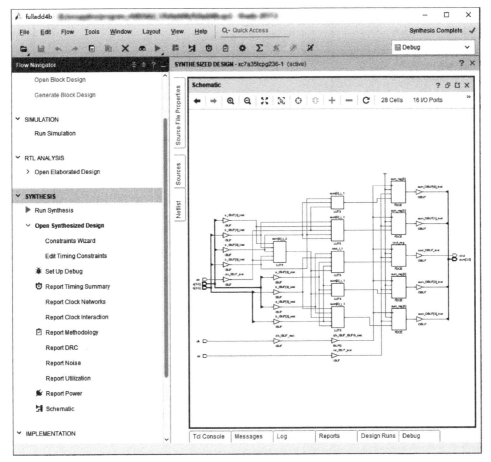

图 4.45　综合后电路原理图

2. 添加调试点

在电路图界面中单击放大按钮放大电路图,右击选择输入信号的连线 cin_IBUF,如图 4.46 所示,选择 Mark Debug。

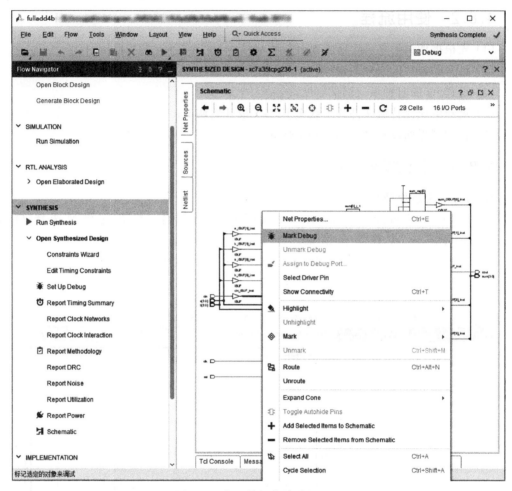

图 4.46　标记输入信号进行调试

类似地,如图 4.47 所示,标记模块的 a_IBUF 总线、b_IBUF 总线、sum_OBUF 总线、信号 cout_OBUF 为调试信号,分别选择这些信号并单击 Mark Debug。

3. 调试参数设置

调试参数设置界面的启动如图 4.48 所示,在 Flow Navigator 中,选择 Synthesis → Open Synthesized Design → Set Up Debug,在 Set Up Debug 界面中单击 Next 按钮。

如图 4.49 所示,在 Nets to Debug 界面中单击 Next 按钮。

ILA Core Options 界面如图 4.50 所示,设置 ILA 核心数据捕捉窗口的数据深度 Sample of data depth 和流水级数 Input pipe stages(保持默认即可),单击 Next 按钮。

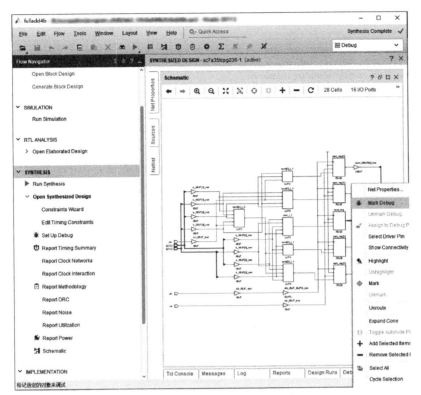

图 4.47　标记输出信号进行调试

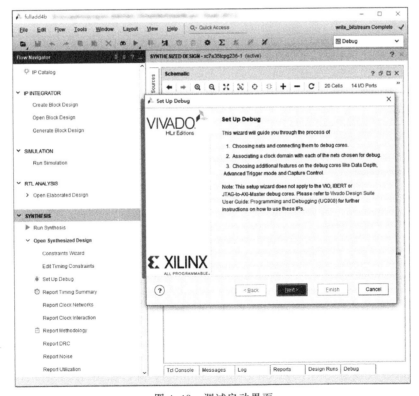

图 4.48　调试启动界面

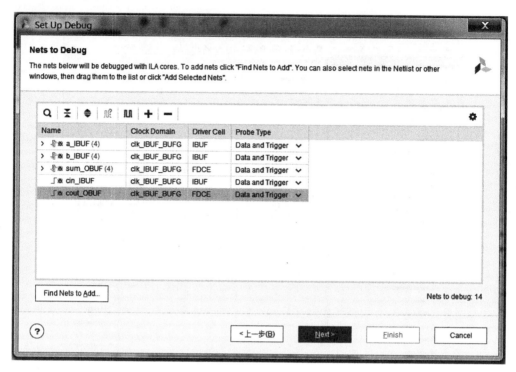

图 4.49   设置调试时钟域

图 4.50   ILA 核参数配置

　　完成调试参数设置,弹出 Set up Debug Summary 窗口如图 4.51 所示,单击 Finish
按钮。

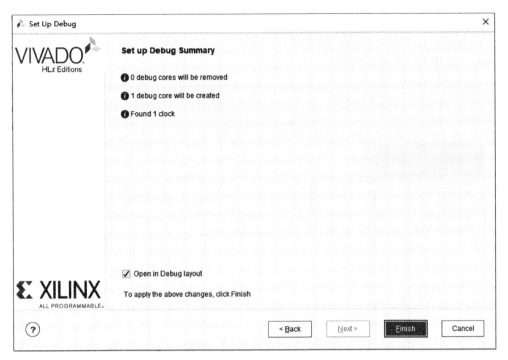

图 4.51 调试设置概要图

在菜单栏选择 File → Save Constraints 保存对约束文件的更改，弹出的提示对话框单击 OK 按钮继续。打开 flow_led. xdc 文件可以看到 Mark Debug 和 Set Up Debug 的相关信息已经被添加进去。

4. 实现、生成比特流文件

在 Flow Navigator 中，选择 Program and Debug→Generate Bitstream 生成比特流文件。

完成之后选择 Open Hardware Manager，连接 Basys3 FPGA 开发板和计算机，打开电源。单击 Open target，选择 Auto Connect。连接完成后，单击 Program device 按钮下载工程文件到 Basys3。选择相应的比特流文件(. bit)和调试文件(. ltx)，单击 Program 按钮开始下载，如图 4.52 所示。

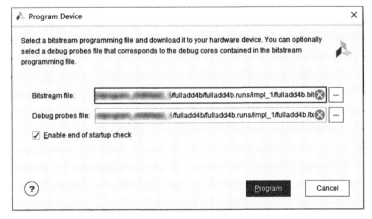

图 4.52 选择比特流文件进行编程

5. 硬件调试

在 Hardware 中右击选择目标芯片(xc7a35t_0),选择 Run Trigger Immediate,在波形窗口图 4.53 中可以观察到待调试信号。

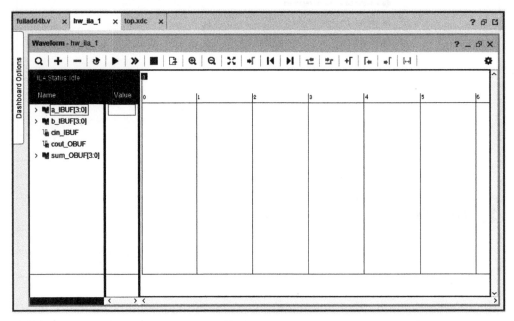

图 4.53　调试窗口

如图 4.54 所示,在 Trigger Setup 窗口中单击＋号添加 cout_OBUF 探针。

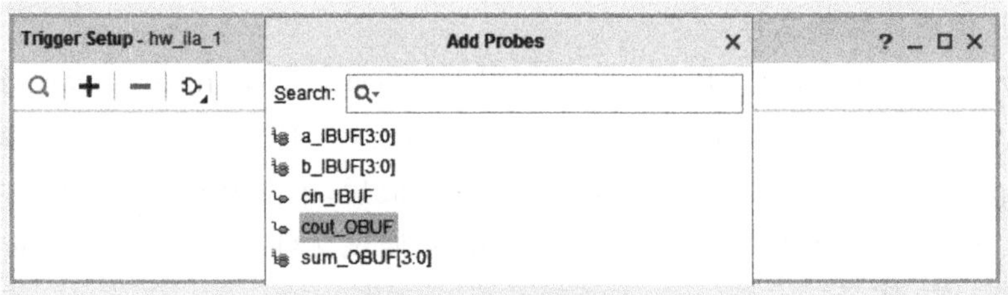

图 4.54　选择触发信号

在 Trigger Setup 中将 cout_OBUF 的值(Value)设为 R。图 4.55 中显示出设置的触发条件。

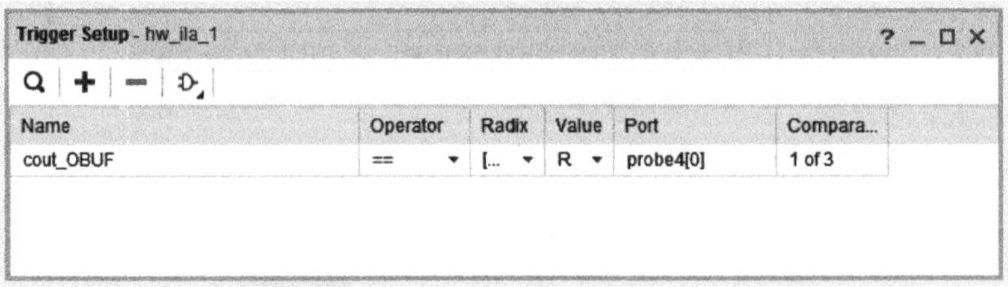

图 4.55　设置触发条件

在波形窗口中如果没有探针则需要自己添加,单击＋号选择需要添加的探针。

在 hw_ila_1 的设置页面图 4.56 中,将 Trigger position in window 的值设为 512。

如图 4.57 所示,在 Hardware 窗口中选中 Status-hw_ila_1,单击上方的 Run Trigger 按钮。在 Status 窗口中可以观察到状态从 Idle 跳转到 Waiting for Trigger。

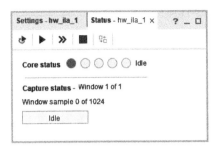

图 4.56 设置触发参数   图 4.57 触发状态跳转

最后当满足触发条件时回到 Idle 状态,此时波形中竖线标注出了触发的时刻。如图 4.58 所示,可以观察到触发时刻的信号 cout_OBUF 有上升沿出现,触发到了 4 位加法器进位输出。

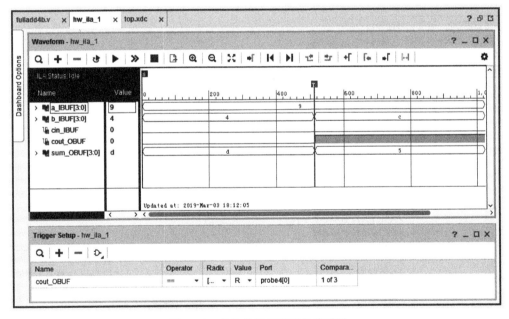

图 4.58 条件触发后捕捉的波形图

## 第 5 章

FPGA 基础实验

根据信号流划分数字系统结构，一个典型数字系统包括信号采集、信号传输、信号处理和信号输出（执行）四部分，如图 5.1 所示。信号采集部分的输入数据可以来自较为简单的常规传感器（如光、温湿度传感器等），也可以来自更为复杂的传感器（如 CCD 传感器、驻极体麦克风等）。信号传输部分根据传输方式分为有线（如 UART、SPI 等）和无线（如蓝牙、WiFi 等）两类。信号处理包括信号处理硬件平台和信号处理算法两部分，信号处理算法因应用而异，包括语音降噪、图像增强算法等。信号输出（执行）的对象为 LED、显示器、步进电机等部件。

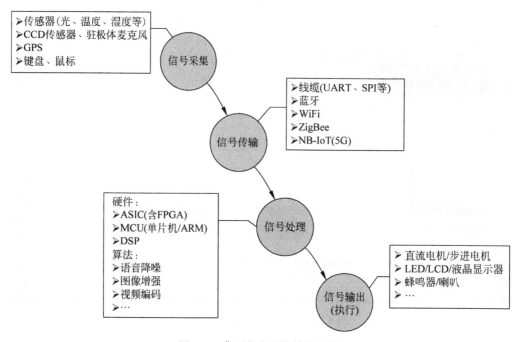

图 5.1 典型数字系统结构划分

本章设置了信号采集、信号传输、信号处理、信号输出（执行）四部分 FPGA 基础实验，利用 FPGA 设计上述四个类型电路。使读者学习 FPGA 数字设计方法的同时，全面掌握数字系统的基本结构，为设计 FPGA 数字系统奠定基础。

5.1 预备实验

通过设计按键输入和数码管显示控制电路,帮助读者了解 Basys3 开发板外设的使用。能够让读者对实验设计和操作有初步的认识和体会,以便更顺畅地进行后续的基础实验。

5.1.1 实验设备

预备实验所需的硬件平台、硬件模块和软件平台如表 5.1 所示。

表 5.1 预备实验设备列表

类　别	名　称	数　量	备　注
硬件平台	Basys3 开发板	1	支持其他 Xilinx FPGA 开发板
硬件模块	PmodKYPD	1	带 16 个按键的键盘
软件平台	Vivado 2017.1		

其中 PmodKYPD 为十六进制格式(0~F)的 16 按键键盘,其实物如图 5.2 所示,通过依次驱动各列到一个低电平逻辑同时读出每一行的逻辑值,用户可确定当前被按下的是哪个按钮。其接口如图 5.3 所示,接口信号列表见表 5.2。

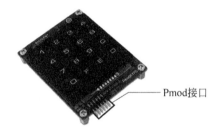

图 5.2 PmodKYPD 按键键盘实物图

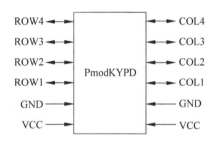

图 5.3 PmodKYPD 按键键盘接口图

表 5.2 PmodKYPD 按键键盘接口信号列表

引脚	信号	属性	位宽	功能描述	引脚	信号	属性	位宽	功能描述
1	COL4	Inout *	1	列 4	7	ROW4	Inout *	1	行 4
2	COL3	Inout *	1	列 3	8	ROW3	Inout *	1	行 3
3	COL2	Inout *	1	列 2	9	ROW2	Inout *	1	行 2
4	COL1	Inout *	1	列 1	10	ROW1	Inout *	1	行 1
5	GND		1	地	11	GND		1	地
6	VCC		1	电源 (3.3V/5V)	12	VCC		1	电源 (3.3V/5V)

注意:对于表中的 Inout,在后续设计中,将 PmodKYPD 的 COL4~COL1 视为 Output 端口,将 ROW4~ROW1 视为 Input 端口进行使用。

5.1.2 功能要求

设计一个按键/键盘输入信号采集及显示系统,要求实时采集 PmodKYPD 的按键输入状态,将其转换为十六进制的键值,并通过 Basys3 开发板自带的 7 段数码管对键值进行显示。

5.1.3 设计分析

设计的功能要求可以分解为两部分,一是按键/键盘输入信号实时采集功能,二是 7 段数码管的显示控制功能。如图 5.4 所示,根据功能要求把整个系统划分为两个功能模块,按键/键盘输入信号实时采集模块 KYPD_acqz 从 PmodKYPD 获取行列扫描的结果,根据扫描结果生成键值信号。7 段数码管显示模块 show_7seg 将键值信号转换为位选及段选信号并驱动 Basys3 开发板上的 7 段数码管电路。

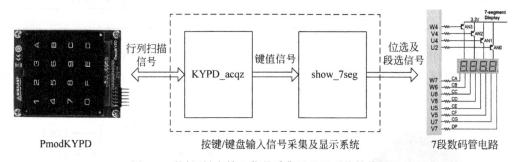

图 5.4　按键/键盘输入信号采集及显示系统结构图

1. 按键/键盘输入信号采集模块设计分析

按键/键盘输入信号采集模块 KYPD_acqz 的接口图如图 5.5 所示。KYPD_acqz 的功能是在用户输入启动信号后定时扫描键盘,获取键盘的输入数据。KYPD_acqz 模块解析的 4 位按键键值 KYPD_DATA[3:0]将通过 Basys3 开发板上的 7 段数码管进行显示。表 5.3 为 KYPD_acqz 的接口信号列表。

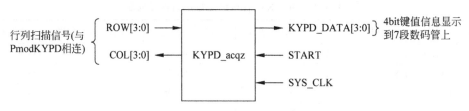

图 5.5　KYPD_acqz 模块接口图

表 5.3　KYPD_acqz 数据获取模块接口信号列表

端口信号	属　　性	位　　宽	功能描述
PmodKYPD 接口信号			
COL	Output	4	键盘的列信号
ROW	Input	4	键盘的行信号

端 口 信 号	属　性	位　宽	功 能 描 述
用户接口信号			
START	Input	1	KYPD 键盘的数据采集启动信号,高有效
SYS_CLK	Input	1	系统时钟输入(100MHz)
KYPD_DATA	Output	4	KYPD 键盘的数据(0～F)

　　根据功能需求,该模块在启动后持续进行键盘行列信号扫描,实时获取键盘输入的数据。工作流程如图 5.6 所示,相应的动作说明见表 5.4。

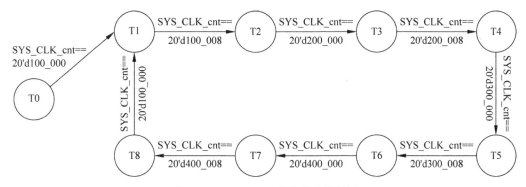

图 5.6　KYPD_acqz 模块状态转换图

表 5.4　KYPD_acqz 模块工作流程说明

时间点	说　明
T1	第 1ms 时刻,键盘列 1 置高状态,延迟 80us 后(T2)检测键盘行信号
T3	第 2ms 时刻,键盘列 2 置高状态,延迟 80us 后(T4)检测键盘行信号
T5	第 3ms 时刻,键盘列 3 置高状态,延迟 80us 后(T6)检测键盘行信号
T7	第 4ms 时刻,键盘列 4 置高状态,延迟 80us 后(T8)检测键盘行信号

　　通过循环计数的计数器进行扫描时间控制,依次给列信号置 0,随后扫描行信号的值,当行信号出现逻辑 0 时表示当前位置(即置 0 的列和逻辑值为 0 的行所确定的按键位置)被按下。

2. 7 段数码管显示控制模块设计分析

　　7 段数码管显示控制模块 show_7seg 的接口图如图 5.7 所示,其信号列表见表 5.5。show_7seg 根据 7 段数码管电路显示效果与段选情况的映射关系(该映射关系详见逻辑设计中的 RTL 代码),将 4 位键值信息 KYPD_DATA [3:0](即 datain[3:0])映射为 7 段数码管中每一段的逻辑值 seg[6:0]。位选信号 enable_n[3:0]则固定选择只点亮 1 位 7 段数码管。

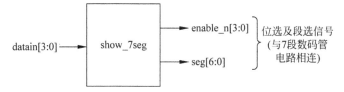

图 5.7　show_7seg 模块接口图

表 5.5　show_7seg 模块接口信号列表

端口信号	属　　　性	位　　　宽	功　能　描　述
PmodKYPD 接口信号			
enable_n	Output	4	数码管位选信号,低有效
seg	Output	7	数码管段选信号,低有效
用户接口信号			
datain	Input	4	待显示的 4 位数据(即键值数据 KYPD_DATA[3:0])

5.1.4　逻辑设计

1. 按键/键盘输入信号采集及显示系统顶层模块代码

```
module PmodKYPD_Demo(
    input clk,                    //系统时钟,100MHz
    input start,                  //按键扫描启动信号
    output [3:0] bitsel_n,        //数码管位选信号
    output [6:0] seg,             //数码管段选信号
    input [3:0] row,
    output [3:0] col
);

wire [3:0] kypd_data;             //键值

KYPD_acqz u_KYPD_acqz (           //按键/键盘信号采集模块
.SYS_CLK( clk ),
.ROW ( row ),
.COL( col ),
.START( start ),
.KYPD_DATA ( kypd_data )
);

show7seg u_show7seg (             //7 段数码管显示控制模块
.datain( kypd_data ),
.enable_n( bitsel_n ),
.seg( seg )
);

endmodule
```

2. 按键/键盘输入信号采集模块代码

```
module KYPD_acqz(
    SYS_CLK,
    ROW,
    COL,
    START,
    KYPD_DATA
);
```

```verilog
input  SYS_CLK;                          //100MHz 时钟
input  [3:0] ROW;                        //KYPD 行信号
output  reg [3:0]  COL;                  //KYPD 列信号
input  START;
output  reg [3:0]  KYPD_DATA;            //键值数据

reg[19:0]  SYS_CLK_cnt;                  //计数器寄存器

always @(posedge SYS_CLK) begin
    if (!START) begin
        COL <= 4'b1111;
        SYS_CLK_cnt <= 20'b0;
    end
    else if (SYS_CLK_cnt == 20'b00011000011010100000) begin //1ms
        COL <= 4'b0111;          //列 1 置 0
        SYS_CLK_cnt <= SYS_CLK_cnt + 1'b1;
    end
    else if(SYS_CLK_cnt == 20'b00011000011010101000) begin //检查行信号
        if (ROW == 4'b0111)      //R1
            KYPD_DATA <= 4'b0001;
        else if(ROW == 4'b1011)  //R2
            KYPD_DATA <= 4'b0100;
        else if(ROW == 4'b1101)  //R3
            KYPD_DATA <= 4'b0111;
        else if(ROW == 4'b1110)  //R4
            KYPD_DATA <= 4'b0000;
        SYS_CLK_cnt <= SYS_CLK_cnt + 1'b1;
    end
    else if(SYS_CLK_cnt == 20'b00110000110101000000) begin     //2ms
        COL <= 4'b1011;          //列 2 置 0
        SYS_CLK_cnt <= SYS_CLK_cnt + 1'b1;
    end
    else if(SYS_CLK_cnt == 20'b00110000110101001000) begin //检查行信号
        if (ROW == 4'b0111)      //R1
            KYPD_DATA <= 4'b0010;
        else if(ROW == 4'b1011)  //R2
            KYPD_DATA <= 4'b0101;
        else if(ROW == 4'b1101)  //R3
            KYPD_DATA <= 4'b1000;
        else if(ROW == 4'b1110)  //R4
            KYPD_DATA <= 4'b1111; //F
        SYS_CLK_cnt <= SYS_CLK_cnt + 1'b1;
    end
    else if(SYS_CLK_cnt == 20'b01001001001111100000) begin //3ms
        COL <= 4'b1101;          //列 3 置 0
        SYS_CLK_cnt <= SYS_CLK_cnt + 1'b1;
    end
    else if(SYS_CLK_cnt == 20'b01001001001111101000) begin //检查行信号
        if(ROW == 4'b0111)       //R1
            KYPD_DATA <= 4'b0011;
        else if(ROW == 4'b1011)  //R2
```

```
            KYPD_DATA <= 4'b0110;
        else if(ROW == 4'b1101)      //R3
            KYPD_DATA <= 4'b1001;
        else if(ROW == 4'b1110)      //R4
            KYPD_DATA <= 4'b1110; //E
        SYS_CLK_cnt <= SYS_CLK_cnt + 1'b1;
    end
    else if(SYS_CLK_cnt == 20'b01100001101010000000) begin //4ms
        COL <= 4'b1110;              //列 4 置 0
        SYS_CLK_cnt <= SYS_CLK_cnt + 1'b1;
    end
    else if(SYS_CLK_cnt == 20'b01100001101010001000) begin //检查行信号
        if(ROW == 4'b0111)           //R1
            KYPD_DATA <= 4'b1010; //A
        else if(ROW == 4'b1011)      //R2
            KYPD_DATA <= 4'b1011; //B
        else if(ROW == 4'b1101)      //R3
            KYPD_DATA <= 4'b1100; //C
        else if(ROW == 4'b1110)      //R4
            KYPD_DATA <= 4'b1101; //D
        SYS_CLK_cnt <= 20'b00000000000000000000;
    end
    else                             //计数值加一
        SYS_CLK_cnt <= SYS_CLK_cnt + 1'b1;
end
endmodule
```

3. 7 段数码管显示模块代码

```
module show7seg (
    datain,
    enable_n,
    seg
);

input [3:0] datain;              //待显示的 4 位十六进制数
output [3:0] enable_n;           //数码管位选信号,低有效
output reg [6:0] seg;            //数码管段选信号,低有效

assign enable_n = 4'b1110;

always @ ( * )                   //段选信号映射关系表
    case (datain)
        4'h0:seg = 7'b0000001;
        4'h1:seg = 7'b1001111;
        4'h2:seg = 7'b0010010;
        4'h3:seg = 7'b0000110;
        4'h4:seg = 7'b1001100;
        4'h5:seg = 7'b0100100;
```

```
            4'h6:seg = 7'b0100000;
            4'h7:seg = 7'b0001111;
            4'h8:seg = 7'b0000000;
            4'h9:seg = 7'b0000100;
            4'hA:seg = 7'b0001000;
            4'hB:seg = 7'b1100000;
            4'hC:seg = 7'b0110001;
            4'hD:seg = 7'b1000010;
            4'hE:seg = 7'b0110000;
            4'hF:seg = 7'b0111000;
        endcase
endmodule
```

4. 约束文件

```
## Clock signal signal
set_property PACKAGE_PIN W5 [get_ports clk]
set_property IOSTANDARD LVCMOS33 [get_ports clk]
create_clock - add - name sys_clk_pin - period 10.00 - waveform {0 5} [get_ports clk]


## Slide Buttons
set_property PACKAGE_PIN V17 [get_ports start]
set_property IOSTANDARD LVCMOS33 [get_ports start]


## Pmod Header JA
## Sch name = JA1
set_property PACKAGE_PIN J1 [get_ports {col[0]}]
set_property IOSTANDARD LVCMOS33 [get_ports {col[0]}]
## Sch name = JA2
set_property PACKAGE_PIN L2 [get_ports {col[1]}]
set_property IOSTANDARD LVCMOS33 [get_ports {col[1]}]
## Sch name = JA3
set_property PACKAGE_PIN J2 [get_ports {col[2]}]
set_property IOSTANDARD LVCMOS33 [get_ports {col[2]}]
## Sch name = JA4
set_property PACKAGE_PIN G2 [get_ports {col[3]}]
set_property IOSTANDARD LVCMOS33 [get_ports {col[3]}]
## Sch name = JA7
set_property PACKAGE_PIN H1 [get_ports {row[0]}]
set_property IOSTANDARD LVCMOS33 [get_ports {row[0]}]
## Sch name = JA8
set_property PACKAGE_PIN K2 [get_ports {row[1]}]
set_property IOSTANDARD LVCMOS33 [get_ports {row[1]}]
## Sch name = JA9
set_property PACKAGE_PIN H2 [get_ports {row[2]}]
set_property IOSTANDARD LVCMOS33 [get_ports {row[2]}]
## Sch name = JA10
set_property PACKAGE_PIN G3 [get_ports {row[3]}]
set_property IOSTANDARD LVCMOS33 [get_ports {row[3]}]
```

```
##7 segment display
set_property PACKAGE_PIN W7 [get_ports {seg[6]}]
set_property IOSTANDARD LVCMOS33 [get_ports {seg[6]}]
set_property PACKAGE_PIN W6 [get_ports {seg[5]}]
set_property IOSTANDARD LVCMOS33 [get_ports {seg[5]}]
set_property PACKAGE_PIN U8 [get_ports {seg[4]}]
set_property IOSTANDARD LVCMOS33 [get_ports {seg[4]}]
set_property PACKAGE_PIN V8 [get_ports {seg[3]}]
set_property IOSTANDARD LVCMOS33 [get_ports {seg[3]}]
set_property PACKAGE_PIN U5 [get_ports {seg[2]}]
set_property IOSTANDARD LVCMOS33 [get_ports {seg[2]}]
set_property PACKAGE_PIN V5 [get_ports {seg[1]}]
set_property IOSTANDARD LVCMOS33 [get_ports {seg[1]}]
set_property PACKAGE_PIN U7 [get_ports {seg[0]}]
set_property IOSTANDARD LVCMOS33 [get_ports {seg[0]}]

set_property PACKAGE_PIN W4 [get_ports {bitsel_n[3]}]
set_property IOSTANDARD LVCMOS33 [get_ports {bitsel_n[3]}]
set_property PACKAGE_PIN V4 [get_ports {bitsel_n[2]}]
set_property IOSTANDARD LVCMOS33 [get_ports {bitsel_n[2]}]
set_property PACKAGE_PIN U4 [get_ports {bitsel_n[1]}]
set_property IOSTANDARD LVCMOS33 [get_ports {bitsel_n[1]}]
set_property PACKAGE_PIN U2 [get_ports {bitsel_n[0]}]
set_property IOSTANDARD LVCMOS33 [get_ports {bitsel_n[0]}]
```

5.1.5 实现流程

（1）连接 Basys3 开发板与 PmodKYPD。

（2）下载程序到开发板。

（3）打开 START 对应的拨码开关，按下键盘，观察 7 段数码管的显示值是否与预期相符。

5.1.6 拓展任务

增加数码管显示的位选切换功能，使实际的数码管显示位可根据输入进行切换。

5.2 信号采集

本节以光照传感器、二轴操作杆为例，完成信号采集的设计和实验。

5.2.1 实验设备

本实验所需的硬件平台、硬件模块和软件平台如表 5.6 所示。

表 5.6 信号采集实验设备列表

类 别	名 称	数 量	备 注
硬件平台	Basys3 开发板	1	支持其他 Xilinx FPGA 开发板
硬件模块	PmodALS	1	光强传感器
	PmodJSTK	1	二轴操作杆
软件平台	Vivado 2017.1		

（1）PmodALS 环境光强传感器感应环境中的光强并转换为 8 位数字输出（0 表示低光强度，255 表示高光强度），如图 5.8 所示。Basys3 FPGA 开发板与 PmodALS 光强传感器之间通过 SPI 接口通信。PmodALS 光强传感器的接口如图 5.9 所示，接口信号说明见表 5.7。

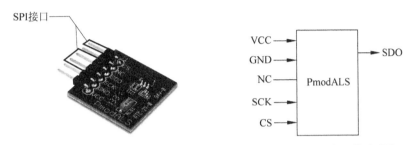

图 5.8 PmodALS 光强传感器实物图   图 5.9 PmodALS 光强传感器接口图

表 5.7 PmodALS 光强传感器信号列表

引脚	信号	属性	位宽	功能描述
1	CS	Input	1	片选信号
2	NC		1	不连接
3	SDO	Output	1	主设备输出，从设备输入
4	SCK	Input	1	串行时钟（1~4MHz）
5	GND		1	地
6	VCC		1	电源（3.3V/5V）

（2）如图 5.10 所示，PmodJSTK 二轴操纵杆包含 3 种可供用户使用的资源，分别为按键资源（按键 1 和按键 2）、二轴操作杆资源（X 轴/Y 轴的扭动和 Z 轴的按键功能）和可编程 LED 资源（LED1 和 LED2）。这 3 类资源的使用信息通过 SPI 接口与 Basys3 开发板进行交互。

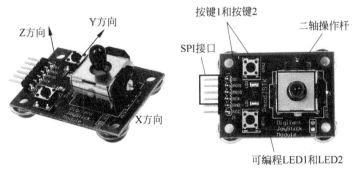

图 5.10 PmodJSTK 二轴操作杆实物图

具体地,按键1和按键2可产生两个1位信息 btn1 和 btn2 来表示按键的按下与否。二轴操作杆使用两个电位器测量 X 和 Y 坐标方向上的当前位置,并将位置信息存储在两个10位寄存器向量 state_x[9:0] 和 state_y[9:0] 中(取值范围为 0~1023)。使用一个1位数 state_z 表示 Z 坐标方向是否有按下操作,LED1 和 LED2 可由主机写入两个1位数 ld1 和 ld2 来控制灯亮与灯灭。

PmodJSTK 与 Basys3 的一次完整信息交互包括10字节的 SPI 通信,这10字节的传输顺序、传输方向、数据格式以及功能说明如表 5.8 所示。更多详细信息请参考 Digilent 官网提供的"PmodJSTK:二轴操纵杆用户手册"。

表 5.8 PmodJSTK 的 3 类资源信息(10 字节数据)说明

字节传输顺序	字节标识	传输方向	字节数据格式	功能说明
1	BYTE1	Basys3 发往 PmodJSTK	6'b10_0000+ld2+ld1	控制 LED1 和 LED2 的亮灭状态
2	BYTE2	Basys3 发往 PmodJSTK	无数据格式	BYTE2 ~ BYTE5 这 4 字节仅用于完成通信需要,PmodJSTK 不对这些字节内容进行解析
3	BYTE3	Basys3 发往 PmodJSTK		
4	BYTE4	Basys3 发往 PmodJSTK		
5	BYTE5	Basys3 发往 PmodJSTK		
6	BYTE6	PmodJSTK 发往 Basys3	state_x[7:0]	二轴操作杆 X 方向的低 8 位信息
7	BYTE7	PmodJSTK 发往 Basys3	6'b00_0000+state_x[9:8]	二轴操作杆 X 方向的高 2 位信息
8	BYTE8	PmodJSTK 发往 Basys3	state_y[7:0]	二轴操作杆 Y 方向的低 8 位信息
9	BYTE9	PmodJSTK 发往 Basys3	6'b00_0000+state_y[9:8]	二轴操作杆 Y 方向的高 2 位信息
10	BYTE10	PmodJSTK 发往 Basys3	5'b0_0000+btn2+btn1+state_z	按键2、按键1和二轴操作杆的 Z 方向的按下状态信息

注意:以上字节内容均按照大端模式传输,即最高位先进行传输。

PmodJSTK 二轴操作杆接口如图 5.11 所示,接口信号列表见表 5.9。

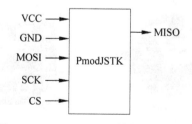

图 5.11 PmodJSTK 二轴操作杆接口图

表 5.9　PmodJSTK 二轴操作杆接口信号列表

引脚	信号	属性	位宽	功能描述
1	CS	Input	1	片选信号,低有效
2	MOSI	Input	1	主设备输出,从设备输入
3	MISO	Output	1	主设备输入,从设备输出
4	SCK	Input	1	串行时钟
5	GND	-	1	地
6	VCC	-	1	电源(3.3V/5V)

5.2.2　功能要求

实验中的输入信号有两种:分别为光强传感器输入信号和二轴操纵杆输入信号。实验要求实现上述两种输入信号的数据读取及显示。

5.2.3　设计分析

1. 光强传感器的数据读取及显示(PmodALS)

光强传感器的数据读取及显示系统连接关系如图 5.12 所示。光强数据读取由 ALS_acqz 数据获取模块实现,ALS_acqz 的具体功能包括:根据用户的输入启动信号,启动 PmodALS 光强传感器进行环境光强数据采集;根据 SPI 协议获取传感器输出的串行数据;将传感器输出的串行数据转换成并行数据输出,并在转换结束后输出采集结束信号。光强数据的显示通过控制 Basys3 开发板上的 8 个 LED 灯亮灭来实现。

具体地,ALS_acqz 数据获取模块端口信号说明如表 5.10。

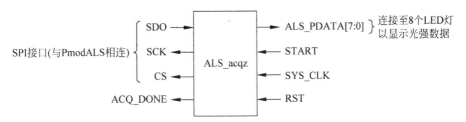

图 5.12　光强传感器的数据读取及显示系统连接关系说明

表 5.10　PmodALS 数据获取模块接口信号列表

端口信号	属性	位宽	功能描述
			PmodALS 光强传感器接口信号
CS	Output	1	PmodALS 传感器片选信号,低有效
SCK	Output	1	PmodALS 的工作时钟
SDO	Input	1	PmodALS 传感器的串行输出数据
			用户接口信号
START	Input	1	数据采集启动信号,高有效
RST	Input	1	复位信号,高有效
SYS_CLK	Input	1	系统时钟输入(100MHz)
ALS_PDATA	Output	8	经过串并转换后的 ALS 传感器的并行光强数据
ACQ_DONE	Output	1	数据采集结束信号,"1"表示采集结束

　　根据模块的功能需求,采用一个有限状态机读取 PmodALS 光强传感器的数据。该状态机设置了三个状态:IDLE、SERL2PARL 和 DONE,其状态转换图和说明如图 5.13 和表 5.11。

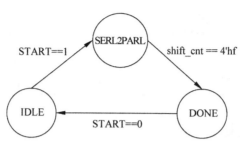

图 5.13　ALS_acqz 模块状态转换图

表 5.11　ALS_acqz 模块状态说明

现　　态	次　　态	说　　明
IDLE	SERL2PARL	空闲状态。当用户输入 START=1 时,跳转到状态 SERL2PARL
SERL2PARL	DONE	串并转换状态。此状态下模块从 PmodALS 读取串行的光强度数据,并转换为并行数据。当移位计数器 shift_cnt = 4'hf 时,跳转到状态 DONE
DONE	IDLE	数据采集结束状态。此状态下,输出 ACQ_DONE = 1,并准备好并行的端口数据 ALS_PDATA 供用户读取。当用户读走数据并设置 START=0 时,跳转到状态 IDLE

2. 二轴操作杆输入信号采集及显示(PmodJSTK)

　　二轴操作杆输入信号采集及显示系统连接关系如图 5.14 所示。JSTK_acqz 为二轴操纵杆数据获取模块,该模块提供了与 PmodJSTK 二轴操作杆进行发送和接收数据的通信接口,通信协议为 SPI 模式 0。

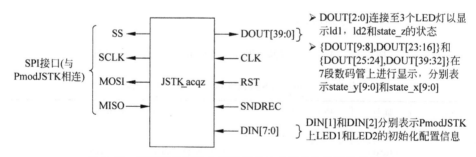

图 5.14　二轴操作杆输入信号采集及显示系统连接关系说明

　　X 轴和 Y 轴的位置信息范围均为 0～1023,使用拨码开关 SW0 可选择在数码管上显示 X 轴或 X 轴的位置信息。PmodJSTK 上有两个单独的按键,且二轴操作杆也可以按下,这三个按键的值通过 Basys3 上自带的 LED 0-2 显示。PmodJSTK 二轴操作杆上还有两个 LED 灯,可使用拨码开关控制。

　　JSTK_acqz 的接口信号列表见表 5.12。

表 5.12 JSTK_acqz 二轴操纵杆数据获取模块接口信号列表

端口信号	属性	位宽	功能描述
			PmodJSTK 接口信号
SS	Output	1	从设备选择信号,低有效
MOSI	Output	1	主设备输出,从设备输入
MISO	Input	1	主设备输入,从设备输出
SCLK	Output	1	串行时钟
			用户接口信号
CLK	Input	1	系统输入时钟,100MHz
RST	Input	1	复位信号,高有效
DIN	Input	8	传输给从设备的数据(PmodJSTK 上 LED1 和 LED2 初始化信息)
SNDREC	Input	1	发送/接收选择信号
DOUT	Output	40	读取到的 40 位(5 字节)二轴操纵杆数据输出

根据 SPI 模式 0 通信协议,单字节接收/发送状态转换图和单向(Basys3 发往 PmodJSTK 或反之)5 字节的数据接收/发送状态转换图分别如图 5.15 和图 5.16 所示,相对应的状态说明分别见表 5.13 和表 5.14。

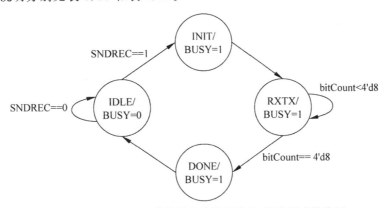

图 5.15 JSTK_acqz 模块单字节数据接收/发送状态转换图

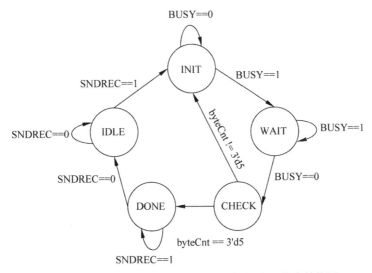

图 5.16 JSTK_acqz 模块 5 字节数据接收/发送状态转换图

表 5.13　JSTK_acqz 模块状态说明

现　态	次　态	说　明
IDLE	SNDREC=0：IDLE SNDREC=1：INIT	空闲状态。当用户输入 STNDREC=1 时,跳转到状态 INIT
INIT	RXTX	通信初始化状态
RXTX	bitCount < 4'd8：RXTX bitCount == 4'd8：DONE	串行数据接收/发送状态。此状态下模块采用移位寄存器接收/发送串行数据,并根据位计数器 bitCount 来判断已接收/发送的数据位数。当 bitCount < 4'd8 时,所发送/接收的数据未满一字节,跳转到状态 RXTX 继续数据接收/发送;当 bitCount == 4'd8 时,单字节数据通信完成,跳转到状态 DONE
DONE	IDLE	通信完成状态

表 5.14　JSTK_acqz 模块 5 字节数据接收/发送状态说明

现　态	次　态	说　明
IDLE	SNDREC=0：IDLE SNDREC=1：INIT	空闲状态。当用户输入 STNDREC=1 时,跳转到状态 INIT
INIT	BUSY=0：INIT BUSY=1：WAIT	单字节数据接收/发送启动状态。当 BUSY=1,表明模块正处于单字节接收/发送状态,跳转至状态 WAIT 等待单字节数据通信完成。若 BUSY=0 则继续跳转至 INIT
WAIT	BUSY=0：CHECK BUSY=1：WAIT	等待状态。当 BUSY 信号从 1 跳转至 0,表明单字节数据通信完成,状态机跳转到 CHECK 状态。否则跳转至 WAIT 状态继续等待
CHECK	byteCnt == 3'd5：DONE byteCnt != 3'd5：INIT	数据通信检查状态。当字节计数器 byteCnt == 3'd5,表明所有字节数据通信完成,跳转到状态 DONE。否则跳转到状态 INIT,继续进行下一个单字节数据接收/发送
DONE	IDLE	通信完成状态

5.2.4　逻辑设计

1. 光强传感器的数据读取及显示系统顶层模块代码

```
module PmodALS_Demo(
    input  Clk,
    input  BTNs,
    input  BTNu,
    input  BTNl,
    input  BTNd,
    input  BTNr,
    output [7:0] LED,
    output ALS_CS,
    output ALS_SClk,
```

```
    input   ALS_SData
);

//General usage
wire  RST;

// internal signals of ALS module
wire  [11:0] ALS_Data;
wire  ALS_Start;
wire  ALS_Done;

//  System Reset input
assign RST = BTNs;

//  start signal for ALS module
assign ALS_Start = BTNu;

//  use 8bit LED as high 8bits of ALS digital outout,
assign LED = ALS_Data[11:4];

ALS_acqz u_ALS_acqz (
//General usage
.SYS_CLK          ( Clk ),
.RST              ( RST ),
//Pmod interface signals
.SDO              ( ALS_SData ),
.SCK              ( ALS_SClk ),
.CS               ( ALS_CS ),
//User interface signals
.ALS_PDATA        ( ALS_Data ),
.START            ( ALS_Start ),
.ACQ_DONE         ( ALS_Done )
);

endmodule
```

2. 二轴操作杆输入信号采集及显示系统顶层模块代码

```
module PmodJSTK_Demo(
    input   CLK,              //100MHz onboard clock
    input   RST,              //Button D, high active
    input   MISO,             //Master In Slave Out, Pin 3
    input   [2:0]  SW,        //Switches 2, 1, and 0
    output  SS,               //Slave Select, Port JA. Active low
    output  MOSI,             //Master Out Slave In
    output  SCLK,             //Serial Clock, Pin 4, Port JA
    output reg  [2:0] LED,    //Status of Pmod JSTK buttons
    output  [3:0] AN,         //Anodes for Display
    output  [6:0] SEG         //Cathodes for Display
);
// ===============================================
```

```verilog
//          Parameters, Regsiters, and Wires
// ================================================
wire [7:0] DIN;                    //data to be sent to PmodJSTK
wire CLK5Hz;                       //data to/from PmodJSTK
wire [39:0] DOUT;                  //Data read from PmodJSTK
wire [9:0] posData;                //output data that user selected
wire [9:0] state_x;
wire [9:0] state_y;
wire       state_z;
wire       ld1;
wire       ld2;
wire       btn1;
wire       btn2;


// ================================================
//                  Implementation
// ================================================
//Use state of switch 0 to select output of X position or Y position data to Display
assign state_x = {DOUT[25:24], DOUT[39:32]};
assign state_y = {DOUT[9:8], DOUT[23:16]};
assign posData = (SW[0] == 1'b1) ? state_y : state_x;


//Data to be sent to PmodJSTK, lower two bits will turn on leds on PmodJSTK
assign ld1 = SW[1];
assign ld2 = SW[2];
assign DIN = {8'b100000, ld2, ld1};


//Assign PmodJSTK button status to LED[2:0]
assign btn1 = DOUT[1];
assign btn2 = DOUT[2];
assign state_z = DOUT[0];


always @(posedge clk5Hz or posedge RST) begin   //LED update interval is 20ms
    if(RST == 1'b1)
        LED <= 3'b000;
    else
        LED <= {btn1, btn2, state_z};
end


// ----------------------------------------------------------------
//                  PmodJSTK Interface
// ----------------------------------------------------------------
JSTK_acqz PmodJSTK_Int(
.CLK        ( CLK ),
.RST        ( RST ),
.sndRec     ( sndRec ),
.DIN        ( DIN ),
.MISO       ( MISO ),
```

```
.SS         ( SS ),
.SCLK       ( SCLK ),
.MOSI       ( MOSI ),
.DOUT       ( DOUT )
);


//-------------------------------------------------------------
//          Seven Segment Display Controller
//-------------------------------------------------------------
ssdCtrl DispCtrl(
.CLK        ( CLK ),
.RST        ( RST ),
.DIN        ( posData ),
.AN         ( AN ),
.SEG        ( SEG )
);


//-------------------------------------------------------------
//              Send Receive Generator
//-------------------------------------------------------------
ClkDiv_5Hz genSndRec(
.CLK        ( CLK ),
.RST        ( RST ),
.CLKOUT     ( sndRec )
);


endmodule
```

更多 Verilog 程序和 xdc 约束文件详见出版社网站本书网络资源。

5.2.5 实现流程

(1) 分别连接 Basys3 开发板、PmodALS 以及 PmodJSTK。

(2) 下载程序到开发板。

(3) 观察现象是否与预期相符,否则对代码进行功能仿真或使用 ILA 进行调试。

5.2.6 拓展任务

请将采集到的信号保存在 RAM 中,以供后续进行处理分析。

5.3 信号传输

信号传输按传输介质可分为有线和无线两种方式,例如 SPI/UART 即为有线传输,而蓝牙/WIFI 则为无线传输,本节以 WiFi 传输为例,介绍信号传输模块的设计。

5.3.1 实验设备

本实验所需的硬件平台、硬件模块和软件平台说明如表 5.15 所示。

表 5.15　信号传输实验设备列表

类　别	名　称	数　量	备　注
硬件平台	Basys3 开发板	1	支持其他 Xilinx FPGA 开发板
	安卓智能手机	1	
硬件模块	WiFi 模块	1	ESP8266
软件平台	Vivado 2017.1	/	
手机 APP	NetAssist	/	可以发送数据给 WiFi 模块

如图 5.17 所示,本实验采用型号为 ESP8266 的 WiFi 电路。开发者可以在 FPGA 端通过 UART 与 WiFi 芯片进行通信,WiFi 电路的 UART 传输波特率可配置为 115200、460800、921600b/s,1 位起始位、8 位数据位、无校验位、1 位停止位(注意,WiFi 电路的波特率与 RTL 代码中的波特率配置保持一致,否则无法成功实现 WiFi 通信)。

WiFi 电路接口如图 5.18 所示,接口信号见表 5.16。

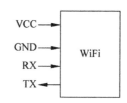

图 5.17　ESP8266 WiFi 电路实物图　　　　图 5.18　ESP8266 WiFi 电路接口图

表 5.16　ESP8266 WiFi 电路信号列表

端 口 信 号	属　性	位　宽	功 能 描 述
RX	Input	1	UART 串行接收信号,波特率可配
TX	Output	1	UART 串行发送信号,波特率可配
VCC		1	3.3V 直流电源
GND		1	地

5.3.2　功能要求

利用 WiFi 电路进行手机与 FPGA 之间的信息交互。手机 APP(NetAssist)通过 WiFi 通信电路往 FPGA 传输字节数据,FPGA 接收并解析后通过 8 个 LED 灯显示所接收的数据。

5.3.3　设计分析

WiFi 电路与手机端之间的通信协议为 WiFi 通信协议,而 WiFi 电路与 FPGA 端的接口协议为 UART 协议,本实验仅实现 FPGA 从 WiFi 电路获取数据的功能。

WiFi 电路传输数据可按照数据字节/帧/包中的任意一种格式进行,因此在数据解析时应明确为何种格式,以及数据存放模式是大端模式还是小端模式。实验设计规划阶段对手机端、WiFi 模块和 FPGA 设计中的 UART 接收模块提出的参数配置要求如表 5.17。

表 5.17 WiFi 数据传输配置要求

手机端(APP)参数	WiFi 模块中 UART 发送参数	UART 接收参数
字节传输,字节内数据小端	波特率 460800b/s,1 位起始位,8 位数据位,无校验位,1 位停止位	波特率 460800b/s,1 位起始位,8 位数据位,无校验位,1 位停止位

如图 5.19 所示,WiFi_trans 模块通过 UART 接收端口从 ESP8266 串行获取从手机 APP 上发送的字节数据,并对 UART 协议进行解析恢复原始字节数据 DATA _OUT[7:0],最终在 8 个 LED 灯上进行显示。

WiFi_trans 的接口信号列表见表 5.18。

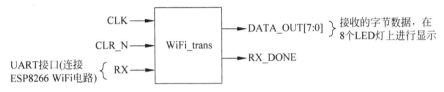

图 5.19 WiFi 通信传输系统连接关系说明

表 5.18 WiFi_trans 模块接口信号列表

端口信号	属 性	位 宽	功 能 描 述
WiFi模块接口信号			
RX	Input	1	UART 串行接收信号,波特率 460800b/s
用户接口信号			
CLK	Input	1	系统时钟输入(100MHz)
CLR_N	Input	1	复位信号,低有效
DATA_OUT	Output	8	解析得到的单字节数据输出
RX_DONE	Output	1	单字节数据接收并解析完成指示信号,正脉冲

在 WiFi_trans 模块的设计中采用状态机完成 WiFi 数据接收控制,其状态转换图如图 5.20 所示,状态说明见表 5.19。

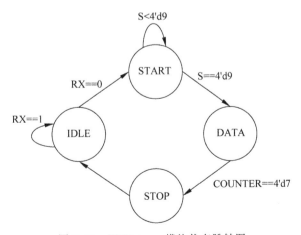

图 5.20 WiFi_trans 模块状态跳转图

表 5.19   WiFi_trans 模块状态说明

现 态	次 态	说 明
IDLE	RX=0：START RX=1：DLE	初始态。判断 RX=0 时,检测到 UART 通信的起始位,跳转到 START 状态进行数据接收
START	S<4'd7：START S=4'd7：DATA	起始位
DATA	COUNTER<7： 　　S<4'd15：DATA, 　　S=4'15：DATA, COUNTER+1 COUNTER=7： 　　STOP	数据位。当计数器 COUNTER=4'd7,表明已经检测到了所有 8 位数据,有效数据接收完成,跳转至 STOP 状态。否则继续跳转至 START 状态进行数据接收
STOP	IDLE	截止位

5.3.4   逻辑设计

本节实验的重点为 UART 接收时序的实现,包括异步数据同步处理方案、同步数据采样方案的选择(即对 UART RX 进行同步处理,对同步后的数据采取适当的采样方案以保证数据的正确性)。WiFi_trans 模块的顶层设计代码如下。

```
module WiFi_trans # (parameter DIV_PAR = 1,DATA_WIDTH = 8, SB_TICK = 8,
    DLY = 1) (
    input clk,                      //FPGA 时钟, 100MHz
    input rst,
    input rx,

    output [DATA_WIDTH - 1:0] data_out,
    output rx_done
);

wire pulse;
wire clk_14_745;
clk_wiz_0 u_clk_wiz_0 (
.clk_in1        ( clk ),
.clk_out1       ( clk_14_745 )
);

clk_div # (.DIV_PAR(DIV_PAR), .DLY(DLY)) u_clk_div(
.clk            ( clk_14_745 ),         //Baud Rate * 16 * (DIV_PAR + 1)
.rst            ( rst ),
.pulse_out      ( pulse )               //Baud Rate * 16
);

uart_rx # (.DATA_WIDTH(DATA_WIDTH), .SB_TICK(SB_TICK), .DLY(DLY)) u_uart_rx(
.clk            ( clk_14_745 ),
```

```
.rst            ( rst ),
.pulse_in       ( pulse ),
.rx             ( rx ),
.dout           ( data_out ),
.rx_done        ( rx_done )
);

endmodule
```

详细 Verilog 代码和 xdc 约束文件请见出版社网站本书网络资源。

5.3.5　实现流程

(1) 连接 Basys3 开发板、WiFi 模块。
(2) 设置手机 WiFi 连接及 APP 参数(注意 IP 地址的正确配置)。
(3) 下载程序。

5.3.6　拓展任务

(1) 实现 WiFi 模块所传输字节数据的接收和存储功能。
(2) 请在此实验基础上实现以波特率 921600b/s 进行 WiFi 数据传输。

5.4　信号处理

信号处理实验侧重于算法的 FPGA 实现,这里以 FIR 滤波器设计为例。

5.4.1　实验设备

Basys3 开发板、Vivado 2017.1、Matlab。

5.4.2　功能要求

使用 Matlab 的 FDATOOL 工具设计 FIR 滤波器,并产生 3.5kHz 和 100Hz 的相加信号作为 FIR 滤波器的输入信号。通过低通滤波,将 3.5kHz 的信号滤除掉。

5.4.3　设计分析

1. FIR 低通滤波器设计

采用 Matlab 的 FDATOOL 工具设计通带截止频率为 3.1kHz,阻带截止频率为 3.25kHz 的 8 阶等波纹低通滤波器,参数设置如图 5.21 所示。

低通滤波器完成后,导出滤波器系数至 Matlab 变量空间中,如图 5.22 所示。

在 Matlab 主界面中,运行 filter_gen.m 程序,实现滤波器系数的定点化,得到 16 位量化的系数 Num1(注意,该组系数将在 RTL 代码中进行使用),如图 5.23 所示。

2. 待滤波数据的生成

在 Matlab 中生成两个正弦叠加的信号,8 位定点化后写入 txt 文件中,命名为 SinIn.txt (如图 5.24 框中位置所示,输入文件保存的路径)。

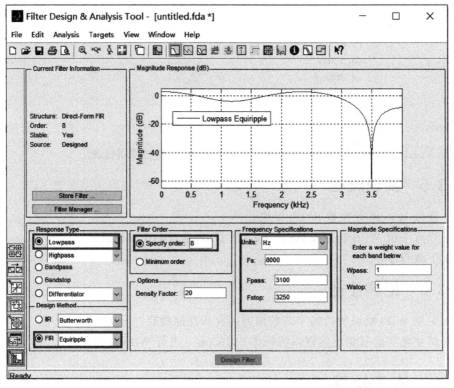

图 5.21　利用 FDATOOL 设计低通滤波器

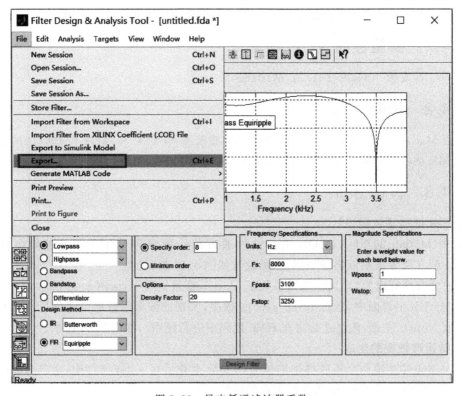

图 5.22　导出低通滤波器系数

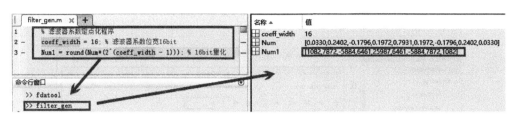

图 5.23　滤波器系数定点化

```
1   f1=3500, f2=100;          % 输入信号3.5khz和100Hz
2   Fs=8000;                  % 采样频率8khz
3   N=8;                      % 量化位数
4   L=1024;                   % 数据长度
5
6   t=0:1/Fs:1/Fs*(L-1);% 1/Fs表示采样一个点所需要的时间
7   s1=sin(2*pi*f1*t);        % 生成具随机起始相位的正弦波输入
8   s2=sin(2*pi*f2*t);        % 生成具随机起始相位的正弦波输入
9   si=s1+s2;
10  si=round(si*(2^(N-1)-1));       % N bit量化
11  f_s=si/max(abs(si));% 归一化处理
12  Q_s=round(f_s*(2^(N-1)-1));
13  subplot(211);plot(t,Q_s);
14  xlabel('时间(s)','fontsize',8); ylabel('幅度(v)','fontsize',8);
15  title('时域信号波形','fontsize',8);
16
17  f=abs(fft(si,L));%1024点FFT
18  ft=[0:(Fs/L):Fs/2]*(10^(-3));   % 转换横坐标以kHz为单位
19  f1=f(1:length(ft));
20  f1=f1/max(f1);% 归一化
21  subplot(212);plot(ft,f1);
22  xlabel('频率(kHz)','fontsize',8); ylabel('幅频(v)','fontsize',8);
23  title('幅频响应','fontsize',8);
24
25  % 以二进制补码形式输出所设计的信号
26  fid=fopen('.\SinIn.txt','w');
27  for k=1:length(Q_s)
28      B_s=dec2bin(Q_s(k)+(Q_s(k)<0)*2^N,N);
29      for j=1:N
30          if B_s(j)=='1'
31              tb=1;
32          else
33              tb=0;
34          end
35          fprintf(fid,'%d',tb);
36      end
37      fprintf(fid,'\r\n');
38  end
39  fprintf(fid,';');
40  fclose(fid);
```

图 5.24　生成待滤波信号

3. 使用 Xilinx IP 核配置 FIR 低通滤波器

如图 5.25 所示,选择 IP Catlog,搜索并启动 FIR Complier。

本实验中滤波器抽头系数数量较少,因此在 Select Source 栏选择 Vector 的方式加载系数,并在 Cofficient Vector 处输入具体的系数数值,如图 5.26 所示。若滤波器阶数较大,可选择 COE File 方式加载,注意此时需要提前生成 coe 文件。

设置采样频率和时钟频率均为 8kHz,输入输出数据为 8 位有符号数,如图 5.27 所示。滤波器数据输出格式如图 5.28 所示。

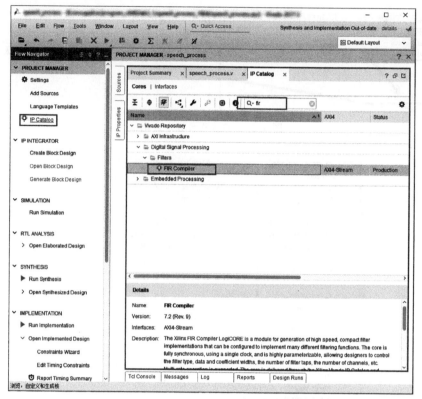

图 5.25　启动 FIR 核

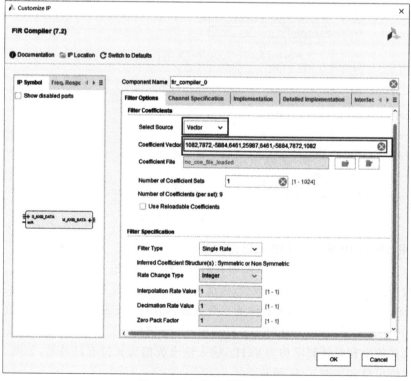

图 5.26　加载滤波器系数

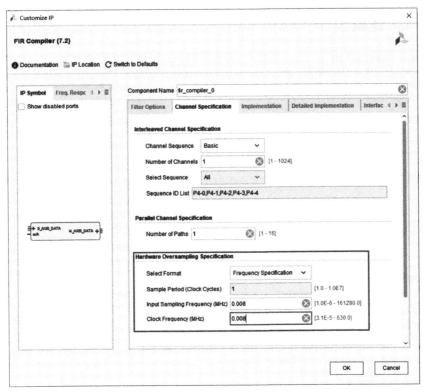

图 5.27 设置滤波器时钟频率

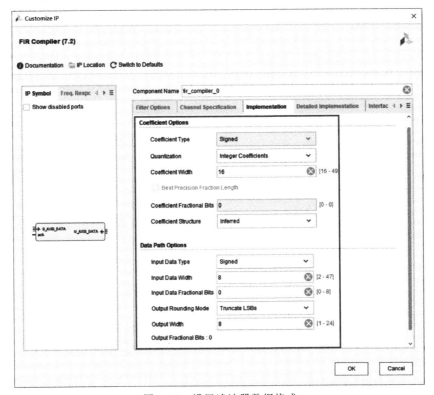

图 5.28 设置滤波器数据格式

5.4.4 逻辑设计

本实验直接调用 FIR IP 核。验证环境使用的 testbench 如下所示。

```
`define clk_period 125000                              //8kHz 采样率
                                                        //与 filter_datain.m 中保持一致

`define data_period 125000                             //8kHz

module fir_tb;

reg clk;                                               //系统时钟
reg rst;                                               //复位
reg [7:0] data_in;                                     //滤波器输入
wire [7:0] data_out;                                   //滤波器输出
reg[7:0] data[1023:0];                                 //寄 FPGA 读取的数据

fir_compiler_2 u_fir_compiler_2 (
    .aresetn              ( ~rst ),                    //低复位
    .aclk                 ( clk ),
    .s_axis_data_tvalid ( 1'b1),
    .s_axis_data_tready ( ),
    .s_axis_data_tdata   ( data_in ),
    .m_axis_data_tvalid ( ),
    .m_axis_data_tdata   ( data_out )
);
integer i;
initial clk = 1'b1;

always # (`clk_period/2) clk = ~clk;                   //产生 8kHz 的系统时钟

initial begin
    rst = 1;                                           //复位
    # (`clk_period * 4);
    rst = 0;                                           //复位释放
    $readmemb("./SinIn.txt",data);                     //从 Matlab 生成文件中读取数据
                                                        //与 filter_datain.m 中的位置一致

    for(i = 0;i < 1023;i = i + 1) begin
        data_in = data[i];                             //s_axis_data_tdata 作为输入
        # (`data_period);                              //输入数据以采样频率 8kHz 输入
    end
    # (`clk_period * 800000);
    $stop;
end

//定义一个文件名,用于后续 matlab 分析滤波结果
integer fir_done_file;

initial begin
    fir_done_file = $fopen("./fir_done_file.txt");     //打开文件,请与 Matlab 程序
                                                        //filter_analysis.m 中的位置一致
```

```
        if(fir_done_file == 0) begin
            $display ("can not open the file!");              //创建文件失败
            $stop;
        end
    end


wire signed [7:0] fir_dataout;

assign fir_dataout = data_out;
always @(posedge clk) begin
        #1;
        if (!rst) begin
            if (i < 1023)                              //以保证文件写入并正常关闭
                $fdisplay(Dome_sample_fir_file,"%d",fir_dataout);
                //s_axis_data_tready有效时,将滤波信号写入到所创建的文件中
            else begin
                $fclose(Dome_sample_fir_file);
                $display("Write completed, Close the file!");
            end
        end
    end
end

endmodule
```

5.4.5　仿真结果

如图 5.29 所示,data_in 为 100Hz 与 3.5kHz 正弦信号的混合信号,经过 FIR 低通滤波后得到 data_out,显然 data_out 为正弦信号(更准确的分析可通过 Matlab 进行),且周期为 10ms(即频率 100Hz)。滤波结果与预期相符。

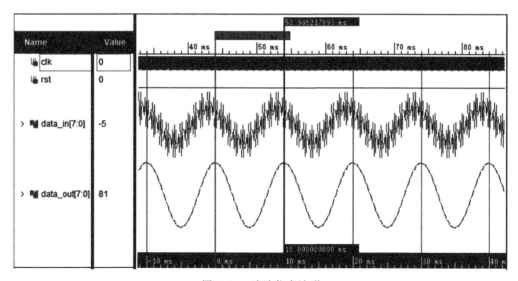

图 5.29　滤波仿真波形

实现上述实验设计后,得到 RTL 代码仿真生成的滤波输出数据文件 Dome_sample_fir_file.txt,利用 Matlab 程序 filter_analysis.m 进行分析。原始待滤波数据的时域波形和频谱图如图 5.30 所示,滤波后时域波形和频谱图如图 5.31 所示。

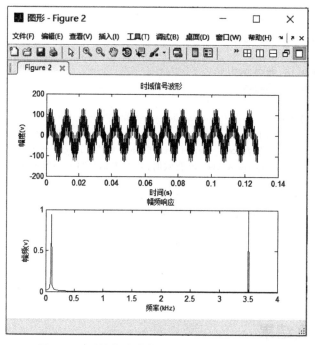

图 5.30 原始待滤波信号的时域波形和频谱图

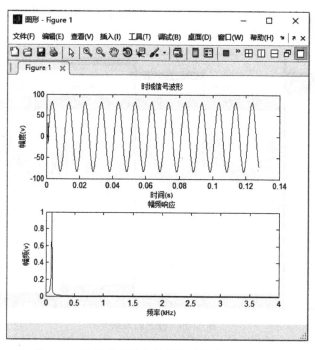

图 5.31 滤波处理后的信号的时域波形和频谱图

5.4.6 实现流程

（1）搭建仿真验证环境，设计测试用例。

（2）进行功能仿真调试。

5.4.7 拓展任务

如果输入信号为 100Hz 和 3kHz，请实现对 100Hz 信号的滤除，该采用何种 FIR 滤波器？

5.5 信号输出（执行）

本节以 VGA 显示、LCD 显示、I^2S 音频输出、步进电机控制为例，完成信号输出（执行）的设计和实验。

5.5.1 实验设备

本实验所需的硬件平台、硬件模块和软件平台说明如表 5.20 所示。

表 5.20 信号控制实验设备列表

类 别	名 称	数 量	备 注
硬件平台	Basys3 开发板	1	支持其他 Xilinx FPGA 开发板
硬件模块	VGA 显示器	1	
	PmodCLP	1	LCD 显示
	$PmodI^2S$	1	音频输出
	PmodSTEP	1	步进电机控制模块
软件平台	Vivado 2017.1		

（1）VGA 显示器接口、接口有效信号列表分别见图 5.32 和表 5.21。显示器通过 VGA 显示器接口与 Basys3 开发板进行连接，共 15 根信号线，但实际只需要红色、绿色、蓝色、行同步、场同步和地线等 6 根有效接口信号。Artix-7 FPGA 输出的色彩信号经 FPGA 板上的权电阻网络转换为模拟信号，与 VGA 显示器接口相连。如图 5.33 所示。该电路支持 12 位的 VGA 彩色显示。

VGA 显示的控制时序要求如图 5.34 所示，控制程序所需要实现的基本功能就是通过计数器来模拟产生行、场同步信号。

（2）如图 5.35 所示，PmodCLP 是一个采用三星 KS0066 LCD 控制器的 16x2 字符 LCD 模块，通过 Pmod 接口与 Basys3 进行连接。PmodCLP 接口如图 5.36 所示，端口信号见表 5.22，其数据接口为 8 位并行数据。

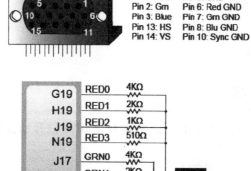

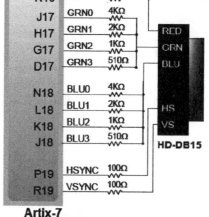

图 5.32   VGA 显示器接口及 FPGA 显示控制接口图

表 5.21   VGA 显示器接口有效信号列表

引脚	信号	属性	位宽	功能描述
1	RED	Input	1	红基色
2	GRN	Input	1	绿基色
3	BLU	Input	1	蓝基色
5	GND		1	地
13	HS	Input	1	行同步
14	VS	Input	1	场同步

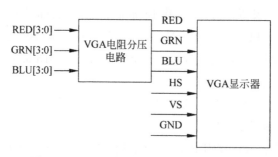

图 5.33   FPGA 与 VGA 显示器连接示意图

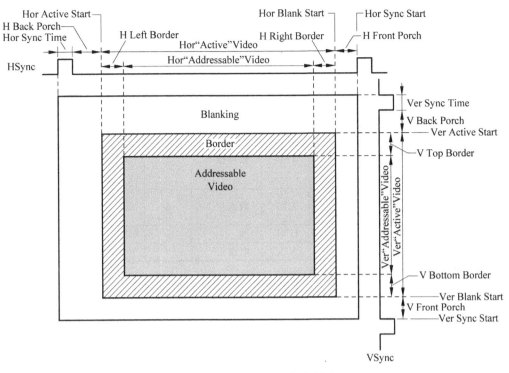

图 5.34 VGA 显示时序控制图

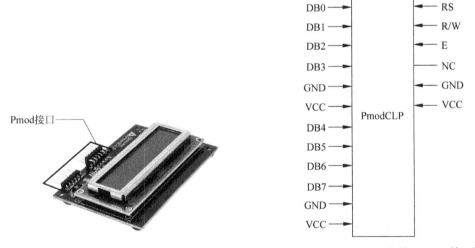

图 5.35 PmodCLP 字符型 LCD 实物图

图 5.36 PmodCLP 字符型 LCD 接口图

表 5.22 PmodCLP 字符型 LCD 端口列表

插针 J1(顶部)			插针 J1(底部)			插针 J2		
引脚	信号	功能描述	引脚	信号	功能描述	引脚	信号	功能描述
1	DB0	数据位 0	7	DB4	数据位 4	1	RS	寄存器选择：高表示数据传输，低表示指令传输

续表

引脚	信号	功能描述	引脚	信号	功能描述	引脚	信号	功能描述
		插针 J1(顶部)			插针 J1(底部)			插针 J2
2	DB1	数据位 1	8	DB5	数据位 5	2	R/W	读写信号:高表示读操作,低表示写操作
3	DB2	数据位 2	9	DB6	数据位 6	3	E	读写使能信号:高表示读使能,下降沿写数据
4	DB3	数据位 3	10	DB7	数据位 7	4	NC	背光使能信号(该信号未连接)
5	GND	地	11	GND	地	5	GND	地
6	VCC	电源	12	VCC	电源	6	VCC	电源

(3) PmodI²S 采用了 Cirrus Logic CS4344 立体声数字模拟信号转换器,如图 5.37 所示,PmodI²S 通过 I²S 接口获取数字音频数据,并通过一个标准立体声耳机插孔输出相应的模拟信号。PmodI²S 接口如图 5.38 所示,端口信号见表 5.23。

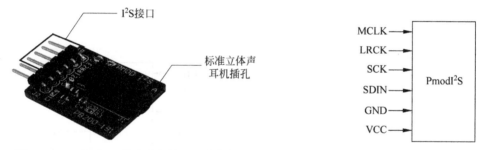

图 5.37　PmodI²S 立体声音频输出电路实物图　　　　图 5.38　PmodI²S 立体声音频输出电路接口图

表 5.23　PmodI²S 立体声音频输出电路端口列表

引脚	信号	属性	位宽	功能描述
1	MCLK	Input	1	主时钟
2	LRCK	Input	1	左右声道时钟
3	SCK	Input	1	串行时钟
4	SDIN	Input	1	串行数据输入
5	GND		1	地
6	VCC		1	电源

(4) PmodSTEP 通过意法半导体公司的 L293DD 驱动器为步进电机提供了一个四通道驱动。用户可以将 2 对通道串联起来以驱动高达每通道 600mA 的电流,并且可以通过一组用户 LED 来查看 GPIO 信号的当前状态。如图 5.39 所示,PmodSTEP 通过一组 Pmod 接口与 Basys3 开发板进行连接,并提供 6 线和 4 线两种步进电机接口。PmodSTEP 模块接口如图 5.40 所示,端口信号见表 5.24。

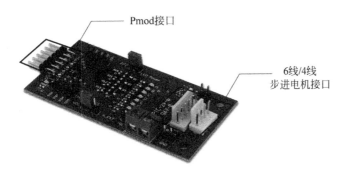

图 5.39 PmodSTEP 步进电机驱动电路实物图

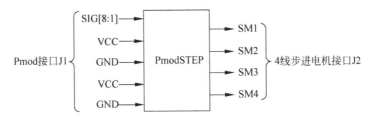

图 5.40 PmodSTEP 步进电机驱动电路接口图

表 5.24 PmodSTEP 步进电机驱动电路端口列表

引脚	信号	属性	位宽	功 能 描 述
1	SIG1	Input	1	信号 1
2	SIG2	Input	1	信号 2
3	SIG3	Input	1	信号 3
4	SIG4	Input	1	信号 4
5	GND		1	地
6	VCC		1	电源
7	SIG5	Output	1	信号 5/给步进电机的输出信号 1
8	SIG6	Output	1	信号 6/给步进电机的输出信号 2
9	SIG7	Output	1	信号 7/给步进电机的输出信号 3
10	SIG8	Output	1	信号 8/给步进电机的输出信号 4
11	GND		1	地
12	VCC		1	电源

5.5.2 功能要求

使用 VGA 显示 240×160 分辨率的 12 位彩色图片,使用 LCD 显示文字,使用 I^2S 音频输出播放音乐,控制步进电机转动。

5.5.3 设计分析

1. VGA 显示控制

VGA 显示系统连接关系说明如图 5.41 所示,系统使用 FPGA 的 Block ROM 存储待显示的图像数据,VGA_ctler 模块通过 ROM 接口与 Block ROM 连接,对其进行解析后输出 VGA 控制信号给 Basys3 开发板上的 VGA 接口,完成一张尺寸为 240×160 像素的图像显示。

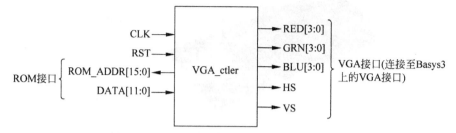

图 5.41　VGA 显示系统连接关系说明

VGA_ctler 显示控制模块的端口列表见表 5.25。

表 5.25　VGA_ctler 显示控制模块端口列表

端口信号	属性	位宽	说明
VGA 接口信号			
RED	Output	4	4 位红基色
GRN	Output	4	4 位绿基色
BLU	Output	4	4 位蓝基色
HS	Output	1	行同步信号
VS	Output	1	列同步信号
用户接口信号			
CLK	Input	1	输入时钟
RST	Input	1	复位信号,高有效
ROM_ADDR	Output	16	存储图像数据的 ROM 地址
DATA	Input	12	12 位彩色图像数据

VGA_ctler 内部结构如图 5.42 所示,包括产生 25MHz 内部工作时钟的时钟分频模块 Clkdiv、生成行信号和场信号的核心控制模块 Vga_core 和色彩信息生成模块 Vga_bsprite。

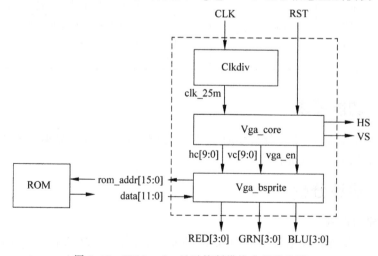

图 5.42　VGA_ctler 显示控制模块内部结构图

2. LCD 显示控制（PmodCLP）

LCD 显示控制系统连接关系说明如图 5.43 所示，CLP_ctler 模块内部存储着待显示的字符信息，在转换成 PmodCLP 可识别的信号和时序后，通过 Pmod 接口在 PmodCLP 的 LCD 显示屏上滚动显示这些字符。CLP_ctler 显示控制模块端口见表 5.26。

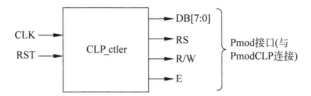

图 5.43　LCD 显示控制系统连接关系说明

表 5.26　CLP_ctler 显示控制模块端口列表

端口信号	属性	位宽	功能描述
Pmod_CLP 接口信号			
DB[7:0]	Output	8	命令/数据信号输出
RS	Output	1	寄存器选择位，'1'：数据传输，'0'：指令传输
R/W	Output	1	读写模式选择，'1'：读模式，'0'：写模式
E	Output	1	读写使能，'1'：读模式使能，'下降沿'：写数据
用户接口信号			
CLK	Input	1	输入时钟
RST	Input	1	复位信号，高有效

CLP_ctler 显示控制模块的状态转换图及其状态说明分别如图 5.44 和表 5.27 所示。

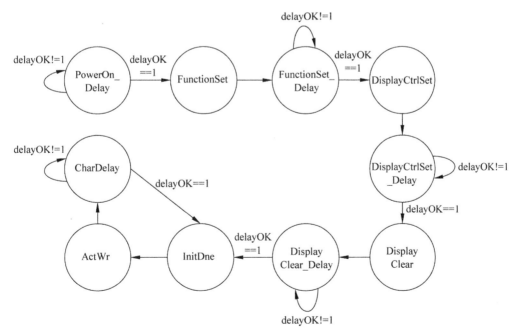

图 5.44　CLP_ctler 显示控制模块状态跳转图

表 5.27　CLP_ctler 显示控制模块状态说明

现　态	次　态	说　明
PowerOn_Delay	delayOK==1：FunctionSet delayOK!=1：PowerOn_Delay	上电延时状态。等待 20ms 以完成硬件启动
FunctionSet	FunctionSet_Delay	功能设置状态。进行 LCD 功能设置
FunctionSet_Delay	delayOK==1：DisplayCtrlSet delayOK!=1：FunctionSet_Delay	功能设置延时状态。等待 37μs 以完成 LCD 功能设置
DisplayCtrlSet	DisplayCtrlSet_Delay	显示控制状态
DisplayCtrlSet_Delay	delayOK==1：DisplayClear delayOK!=1：DisplayCtrlSet_Delay	显示控制延时状态。等待 37μs 以完成显示控制设置
DisplayClear	DisplayClear_Delay	显示清除状态
DisplayClear_Delay	delayOK=1：InitDne delayOK!=1：DisplayClear _Delay	显示清除延时状态。等待 1.52ms 以完成显示清除
InitDne	ActWr	正常工作状态。进行显示字符的设置和光标位置设置等
ActWr	CharDelay	字符写入状态
CharDelay	delayOK==1：InitDne delayOK!=1：CharDelay	字符延时状态。等待 2.6ms 以完成字符的写入和移位

3. 音频输出控制（PmodI²S）

音频输出控制系统连接关系说明如图 5.45 所示，I²S_ctler 模块读取预先存储于 RAM 中的音频数据，通过 I²S 接口将数据发送给 PmodI²S 模块进行循环播放。I²S_ctler 控制模块端口见表 5.28。

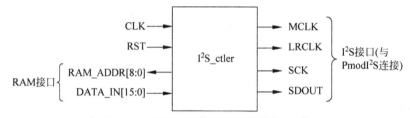

图 5.45　音频输出控制系统连接关系说明

表 5.28　I2S_ctler 控制模块端口列表

端 口 信 号	属　性	位　宽	功 能 描 述
Pmod_I²S 接口信号			
MCLK	Output	1	I²S 主时钟，同步时钟
LRCLK	Output	1	左右声道时钟
SCK	Output	1	位选时钟
SDOUT	Output	1	串行语音数据
用户接口信号			
CLK	Input	1	输入时钟
RST	Input	1	复位信号，高有效
RAM_ADDR	Output	9	语音数据对应的 RAM 地址
DATA_IN	Input	16	16 位量化的语音数据

4. 步进电机控制（PmodSTEP）

步进电机控制系统连接关系说明如图 5.46 所示。STEP_ctler 为步进电机控制模块，系统通过拨码开关产生控制电机正反转的信号 DIR 和使能信号 EN,STEP_ctler 在 DIR 和 EN 的控制下产生 4 线步进电机的驱动信号并输出给 PmodSTEP。STEP_ctler 步进电机控制模块端口见表 5.29。

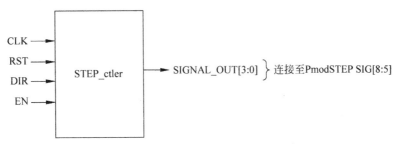

图 5.46　步进电机控制系统连接关系说明

表 5.29　STEP_ctler 步进电机控制模块端口列表

端 口 信 号	属　　　性	位　　宽	功 能 描 述
Pmod STEP 接口信号			
SIGNAL_OUT	Output	4	步进电机驱动信号
用户接口信号			
CLK	Input	1	输入时钟
RST	Input	1	复位信号,高有效
DIR	Input	1	步进电机转向
EN	Input	1	步进电机使能信号

STEP_ctler 步进电机控制模块的状态转换图和状态说明分别如图 5.47 和表 5.30 所示。

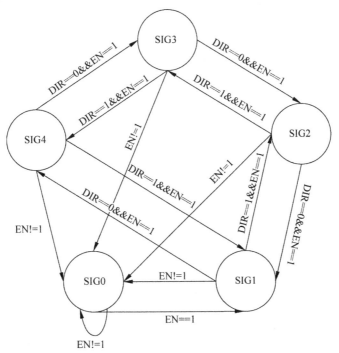

图 5.47　STEP_ctler 步进电机控制模块状态转换图

表 5.30　STEP_ctler 步进电机控制模块状态说明

现　　态	次　　态	说　　明
SIG0	EN!=1: SIG0 EN==1: SIG1	初始态,电机静止。EN 高有效时进入工作态 SIG0
SIG1	EN!=1: SIG0 EN==1 且 DIR==1: SIG2 EN==1 且 DIR==0: SIG4	工作态 1。EN 为低时跳转到初始态,否则根据 DIR(定义为电机旋转方向)的选择进行工作态的跳转
SIG2	EN!=1: SIG0 EN==1 且 DIR==1: SIG3 EN==1 且 DIR==0: SIG1	工作态 2。EN 为低时跳转到初始态,否则根据 DIR(定义为电机旋转方向)的选择进行工作态的跳转
SIG3	EN!=1: SIG0 EN==1 且 DIR==1: SIG4 EN==1 且 DIR==0: SIG2	工作态 3。EN 为低时跳转到初始态,否则根据 DIR(定义为电机旋转方向)的选择进行工作态的跳转
SIG4	EN!=1: SIG0 EN==1 且 DIR==1: SIG1 EN==1 且 DIR==0: SIG3	工作态 4。EN 为低时跳转到初始态,否则根据 DIR(定义为电机旋转方向)的选择进行工作态的跳转

5.5.4　逻辑设计

1. VGA 显示控制系统顶层模块代码

```
module VGA_ctler (
input clk,
input rst,                                    //复位信号,高有效
//input [7:0] data,
//input  [7:0] sw,
output hs,
output vs,
output  [3:0] red,
output  [3:0] grn,
output  [3:0] blu
);

wire [9:0] hc, vc;
wire [11:0] data;                             //像素数据
wire [15:0] rom_addr;
wire vga_en;
wire clk_25m;

vga_bsprite y_vga_bsprite (
.hc                  ( hc ),
.vc                  ( vc ),
.data                ( data ),
.sw                  ( 8'b01010101 ),
.vga_en              ( vga_en ),
.rom_addr            ( rom_addr ),
.RED                 ( red ),
```

```
.GRN                        ( grn ),
.BLU                        ( blu )
);

vga_core u_vga_core (
.clk                        ( clk_25m ),
.rst                        ( rst ),
.HS                         ( hs ),
.VS                         ( vs ),
.hc                         ( hc ),
.vc                         ( vc ),
.vga_en                     ( vga_en )
);

clk_div u_clk_div (
.clk                        ( clk ),
.rst                        ( rst ),
.clk_div4                   ( clk_25m )
);

blk_mem_gen_1 u_blk_mem_gen_1 (
.clka                       ( clk_25m ),
.ena                        ( 1'b1 ),
.addra                      ( rom_addr ),
.douta                      ( data )
);
endmodule
```

2. LCD 显示控制系统顶层模块代码

```
module CLP_ctler(
input       btnr,                               //use BTNR as reset input
input       CLK,                                //100MHz clock input
output [7:0] JA,                                //output bus, used for data transfer
output [6:4] JB
);

// ============================================
//              Parameters, Registers, and Wires
// ============================================
wire [7:0] JA;
wire [6:4] JB;

//LCD control state machine
localparam [3:0] stFunctionSet            = 4'd0;       //Initialization states
localparam [3:0] stDisplayCtrlSet         = 4'd1;
localparam [3:0] stDisplayClear           = 4'd2;
localparam [3:0] stPowerOn_Delay          = 4'd3;       //Delay states
localparam [3:0] stFunctionSet_Delay      = 4'd4;
localparam [3:0] stDisplayCtrlSet_Delay   = 4'd5;
localparam [3:0] stDisplayClear_Delay     = 4'd6;
```

```verilog
localparam [3:0] stInitDne          = 4'd7;      //Disp characters
localparam [3:0] stActWr            = 4'd8;
localparam [3:0] stCharDelay        = 4'd9;      //Write delay for operations

reg [6:0] clkCount = 7'b0000000;
reg [20:0] count = 21'b0;                        //count variable for timing delays
wire delayOK;                                    //active high
reg oneUSClk;                                    //1MHz clock
reg [3:0] stCur = stPowerOn_Delay;               //LCD control state machine
reg [3:0] stNext;
wire writeDone;                                  //Command set finish

parameter [9:0] LCD_CMDS[0:18] = {
{2'b00, 8'h3C},                                  //0, Function Set
{2'b00, 8'h0C},                                  //1, Display ON, Cursor off
{2'b00, 8'h01},                                  //2, Clear Display
{2'b00, 8'h02},                                  //3, Return Home

{2'b10, 8'h48},                                  //4, H
{2'b10, 8'h65},                                  //5, e
{2'b10, 8'h6C},                                  //6, l
{2'b10, 8'h6C},                                  //7, l
{2'b10, 8'h6F},                                  //8, o
{2'b10, 8'h20},                                  //9, blank
{2'b10, 8'h46},                                  //10, F
{2'b10, 8'h72},                                  //11, r
{2'b10, 8'h6F},                                  //12, o
{2'b10, 8'h6D},                                  //13, m

{2'b10, 8'h20},                                  //14, blank

{2'b10, 8'h43},                                  //15, C
{2'b10, 8'h41},                                  //16, A
{2'b10, 8'h55},                                  //17, U
{2'b00, 8'h18}                                   //23, Shift left
};

reg [4:0] lcd_cmd_ptr;

//This process counts to 100, and then resets. It is used to divide the clock signal.
//This makes oneUSClock peak aprox. once every 1microsecond
always @(posedge CLK) begin
if(clkCount == 7'b1100100) begin
    clkCount <= 7'b0000000;
    oneUSClk <= ~oneUSClk;
end
else begin
    clkCount <= clkCount + 1'b1;
    end
end
```

```
//This process increments the count variable unless delayOK = 1
always @(posedge oneUSClk) begin
if(delayOK == 1'b1)
    count <= 21'b000000000000000000000;
else
    count <= count + 1'b1;
end

//Determines when count has gotten to the right number, depending on the state
assign delayOK = (
((stCur == stPowerOn_Delay) && (count == 21'b111101000010010000000)) ||   //2000000  -> 20 ms
((stCur == stFunctionSet_Delay) && (count == 21'b000000000111110100000)) ||   //4000  -> 40 us
((stCur == stDisplayCtrlSet_Delay) && (count == 21'b000000000111110100000)) ||
//4000 -> 40 us
((stCur == stDisplayClear_Delay) && (count == 21'b000100111000100000000)) ||
//160000  -> 1.6 ms
((stCur == stCharDelay) && (count == 21'b000111111011110100000))  //260000  -> 2.6 ms -
//Max Delay for character writes and shifts
) ? 1'b1 : 1'b0;



//writeDone goes high when all commands have been run
assign writeDone = (lcd_cmd_ptr == 5'd18) ? 1'b1 : 1'b0;

//Increments the pointer so the statemachine goes through the commands
always @(posedge oneUSClk) begin
if((stNext == stInitDne || stNext == stDisplayCtrlSet || stNext == stDisplayClear) &&
writeDone == 1'b0)
    lcd_cmd_ptr <= lcd_cmd_ptr + 1'b1;
else if(stCur == stPowerOn_Delay || stNext == stPowerOn_Delay)
    lcd_cmd_ptr <= 5'b00000;
else
    lcd_cmd_ptr <= lcd_cmd_ptr;
end

//This process runs the LCD state machine
always @(posedge oneUSClk) begin
if(btnr == 1'b1)
    stCur <= stPowerOn_Delay;
else
    stCur <= stNext;
end

//This process generates the sequence of outputs needed to initialize and write to the
//LCD screen
always @(stCur or delayOK or writeDone or lcd_cmd_ptr) begin
case (stCur)
    //Delays the state machine for 20ms which is needed for proper startup
    stPowerOn_Delay : begin
        if(delayOK == 1'b1)
            stNext <= stFunctionSet;
```

```
        else
            stNext <= stPowerOn_Delay;
    end


    //This issues the function set to the LCD as follows
    //8 bit data length, 1 lines, font is 5x8
    stFunctionSet : begin
        stNext <= stFunctionSet_Delay;
    end


    //Gives the proper delay of 37us between the function set and
    //the display control set
    stFunctionSet_Delay : begin
        if(delayOK == 1'b1)
            stNext <= stDisplayCtrlSet;
        else
            stNext <= stFunctionSet_Delay;
    end


    //Isssue the display control set as follows
    //Display ON, Cursor OFF, Blinking Cursor OFF
    stDisplayCtrlSet : begin
            stNext <= stDisplayCtrlSet_Delay;
    end


    //Gives the proper delay of 37us between the display control set
    //and the Display Clear command
    stDisplayCtrlSet_Delay : begin
        if(delayOK == 1'b1)
            stNext <= stDisplayClear;
        else
            stNext <= stDisplayCtrlSet_Delay;
    end


    //Issues the display clear command
    stDisplayClear: begin
        stNext <= stDisplayClear_Delay;
    end


    //Gives the proper delay of 1.52ms between the clear command
    //and the state where you are clear to do normal operations
    stDisplayClear_Delay : begin
        if(delayOK == 1'b1)
            stNext <= stInitDne;
        else
            stNext <= stDisplayClear_Delay;
    end


    //State for normal operations for displaying characters, changing the
    //Cursor position etc
    stInitDne : begin
```

```
            stNext <= stActWr;
        end

        //stActWr
        stActWr : begin
            stNext <= stCharDelay;
        end

        //Provides a max delay between instructions
        stCharDelay : begin
            if(delayOK == 1'b1)
                stNext <= stInitDne;
            else
                stNext <= stCharDelay;
            end
        end

        default : stNext <= stPowerOn_Delay;

    endcase
end

//Assign outputs
assign JB[4] = LCD_CMDS[lcd_cmd_ptr][9];
assign JB[5] = LCD_CMDS[lcd_cmd_ptr][8];
assign JA = LCD_CMDS[lcd_cmd_ptr][7:0];
assign JB[6] = (stCur == stFunctionSet || stCur == stDisplayCtrlSet
|| stCur == stDisplayClear || stCur == stActWr) ? 1'b1 : 1'b0;
endmodule
```

3. 音频输出控制系统顶层模块代码

```
module I2S_ctler (
input   clk,
input   rst,
//input   [15:0] data_in,
//output  data_en,                      //enable data to change
output  m_clk,                        //used for chip select
output  lr_clk,                       //Clock to choose current channel
output  sck,                          //Clock that data is shifted in on
output  sdout                         //the current output bit
);

wire    spkr_done;

reg [15:0] addra;
wire [15:0] douta;
wire [15:0] data_in;
reg [15:0] data_in_dly1;               //buffer
reg [1:0] clk_cnt;
reg clk_div4;
```

```verilog
reg dat_samp;
always @ (posedge spkr_done or posedge rst)
if(rst)
    dat_samp <= 1'b0;
else
    dat_samp <= ~dat_samp;

always @ ( posedge dat_samp or posedge rst)
if (rst)
    addra <= 18'b0;
else if (addra >= 16'd80000 - 1)
    addra <= 16'b0;
else
    addra <= addra + 1;

always @ (posedge clk or posedge rst)
if (rst)
    clk_div4 <= 1'b0;
else if (clk_cnt == 2'b01)
    clk_div4 <= ~clk_div4;

always @ (posedge clk or posedge rst)
if (rst)
    clk_cnt <= 2'b0;
else if ( clk_cnt == 2'b01)
    clk_cnt <= 2'b0;
else
    clk_cnt <= clk_cnt + 1'b1;

wire clk_6_144;
clk_wiz_6_144 u_clk_wiz_6_144 (
.clk_in1 (clk),
.clk_out1 (clk_6_144)
);
blk_mem_8k_16bit_5s_mono u_blk_mem_8k_16bit_5s_mono (
.clka (clk_div4),
.addra (addra),
.douta ( douta)
);

always @ (posedge spkr_done or posedge rst)
if (rst)
    data_in_dly1 <= 16'b0;
else
    data_in_dly1 <= {douta[0],douta[1],douta[2],douta[3],douta[4],douta[5],douta[6],
            douta[7],douta[8],douta[9],douta[10],douta[11],douta[12],douta[13],
            douta[14],douta[15]};

assign data_in = data_in_dly1;

I2S_master # ( .FS(8000),                        //The sampling frequency
```

```
.DIN_W          ( 16 ),                     //Data input width
//.FPGA_CLK      ( 24_574_000 ),
.FPGA_CLK       ( 6_144_000 ),
.LR_SAM         ( 1 ))

u_I2S_master(                               //samples per channel
.clk            ( clk_6_144 ),
.rst            ( rst ),
.data_in        ( data_in ),               //Data buffer
.m_clk          ( m_clk ),                 //master clock for chip select
.lr_clk         ( lr_clk ),                //Clock to choose current channel
.sck            ( sck ),                   //Clock that data is shifted in on
.done           ( spkr_done ),             //buffer is ready for the next input
.sdout          ( sdout )                  //the current output bit
);
endmodule
```

4. 步进电机控制系统顶层模块代码

```
module STEP_ctler(
input clk,
input rst,
input direction,
input en,
output [3:0] signal_out
);
wire new_clk_net;

clock_div clock_Div(
.clk            ( clk ),
.rst            ( rst ),
.new_clk        ( new_clk_net )
);

pmod_step_driver control(
.rst            ( rst ),
.dir            ( direction ),
.clk            ( new_clk_net ),
.en             ( en ),
.signal         ( signal_out )
);

endmodule
```

更多 Verilog 程序和 xdc 约束文件详见出版社网站本书网络资源。

5.5.5　实现流程

（1）生成 RAM 或 ROM 的 coe 配置文件。在进行 VGA 显示控制和音频输出控制实验时,应分别运行 Matlab 程序 basys3_rom_img.m 和 basys3_ramgen.m,生成 coe 文件 test_240_160.coe 和 voice_8k_5s_16bit.coe,其他实验无须执行该步骤,直接跳至步骤（2）即可。

（2）分别连接 Basys3 开发板、PmodI^{2}S、PmodSTEP、PmodCLP、VGA。

（3）下载程序到开发板。

（4）观察现象是否与预期相符，否则对代码进行功能仿真或使用 ILA 进行 Debug。

5.5.6　拓展任务

请实现简单的音乐相册功能，即同时播放图片和音乐，并且保证图片播放的内容与音乐之间的一致性。

提 高 篇

## 第 6 章

FPGA 高级设计举例

本章介绍 FPGA 的编码技巧和系统设计技术。如图 6.1 所示,系统设计技术可划分为子系统/模块设计技术和系统性能优化技术,本章以高速设计技术(流水线技术)、算法协处理器设计技术(FIR 滤波器)和接口设计技术(SPI 接口、异步 FIFO 设计技术)为例进行阐述。

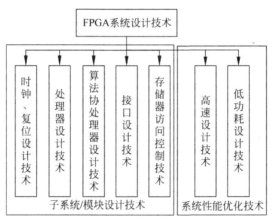

图 6.1 FPGA 系统设计技术

6.1 FPGA 编码技巧

良好的编码风格可提高代码的可读性、可重用性,同时高质量的编码对综合和实现的优化有重要影响。本节说明如何编写高质量可综合的代码。

1. 层次化设计与模块划分

第 2 章中介绍了层次化设计的思想,采用分层次设计可以有效降低设计复杂度,同时各个子系统、子模块可以并行设计和仿真调试,易于分工协作,缩短系统开发周期。结构的层次不宜太深,一般推荐采用 3~5 层。顶层模块最好仅包含对下层模块的调用,而不应该完成过于复杂的逻辑功能。

模块划分是层次化设计的关键要素,通常的划分原则是将功能相关的部分划分在一个子系统内,再按逻辑的相关性划分模块。同步时序模块的输出一般采用寄存器输出方式,便于综合工具进行时序优化。

2. 时钟设计

同步时序电路对工作时钟的时钟相差（Skew）和时钟抖动（Jitter）有严格的要求。FPGA 时钟推荐使用的方式为,时钟经全局时钟输入引脚输入,通过 FPGA 内部的 MMCM 或 PLL 进行分频/倍频及移相等处理,然后经 FPGA 内部全局时钟布线资源驱动芯片内的所有寄存器。这样做的好处在于全局时钟专用输入引脚到 MMCM 或 PLL 的距离最短,Skew 和 Jitter 小；MMCM 或 PLL 分频、倍频、移相处理比采用硬件描述语言设计的数字分频附加的 Skew 和 Jitter 小；而采用全局时钟布线资源（BUFG、BUFH）,驱动能力强,Skew 和 Jitter 能满足要求。采用上述方法可以保证时钟质量,从而保证了设计的稳定性和可靠性,反之如采用组合逻辑电路做时钟,由于毛刺的存在,会导致寄存器工作不稳定。

3. 复位电路设计

FPGA 一般都具有专用的全局异步复位/置位资源,通常这类专用资源具有低 Skew、低延迟的特点,可以直接到达寄存器、Block RAM 底层单元,从而保证高质量复位/置位。采用组合逻辑作为复位信号会导致毛刺发生且无法保证低 Skew。另外 FPGA 和一般 ASIC 复位有所差异,比如 Xilinx 的 Artix-7 系列 FPGA 中使用的是高电平复位的 D 触发器,而一般 ASIC 工艺库 D 触发器为低电平复位的。所以在 FPGA 电路设计中一般应采用全局复位引脚并设为高电平复位。

4. 逻辑设计

（1）避免组合逻辑环路。当组合逻辑路径中存在反馈时即形成组合逻辑环路（Combinational Loops）,目前的 EDA 工具都是以周期为具体的节点进行仿真或优化的,组合逻辑环路将导致无限循环的时序计算,使 EDA 工具陷入死循环（不同 EDA 工具对组合逻辑环路的处理方法不尽相同）。组合环路有自震荡的特点,所以不能被应用于一般的数字逻辑设计。

【例 6.1】 组合环路的实例。

```
module combinational_loop(
input a,
output b
);

wire b;
assign b = a ^ b;

endmodule
```

为了避免产生非预期的组合逻辑环路,在反馈环路中必须包含寄存器。

（2）避免意外生成锁存器。组合逻辑描述时,默认赋值的缺失会导致电路综合出锁存器,如不完全的条件判断语句,包括有 if 而缺少 else,以及 case 未遍历所有条件分支时缺少 default 等情况。因此设计中应采用完备的 if…else 语句；在 case 语句中加入 default 分支,或者在 always @(*)块的第一行中给变量赋初值。

【例 6.2】 不完全条件判断产生 latch 的实例。

```
always @(*) begin
    if (B == C)
```

```
        Result = B;
end
```

综合后电路图如图 6.2 所示。

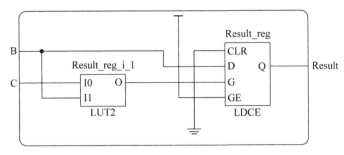

图 6.2 不完全条件判断综合后结果

【**例 6.3**】 消除不完全条件后实例。

```
always @ ( * ) begin
    Result = 0;
    if (B == C)
        Result = B;
end
```

综合后电路如图 6.3 所示。

（3）消除不完全敏感列表问题。组合逻辑电路
设计时,应将当前过程块用到的所有输入信号和条件
判断信号都放到敏感列表中(或用 * 来替代所有敏感
信号),如果敏感信号中缺失了某个输入信号或条件
判断信号,则无法触发和该信号相关的仿真进程,导
致综合和仿真结果不一致的问题。

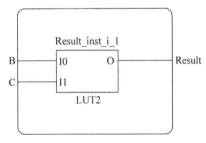

图 6.3 消除 Latch 后电路综合结果

（4）防止竞争冒险。合理的使用阻塞赋值和非
阻塞赋值能很好地避免竞争冒险现象。在描述时序
逻辑时,使用非阻塞赋值;在描述组合逻辑时,使用阻塞赋值。尽量不要在一个 always 块
中既有阻塞赋值又有非阻塞赋值,否则可能导致前仿和后仿结果不一致。也不要在两个及
以上 always 块中对同一个变量赋值。

5. 功耗优化

FPGA 的功耗包括静态功耗和动态功耗,静态功耗指 FPGA 处于上电状态但内部电路
没有工作的功耗;动态功耗是指内部电路及 I/O 翻转所消耗的功耗。静态功耗主要由
FPGA 漏电流产生,与 FPGA 器件的工艺直接相关。可以通过算法优化、FPGA 硬件资源
使用效率优化、逻辑优化等方法来降低动态功耗。下面主要介绍几种逻辑优化来降低动态
功耗的方法。

（1）门控时钟。FPGA 的门控时钟可以采用两种方式实现,第一种方式与 ASIC 类似,
可以通过 RTL 编码的方式,综合得到门控时钟的电路,如图 6.4 所示。

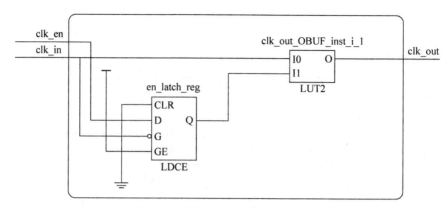

图 6.4　采用 LATCH 实现门控时钟

【例 6.4】 采用 LATCH 实现门控时钟。

```
reg en_latch;
always @ ( * )
  if (!clk_in)
      en_latch = clk_en;                          //锁存器
assign clk_out = clk_in & en_latch;
```

如图 6.5 所示,第二种方式是使用 BUFGCTRL 进行时钟使能控制,输入时钟为 clk_in,时钟使能信号为 clk_en,输出时钟为 clk_out。

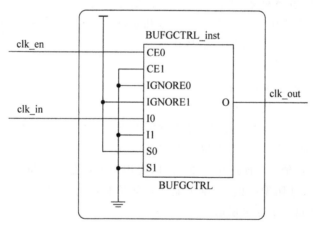

图 6.5　BUFGCTRL 产生门控时钟

【例 6.5】 采用 BUFGCTRL 实现门控时钟。

```
BUFGCTRL BUFGCTRL_inst (
   .O         ( clk_out ),              //gated clock output
   .CE0       ( clk_en ),               //Clock enable input for I0
   .CE1       ( 1'b0 ),                 //not used
   .I0        ( clk_in ),               //Primary clock
   .I1        ( 1'b0 ),                 //not used
   .IGNORE0   ( 1'b0 ),                 //Clock ignore input for I0
   .IGNORE1   ( 1'b1 ),                 //Clock ignore input for I1
```

```
        .S0             ( 1'b1 ),               //Clock select for I0
        .S1             ( 1'b0 )                //Clock select for I1
);
```

（2）数据使能。当总线上的数据与寄存器相关时，经常使用片选或时钟使能逻辑来控制寄存器的使能。如图 6.6 所示，采用 data_en 信号控制数据信号 dataout 的赋值，仅当 data_en 为高时，dataout 使能，输入 datain 被传递给 dataout，后续相关的组合逻辑才可能发生翻转。通过减少寄存器和后续组合逻辑的翻转降低功耗。

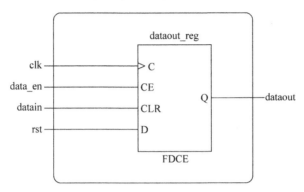

图 6.6　通过使能信号降低功耗

【例 6.6】 采用数据使能降低功耗。

```
always @ (posedge clk_out or posedge rst)
    if (rst)
        dataout < = 1'b0;
    else if (data_en)                           //数据使能信号,高有效
        dataout < = datain;
```

6.2　流水线设计

在很多高速信号处理系统如高速通信系统、高速信号采集系统、图像处理系统以及处理器设计中都运用了流水线处理的方法。流水线技术本质上是一种时间并行技术。

6.2.1　流水线技术的原理

同步时序电路的最短时钟周期是评价同步时序电路的重要指标，它一般取决于前后两级寄存器之间组合逻辑电路的时延。流水线设计将组合逻辑路径系统地分割，并在各个部分（分级）之间插入寄存器暂存中间数据，从而缩短了在一个时钟周期内信号通过的组合逻辑电路路径长度，进而提高时钟频率。

在图 6.7 所示电路中，设组合逻辑的最长路径时延为 $T_{\max}$，则电路的工作频率为 $f_{\text{clock}} = 1/T_{\max}$。将原组合逻辑电路分割成组合逻辑 1、组合逻辑 2，在其中间加入一级寄存器。设组合逻辑 1、组合逻辑 2 的最长时延均为 $T_{\max}/2$，则流水线电路的工作频率为 $f_{\text{pipeline}} = 2/T_{\max} = 2f_{\text{clock}}$，电路运行速度得到提高。

时序电路的吞吐率（Throughout）就是数据输入电路的速率，显然流水线设计技术提升

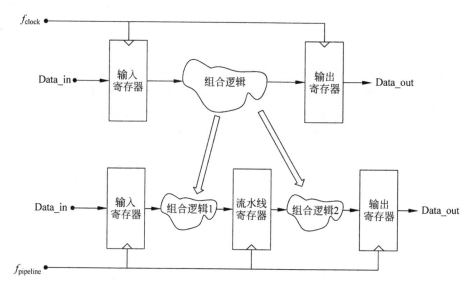

图 6.7 流水线设计原理结构图

电路运行速度的同时,能够有效提升系统的吞吐率。但是随着流水线级数的增加,输入-输出延迟(Latency)也变得更大。

6.2.2 流水线设计及实现思路

流水线设计的思路可分为三步:

(1) 首先分析流水线设计的可行性。

(2) 根据实际设计复杂度、系统吞吐率要求和系统频率要求确定合理的流水级数。

(3) 细化设计每一个数据处理步骤,合理分配每一级流水中的操作数量。

6.2.3 流水线设计实例

图 6.8 中的 8 位加法器是将两个 4 位加法器级联而成的(4 位加法器的设计参见第 4 章)。设每个 4 位加法器的时延是 200ns,则整个 8 位加法器的时延为 400ns。

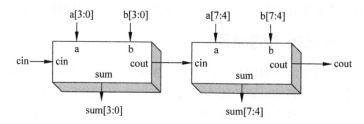

图 6.8 2 个 4 位加法器构成的 8 位加法器

在图 6.9 的流水线结构中包含了输入寄存器、流水线寄存器和输出寄存器。

在时钟周期 T_1,输入数据 a[7:0]、b[7:0] 以及进位信号 cin 寄存到输入寄存器,得到 a_reg[7:0]、b_reg[7:0]、cin_reg。计算 a_reg[3:0]、b_reg[3:0]、cin_reg 之和及进位输出。

时钟周期 T_2,寄存 a_reg[3:0]、b_reg[3:0]、cin_reg 之和及进位输出到 sum_reg_1[3:0]、c_reg_1;将 a_reg[7:4]、b_reg[7:4]送至流水线寄存器,得到 a_reg_1[7:4]、b_reg_1[7:4]。

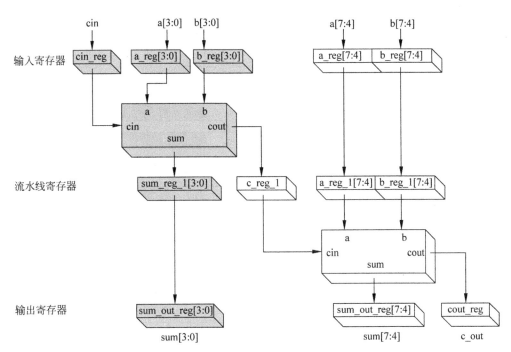

图 6.9　8 位流水线加法器

计算 a_reg_1[7:4]、b_reg_1[7:4]、c_reg_1 之和及进位输出。

时钟周期 T_3，寄存 a_reg_1[7:4]、b_reg_1[7:4]、c_reg_1 之和及进位输出到 sum_out_reg[7:4]、cout_reg，并寄存 sum_reg_1[3:0]到 sum_out_reg[3:0]。

流水线加法器时序图如图 6.10 所示。

【例 6.7】　流水线 8 位全加器。

```
module adder_8_pipe #(parameter
size = 8,
half_size = size/2)(
input [size-1: 0] a, b,
input cin, clk, rstn,
output [size-1: 0] sum,
output c_out
);
reg [size-1:0] a_reg, b_reg;                      //输入寄存器
reg cin_reg;

reg [size-1: half_size] a_reg_1, b_reg_1;         //流水线寄存器
reg [half_size-1:0] sum_reg_1;
reg c_reg_1;

reg [size-1:0] sum_out_reg;                        //输出寄存器
reg cout_reg;

always @(posedge clk or negedge rstn) begin
if(!rstn) begin
```

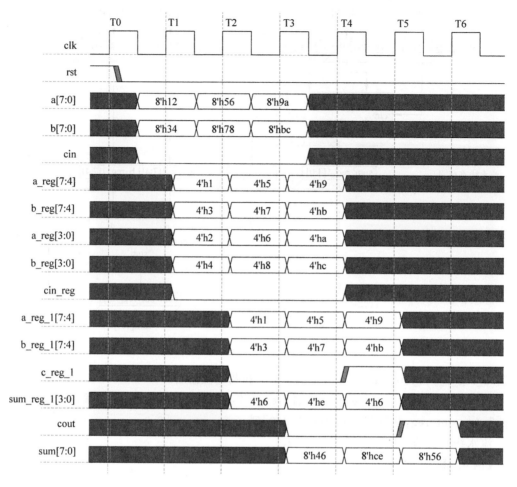

图 6.10　流水线加法器时序图

```
            a_reg <= 0;
            b_reg <= 0;
            cin_reg <= 0;
            a_reg_1 <= 0;
            b_reg_1 <= 0;
            c_reg_1 <= 0;
            sum_reg_1 <= 0;
            sum_out_reg <= 0;
            cout_reg <= 0;
        end
        else begin
            //输入数据寄存
            a_reg <= a;
            b_reg <= b;
            cin_reg <= cin;
            //流水线寄存器
            a_reg_1 <= a_reg[size - 1: half_size];
            b_reg_1 <= b_reg[size - 1: half_size];
```

```
        {c_reg_1, sum_reg_1[half_size-1:0]}<= a_reg[half_size-1:0]
                                   + b_reg[half_size-1:0] + cin_reg;
        //输出数据寄存器
        sum_out_reg[half_size-1:0] <= sum_reg_1[half_size-1:0];
        {cout_reg, sum_out_reg[size-1: half_size] }<= a_reg_1 + b_reg_1 + c_reg_1;
    end
    end
    assign sum = sum_out_reg;
    assign c_out = cout_reg;
    endmodule
```

6.3　FIR 滤波器设计

数字滤波器可分为无限冲激响应滤波器(Infinite Impulse Response,IIR)和有限冲激响应滤波器(Finite Impulse Response,FIR),IIR 滤波器容易取得较好的通带和阻带特性,FIR 滤波器系统稳定且容易实现线性相位。得益于良好的系统稳定性和线性相位特性,FIR 滤波器被广泛应用于各类数字信号处理系统中实现卷积、相关、自适应滤波、正交插值等处理。

本节将介绍 FIR 的数学原理,并分析其设计思路,给出高效的 FPGA 硬件实现结构,最后进行设计实例介绍。

6.3.1　FIR 滤波器的数学原理

滤波器的数学本质是卷积运算,一个 $N-1$ 阶 FIR 滤波器的数学公式为:

$$y(n) = \sum_{k=0}^{N-1} h(k)x(n-k)$$
$$= h(0)x(n) + h(1)x(n-1) + h(2)x(n-2) + \cdots +$$
$$h(N-1)x(n-(N-1)) \tag{6-1}$$

其中,$x(n)$表示滤波器输入信号,$h(n)$表示滤波器抽头系数,$y(n)$表示滤波器输出。

可以看到对于当前的每一个输出样点 $y(n)$,需要当前输入信号 $x(n)$ 以及 $N-1$ 个之前的输入 $x(n-1) \sim x(n-(N-1))$参与运算。

6.3.2　基于FPGA 的 FIR 滤波器设计及实现思路

基于 FPGA 的 FIR 滤波器总体设计及实现思路分为如下三步:

(1)确定滤波器特性指标。根据应用确定所期望的 FIR 滤波器的采样频率、截止频率、高通/低通/带通/带阻类型、输入/输出数据宽度、阶数等。

(2)滤波器抽头系数设计及仿真分析。FIR 滤波器设计方法有:窗函数法、频率抽样法和最佳一致逼近法等。选定设计方法得到滤波器抽头系数后应在 Matlab 中进行仿真分析,确保设计符合滤波器特性指标要求。

(3)滤波器 FPGA 实现。综合考虑功耗、性能(延时、吞吐率等)和面积这三个因素,选择最适合的实现结构以实现高效的 FIR 滤波器。

此外,在最终实现前应对数据进行定点化处理,合理分配数据位宽以保证计算精度且不造成数据溢出。

6.3.3　FIR 滤波器的 FPGA 实现结构

FIR 滤波器的实现结构具有多种形式,按照核心运算单元(乘法和累加运算)的实现原理和设计的并行度进行划分可得到表 6.1 所示结果。

表 6.1　FIR 滤波器实现结构分类

实现原理	并行度	实现结构	描　　述
基于乘累加	串行		串行结构的 FIR 滤波器是将并行数据串行输入,将每级延时单元与相应系数的乘积累加,因此只需要一个乘法器,所需的 DSP 资源较少
	并行	直接型(Transverse)	直接型 FIR 滤波器一般采用加法树和流水线进行关键路径缩短
		转置型(Transpose)	转置型结构不对输入数据寄存,而是对乘累加后的结果寄存,这样关键路径上只有 1 个乘法和 1 个加法操作,相比于直接型结构,缩短了延时
		脉动型(Systolic)	脉动型 FIR 滤波器是对直接型的升级,在每个操作后都加入流水线级,每个动作都打一拍,这种结构非常适用于高速数据流的处理
基于分布式算法	串行	串行分布式	对系统速度要求不是很高时,可以采用串行分布式算法,即只采用一个 DA 查找表,一个可控加减法器以及简单的寄存器
	并行	并行分布式	并行分布式算法常用在对滤波器速度要求相当高的场合,该结构使用多个数据相同的 DA 查找表,增加了资源的占用

注:有些实现结构采用串并结合的方式,由于原理大致相同,因此未在表中单独列出。

总的来讲,基于乘累加的滤波器的性能受到乘法器性能和数量的制约。当滤波器阶数较高时,FPGA 内部有限的乘法器资源不足以支撑整个设计的并行实现,而通过将 FPGA 的逻辑资源综合成乘法器的方式可以获得更多的乘法器,但这种方式会占用大量硬件资源,而且所得到的乘法器性能依赖于设计者的乘法器设计方案。

基于分布式算法(Distributed Algorithm, DA)的 FIR 滤波器将乘法操作用查表操作代替,可以充分利用 FPGA 内部的存储器资源以提高滤波器性能。这种实现方式先将固定系数的乘累加运算结果存放在存储器中,在运算过程中,只需查表即可完成相应的乘累加运算。

当然,在具体设计实现中,需根据不同的应用需求,综合考虑硬件开销和滤波器速度,选择不同的实现结构。

6.3.4　FIR 设计实例

1. 滤波器设计指标明确

使用 FIR 低通滤波器滤除由 2kHz 和 3.5kHz 正弦信号叠加组成的混合信号中的 3.5kHz 的信号。

2. FIR 低通滤波器设计及仿真分析

FIR 低通滤波器设计及仿真分析的具体步骤请参考 5.4 节。首先进行滤波器系数设定。采用 Matlab 的 FDATOOL 工具设计通带截止频率为 3kHz，阻带截止频率为 3.3kHz 的 8 阶等波纹低通滤波器。低通滤波器完成后，导出滤波器系数至 Matlab 变量空间中。

在 Matlab 主界面中，运行 filter_gen.m 程序，实现滤波器系数的定点化，得到 16 位量化的系数 Num1(注意，该组系数将在 RTL 代码中使用)。

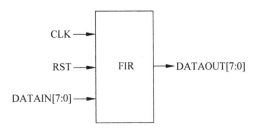

图 6.11　FIR 模块逻辑框图

其次进行待滤波数据的生成。在 Matlab 中生成两个正弦叠加的信号，8 位定点化后写入 txt 文件中，命名为 Sin_In.txt。

3. FIR 算法的 FPGA 实现

根据设计需求可以得到模块的逻辑，如图 6.11 所示。相应的端口信号见表 6.2。

表 6.2　FIR 模块端口列表

端口信号	属性	位宽	说明
CLK	Input	1	输入时钟
RST	Input	1	复位信号，高有效
DATAIN	Input	8	待滤波信号
DATAOUT	Output	8	滤波输出信号

这里列举直接型一般结构和直接型对称流水结构两种 FIR 的实现结构，并从 PPA (Power、Performance、Area)的角度进行对比分析，说明如何在实际应用中根据需求进行最适合的 FIR 实现结构选择。

1) 直接型一般结构

直接型一般结构最接近于 FIR 滤波器的数学运算定义，简单直观易于理解。如图 6.12 所示，该结构由延时链、加权单元、累加单元和寄存输出单元四部分组成。延时链实现输入数据的 8 级延时，得到 x7～x0，加权单元实现滤波器系数 h0～h8 与延时链数据 x8～x0 的乘法操作，累加单元对加权结果进行累加操作得到滤波器的运算结果，最后对运算结果进行寄存输出。

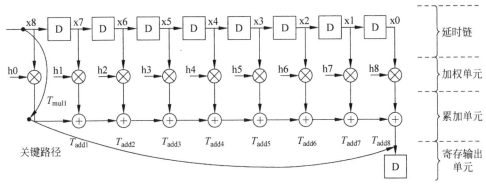

图 6.12　直接型一般结构的 FIR 滤波器

假定关键路径上的乘法器延时为 T_{mul1},8 个加法器延时分别为 $T_{add1} \sim T_{add8}$,则直接型一般结构的关键路径长度为 $T_{cri} = T_{mul1} + T_{add1} + T_{add2} + \cdots + T_{add8}$,相应地,FIR 滤波器系统所能允许工作的最大时钟频率 f 表示为

$$f \leqslant \frac{1}{T_{cri}} \tag{6-2}$$

注意,此处的 f 同时也是 FIR 滤波器系统所能支持的输入数据的奈奎斯特(Nyquist)频率的两倍。

【例 6.8】 直接型一般结构的 FIR 滤波器。

```
module fir1(
input   clk ,                              //时钟频率应等于数据速率 Fs
input   rst,
input   signed [7:0] data_in ,             //数据速率 Fs = 8kHz
output   reg signed [15:0] data_out        //滤波输出
);

// ================================================
//8 阶滤波器系数,共 9 个系数
// ================================================
wire signed[15:0] h0 = -16'sd1082;
wire signed[15:0] h1 = 16'sd7872;
wire signed[15:0] h2 = -16'sd5884;
wire signed[15:0] h3 = 16'sd6461;
wire signed[15:0] h4 = 16'sd25987;
wire signed[15:0] h5 = 16'sd6461;
wire signed[15:0] h6 = -16'sd5884;
wire signed[15:0] h7 = 16'sd7872;
wire signed[15:0] h8 = -16'sd1082;

wire signed[7:0] x8 = data_in;
reg signed [7:0] x7 ;                       //延时链
reg signed [7:0] x6 ;
reg signed [7:0] x5 ;
reg signed [7:0] x4 ;
reg signed [7:0] x3 ;
reg signed [7:0] x2 ;
reg signed [7:0] x1 ;
reg signed [7:0] x0 ;

wire signed [23:0] multi_data0 ;            //加权操作,乘法器输出, (16 + 8)位
wire signed [23:0] multi_data1 ;
wire signed [23:0] multi_data2 ;
wire signed [23:0] multi_data3 ;
wire signed [23:0] multi_data4 ;
wire signed [23:0] multi_data5 ;
wire signed [23:0] multi_data6 ;
wire signed [23:0] multi_data7 ;
wire signed [23:0] multi_data8 ;
```

```verilog
wire signed [31:0] sum;

always@(posedge clk or posedge rst)
if(rst) begin
    x7 <= 8'b0 ;
    x6 <= 8'b0 ;
    x5 <= 8'b0 ;
    x4 <= 8'b0 ;
    x3 <= 8'b0 ;
    x2 <= 8'b0 ;
    x1 <= 8'b0 ;
    x0 <= 8'b0 ;
end
else begin
    x7 <= x8 ;
    x6 <= x7 ;
    x5 <= x6 ;
    x4 <= x5 ;
    x3 <= x4 ;
    x2 <= x3 ;
    x1 <= x2 ;
    x0 <= x1 ;
end

// ================================================
//加权操作：计算滤波器系数与输入数据的乘积
// ================================================
assign multi_data0 = x8 * h0 ;              //x8 × h0
assign multi_data1 = x7 * h1 ;              //x7 × h1
assign multi_data2 = x6 * h2 ;              //x6 × h2
assign multi_data3 = x5 * h3 ;              //x5 × h3
assign multi_data4 = x4 * h4 ;              //x4 × h4
assign multi_data5 = x3 * h5 ;              //x3 × h5
assign multi_data6 = x2 * h6 ;              //x2 × h6
assign multi_data7 = x1 * h7 ;              //x1 × h7
assign multi_data8 = x0 * h8 ;              //x0 × h8

// ================================================
//累加操作
// ================================================
assign sum = multi_data0 + multi_data1 + multi_data2 + multi_data3
           + multi_data4 + multi_data5 + multi_data6 + multi_data7 + multi_data8;

// ================================================
//滤波器寄存输出
// ================================================
always @ (posedge clk or posedge rst)
if (rst)
    data_out <= 16'b0;
else
    data_out <= sum[31:16];
```

```
endmodule
```

2）直接型对称结构

FIR 滤波器系数具有对称性，基于该特性可对直接型一般结构进行优化，得到直接型对称结构的 8 阶 FIR 滤波器，如图 6.13 所示。相比于直接型一般结构，对称结构增加了部分和计算单元以减少乘法器资源消耗，关键路径 $T'_{cri} = T'_{add1} + T'_{mul1} + T'_{add2} + T'_{add3} + T'_{add4} + T'_{add5}$。由于所使用的乘法器和加法器位宽的不同，理论上而言 T'_{mul1}、T'_{add1} 和 T'_{add2} 与前文直接型一般结构中所述的 T_{mul1}、T_{add1} 和 T_{add2} 也是不同的。考虑到两种结构中乘法器和加法器的位宽差异较小，可以近似认为 $T_{mul1} \approx T'_{mul1}$，$T_{add1} \approx T'_{add1} \approx T_{add2} \approx T'_{add2}$，此时对比两种结构的关键路径长度有 $T_{cri} - T'_{cri} \approx T_{add6} + T_{add7} + T_{add8}$，显然对称结构具有更短的关键路径，能够支持更高的系统工作时钟频率，支持更高的数据奈奎斯特采样频率。

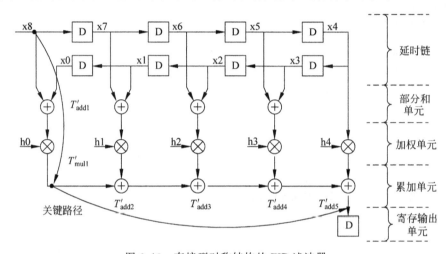

图 6.13 直接型对称结构的 FIR 滤波器

【例 6.9】 直接型对称结构的 FIR 滤波器。

```
module fir2(
clk,                                        //时钟频率应等于数据速率 Fs
rst,                                        //复位高有效
data_in ,                                   //数据速率 Fs = 8kHz
data_out                                    //滤波输出
);
input  clk;
input  rst;
input  signed [7:0] data_in;
output   regsigned [15:0] data_out;
// ===============================================
//8 阶滤波器系数,共 9 个系数,奇对称
// ===============================================
wire signed[15:0] h0 =  - 16'sd1082;
wire signed[15:0] h1 = 16'sd7872;
wire signed[15:0] h2 =  - 16'sd5884;
wire signed[15:0] h3 = 16'sd6461;
wire signed[15:0] h4 = 16'sd25987;
```

```verilog
wire signed[7:0] x8 = data_in;
reg signed [7:0] x7 ;                          //延时链
reg signed [7:0] x6 ;
reg signed [7:0] x5 ;
reg signed [7:0] x4 ;
reg signed [7:0] x3 ;
reg signed [7:0] x2 ;
reg signed [7:0] x1 ;
reg signed [7:0] x0 ;

reg signed [8:0] add_data1 ;                   //预处理,加法器输出
reg signed [8:0] add_data2 ;
reg signed [8:0] add_data3 ;
reg signed [8:0] add_data4 ;
reg signed [8:0] add_data5 ;

reg signed [24:0] multi_data1 ;                //加权操作,乘法器输出
reg signed [24:0] multi_data2 ;
reg signed [24:0] multi_data3 ;
reg signed [24:0] multi_data4 ;
reg signed [24:0] multi_data5 ;
wire signed [31:0] sum;

always@(posedge clk or posedge rst)
if(rst) begin
    x7 <= 8'b0 ;
    x6 <= 8'b0 ;
    x5 <= 8'b0 ;
    x4 <= 8'b0 ;
    x3 <= 8'b0 ;
    x2 <= 8'b0 ;
    x1 <= 8'b0 ;
    x0 <= 8'b0 ;
end
else begin
    x7 <= x8 ;
    x6 <= x7 ;
    x5 <= x6 ;
    x4 <= x5 ;
    x3 <= x4 ;
    x2 <= x3 ;
    x1 <= x2 ;
    x0 <= x1 ;
end

// =================================================
//预处理:根据滤波器系数的对称性采用 4 个加法器进行预处理,可以减少后续乘法器的数目
// =================================================
always@(posedge clk or posedge rst)
if(rst) begin
    add_data1 <= 9'b0 ;
```

```
        add_data2 <= 9'b0 ;
        add_data3 <= 9'b0 ;
        add_data4 <= 9'b0 ;
        add_data5 <= 9'b0 ;
    end
    else begin
        add_data1 <= x8 + x0 ;                          //x8 + x0
        add_data2 <= x7 + x1 ;                          //x7 + x1
        add_data3 <= x6 + x2 ;                          //x6 + x2
        add_data4 <= x5 + x3 ;                          //x5 + x3
        add_data5 <= {x4[7],x4};                        //x4, 符号位扩展
    end


// ==================================================
//加权操作: 计算滤波器系数与输入数据的乘积
// ==================================================
always@(posedge clk or posedge rst)
if(rst) begin
    multi_data1 <= 25'b0 ;
    multi_data2 <= 25'b0 ;
    multi_data3 <= 25'b0 ;
    multi_data4 <= 25'b0 ;
    multi_data5 <= 25'b0 ;
end
else begin
    multi_data1 <= add_data1 * h0 ;                     //(x0 + x8) × h0
    multi_data2 <= add_data2 * h1 ;                     //(x1 + x7) × h1
    multi_data3 <= add_data3 * h2 ;                     //(x2 + x6) × h2
    multi_data4 <= add_data4 * h3 ;                     //(x3 + x5) × h3
    multi_data5 <= add_data5 * h4 ;                     //x4 × h4
end


// ==================================================
//累加
// ==================================================
assign sum = multi_data1 + multi_data2 + multi_data3 + multi_data4 + multi_data5;
// ==================================================
//滤波器输出
// ==================================================
always@(posedge clk or posedge rst)
if(rst)
    data_out = 0;
else
    data_out = sum[31:16] ;                             //输出截断低 16 位
endmodule
```

3) 性能比较

设待滤波数据的采样率为 Fs, 量化位数为 Q, 则直接型一般结构和直接型对称结构的 FIR 滤波器性能对比结果如表 6.3 所示。记滤波器系数的个数为 N, 延时表示为 $(N-1)/2$。

表 6.3　直接型一般结构和直接型对称结构的 FIR 滤波器性能对比

实现结构	性能(Performance)			FPGA 资源占用
	关键路径 (Critical Path)	延时/cycle (Latency)	吞吐率/(b/s) (Throughout)	
直接型 一般结构	约1个乘法器 +8个加法器	4	Fs * Q	约9个乘法器, 8个加法器
直接型 对称结构	约1个乘法器 +5个加法器	4	Fs * Q	约5个乘法器, 8个加法器

在支持相同数据采样率的条件下,两种结构吞吐率都为 Fs * Q。但直接型对称结构关键路径更短,且占用的 FPGA 资源较少。

6.4　SPI 接口设计

SPI(Serial Peripheral Interface)串行外围设备接口是一种高速全双工串行通信总线。物理层共四根线,PCB 布局布线较为简单,所以很多芯片集成了这个协议,主要用于 CPU 和各种外围器件进行串行通信。SPI 通信设备之间常用连接方式如图 6.14 所示。

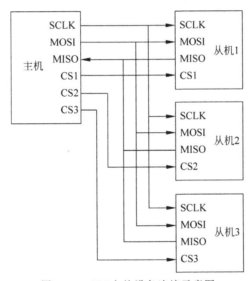

图 6.14　SPI 主从设备连接示意图

SPI 协议是一种环形总线结构,由 CS、SCLK、MOSI 和 MISO 四根线组成。CS 是 SPI 接口的片选信号,SCLK 是 SPI 接口的通信时钟,由通信主机产生,决定了通信的速率,MOSI 是 SPI 接口的主输出从输入端口,MISO 是 SPI 接口的主输入从输出端口,这里"主"是主控设备(Master),"从"是从设备(Slave)。

6.4.1　SPI 接口原理

CS 为片选信号,低电平有效,片选信号由高电平变低电平即 SPI 通信的起始信号。CS 是每个 Slave 各自独占的信号线,当 Slave 在 CS 线检测到起始信号后,就知道已被 Master 选中了,开始准备与 Master 通信。片选信号由低电平变高电平,即 SPI 通信的停止信号,表示本次通信结束,Slave 的选中状态被取消。

SPI 总共有四种通信模式,它们的主要区别是总线空闲时 SCLK 的时钟状态以及数据采样时刻。为方便说明,在此引入"时钟极性 CPOL"和"时钟相位 CPHA"的概念。表 6.4 显示了在 CPOL 和 CPHA 位的四种组合下的 SPI 传输。

表 6.4　四种 SPI 传输模式对比

SPI 模式	CPOL	CPHA	空闲时 SCLK 时钟	采样时刻
0	0	0	低电平	奇数边沿
1	0	1	低电平	偶数边沿
2	1	0	高电平	奇数边沿
3	1	1	高电平	偶数边沿

时钟极性 CPOL 是指 SPI 通信设备处于空闲状态时 SCLK 信号线的电平信号。CPOL=0 时,SCLK 在空闲状态时为低电平; CPOL=1 时,则相反。

时钟相位 CPHA 是指数据的采样时刻,当 CPHA=0 时,MOSI 或 MISO 数据线上的信号将会在 SCLK 时钟线的"奇数边沿"被采样。当 CPHA=1 时,数据线在 SCLK 的"偶数边沿"采样。

由 CPOL 和 CPHA 的不同状态,SPI 分成了四种模式,如表 6.4 所示。Master 与 Slave 需要工作在相同的模式下才可以正常通信,实际中采用较多的是"模式 0"和"模式 3"。本设计采用模式 0。图 6.15 为各种模式的波形示意图。

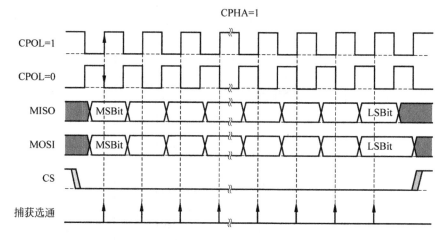

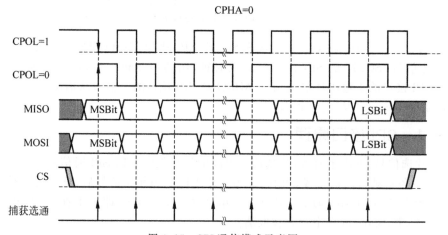

图 6.15　SPI 通信模式示意图

6.4.2　SPI 接口的设计及实现思路

SPI 接口(主设备)可分为控制逻辑模块和数据通路模块。控制逻辑和数据通路的通信示意图如图 6.16 所示。

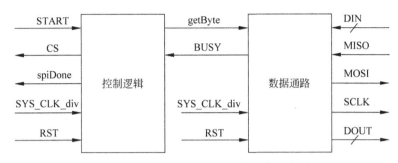

图 6.16　控制逻辑和数据通路通信示意图

分析图 6.16 可知,当控制模块收到 START 信号时,将片选信号拉低,同时向数据通路模块发送信号 getByte,通知数据模块开始收发数据,同时数据模块向控制模块发送信号 BUSY,表示正在收发数据,当数据收发完成后,控制模块输出信号 spiDone。

1. 控制逻辑模块设计

控制逻辑模块共有七个输入输出端口。SYS_CLK_div 是模块的工作时钟,RST 是系统复位。当控制模块收到 START 信号时,则将片选信号 CS 拉低,同时通过 getByte 信号通知数据通路模块开始 SPI 数据传输。数据通路模块将 BUSY 信号反馈给控制模块,当 BUSY 为 0 时,表示 SPI 接口空闲;当 BUSY 为 1 时,表示 SPI 接口正在收发数据。spiDone 为高电平时表示 SPI 数据传输完成,该信号高电平只保持一个时钟周期。控制模块工作时共有四个逻辑状态,分别表示为 Idle、Init、DRT、Done,其中 Idle 表示 SPI 接口空闲,Init 表示控制模块收到 START 信号,发起 SPI 数据传输,DRT 表示收到 BUSY 信号高电平,SPI 接口正在收发数据,Done 表示 SPI 数据传输完成,同时将 spiDone 信号赋值为 1。控制模块的状态转移如图 6.17 所示。

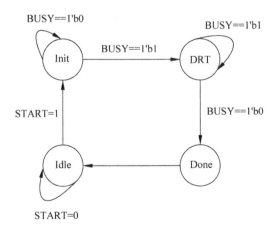

图 6.17　控制逻辑状态图

2. 数据通路模块设计

数据通路模块共有九个输入输出端口,SYS_CLK_div 是模块的工作时钟,RST 是系统复位。当数据通路模块收到 getByte 信号时,表示 SPI 数据传输开始,同时向控制模块传输信号 BUSY,表示 SPI 接口正在数据传输中,SCLK 是 SPI 接口的串行通信时钟,由 Master 产生并发送给 Slave,DIN 是 Master 准备发送给 Slave 的数据,在本设计中 DIN 位宽为 16 位,发送数据时由并转串,通过 MOSI 端口按位发送给 Slave,当 MOSI 端口发送满 16 位时,SPI 数据发送完成;Slave 发送给 Master 的数据通过 MISO 端口按位接收,当 MISO 端口接收满 16 位时,SPI 数据接收完成,即接收数据是将数据由串转并、生成 DOUT 的过程。数据通路模块工作时共有三个逻辑状态,分别表示为 Idle、Rxtx、Done。其中 Idle 表示 SPI 接口空闲,Rxtx 表示收到 getByte 信号高电平,SPI 接口正在收发数据,Done 表示 SPI 数据传输完成。数据通路模块的状态转移图如图 6.18 所示。

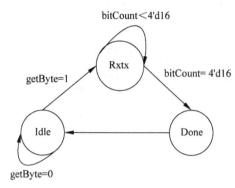

图 6.18 数据通路模块

6.4.3 SPI 接口设计实例

本设计总共包含 3 个模块,分别为 1 个顶层模块和 2 个子模块。其中 SPI_top.v 是 SPI 主设备顶层模块,spiCtrl.v 是 SPI 协议控制逻辑模块,spiMode0.v 是 SPI 协议数据通路模块。

【例 6.10】 SPI 接口设计实例。

(1) 顶层模块包括控制逻辑模块、数据通路模块以及一个时钟分频语句块。该时钟即 SPI 接口的通信时钟。

```
// **************文件名: SPI_top.v *****************
module SPI_top(
SYS_CLK,                              //系统时钟 100MHz
RST,                                 //系统复位
MISO,                                //主设备输入,从设备输出
MOSI,                                //主设备输出,从设备输入
SCLK,                                //SPI 接口时钟信号
CS,                                  //SPI 接口片选信号
DIN,
SPI_DATA,                            //SPI 接口接收到的数据
START,                               //高电平发起一次 SPI 传输
spiDone):                            //SPI 收发数据完成信号
input    SYS_CLK;
input    RST;
input    MISO;
output   MOSI;
output   SCLK;
output   CS;
input [15:0] DIN;
```

```
output    [15:0] SPI_DATA;
input     START;
output    spiDone;

wire      SYS_CLK_div;                        //主时钟分频得到 SPI 接口时钟
reg       [2:0] SYS_CLK_counter;             //主时钟分频计数器
wire BUSY;                                    //高电平表示 SPI 正在收发数据
wire getByte;                                 //高表示控制模块收发数据

spiCtrl SPI_Ctrl(
.SYS_CLK_div       ( SYS_CLK_div ),
.RST               ( RST ),
.START             ( START ),
.BUSY              ( BUSY ),
.CS                ( CS ),
.getByte           ( getByte ),
. spiDone          ( spiDone )
);

spiMode0 SPI_Int(
.SYS_CLK_div       ( SYS_CLK_div ),
.RST               ( RST ),
.getByte           ( getByte ),
.DIN               ( DIN ),
.MISO              ( MISO ),
.MOSI              ( MOSI ),
.SCLK              ( SCLK ),
.BUSY              ( BUSY ),
.DOUT              ( SPI_DATA )
 );

//分频得到模块时钟
always @(posedge RST or posedge SYS_CLK)
begin : clock_divide
if (RST == 1'b1)
    SYS_CLK_counter <= 3'b 000;
else
    SYS_CLK_counter <= SYS_CLK_counter + 1'b1;
end

assign SYS_CLK_div = SYS_CLK_counter[2];      //主时钟分频后的 SPI 接口时钟
endmodule
```

（2）控制逻辑模块控制数据模块是否发起数据传输。当空闲状态且 START 信号为 1
时，发起一次数据传输，其他状态时忽略该信号。

```
//**************** 文件名: spiCtrl.v ****************
module spiCtrl(
SYS_CLK_div,                  //输入时钟
RST,                          //系统复位
START,                        //高电平,发起一次 SPI 传输
```

```
    BUSY,                              //1,表示 SPI 接口正在收发数据
    CS,                                //SPI 接口片选信号
    getByte,                           //1 通知数据模块收发数据
    spiDone                            //SPI 收发数据完成信号
    );
    input    SYS_CLK_div;
    input    RST;
    input    START;
    input    BUSY;
    output   reg CS;
    output   reg getByte;
    output   reg spiDone;

    parameter [1:0] Idle = 2'd0,     //空闲状态
                    Init = 2'd1,     //初始化状态
                    DRT = 2'd2,      //数据传输状态
                    Done = 2'd3;     //数据传输完成状态

    reg [1:0] current_state;         //当前状态
    reg [1:0] next_state;            //下一状态

//状态转移模块
always @(posedge RST or negedge SYS_CLK_div)
begin : SYNC_PROC
if (RST == 1'b 1)
    current_state <= Idle;
else
    current_state <= next_state;
end
//根据输入信号,当前状态值,判断下一状态值
always @(current_state or START or BUSY)
begin : NEXT_STATE_DECODE
next_state = current_state;
case (current_state)
    Idle:if (START == 1'b1)    //START 为 1 时状态转移到 Init
        next_state = Init;
    else
        next_state = Idle;
    Init: if(BUSY == 1'b1)
        next_state = DRT;
    else
        next_state = Init;
    DRT:if (BUSY == 1'b0)
        next_state = Done;
    else
        next_state = DRT;
    Done: next_state = Idle;
    default:
        next_state = Idle;
    endcase
end
```

```verilog
//三段式状态机中的数据输出语句块
always @(posedge RST or negedge SYS_CLK_div)
if(RST) begin
    getByte <= 1'b0;
    CS <= 1'b1;
    spiDone <= 1'b0;
end
else begin
case (next_state)
    Idle:begin
        getByte <= 1'b0;
        CS <= 1'b1;
        spiDone <= 1'b0;
    end
    Init: begin                  //Init 状态发起一次数据传输
        getByte <= 1'b1;
        CS <= 1'b0;
        spiDone <= 1'b0;
    end
    DRT: begin
        getByte <= 1'b0;
        CS <= 1'b0;
        spiDone <= 1'b0;
    end
    Done: begin                  //数据传输完成
        getByte <= 1'b0;
        CS <= 1'b1;
        spiDone <= 1'b1;
    end
    default: begin
        getByte <= 1'b0;
        CS <= 1'b1;
        spiDone <= 1'b0;
    end
  endcase
  end
endmodule
```

（3）数据通路模块。

```verilog
// ***************** 文件名: spiMode0.v *****************
//数据通路模块的逻辑设计
module spiMode0 #(parameter WIDTH = 16)(
SYS_CLK_div,                 //输入时钟
RST,                         //系统复位
getByte,                     //1 通知数据模块收发数据
DIN,                         //主设备待输出的数据
MISO,                        //主设备输入,从设备输出
MOSI,                        //主设备输出,从设备输入
SCLK,                        //SPI 接口时钟信号
BUSY,                        //1 表示 SPI 接口正在传输数据
```

```
    DOUT                          //SPI 接口成功接收的数据
    );

    input SYS_CLK_div;
    input RST;
    input getByte;
    input [WIDTH - 1:0] DIN;
    input MISO;
    output MOSI;
    output SCLK;
    output BUSY;
    output [WIDTH - 1:0] DOUT;
    wire MOSI;
    wire SCLK;
    wire [WIDTH - 1:0] DOUT;
    reg BUSY;
    //FSM States
    localparam [1:0] Idle = 2'd0,    //空闲状态
                 RxTx = 2'd1,        //SPI 接口正在收发数据
                 Done = 2'd2;        //数据传输完成状态
    reg [4:0] bitCount;              //SPI 接口数据收发位数
    reg [WIDTH - 1:0] rSR;           //SPI 接口数据读移位寄存器
    reg [WIDTH - 1:0] wSR;           //SPI 接口数据写移位寄存器
    reg [1:0] current_state;         //当前状态
    reg [1:0] next_state;            //下一状态
    reg CE;                          //SPI 接口时钟使能信号

//当 CE 为 1 时,使能 SPI 接口时钟
    assign SCLK = (CE == 1'b1) ?( SYS_CLK_div) : 1'b0;
//当前主设备输出值
    assign MOSI = wSR[WIDTH - 1];
//当前主设备接收到的数据值
    assign DOUT = rSR;
//写数据移位寄存器,即处于 RxTx 状态时,每个时钟下降沿数据跳变
    always @(posedge RST or negedge SYS_CLK_div) begin
    if(RST == 1'b1)
        wSR <= 0;
    else
    case(current_state)
        Idle :
            wSR <= DIN;
        RxTx : if(CE == 1'b1)
            wSR <= {wSR[WIDTH - 2:0], 1'b0};
        Done :
            wSR <= wSR;
    endcase
    end

//读数据移位寄存器,即处于 RxTx 状态时,每个时钟上升沿读取数据
    always @(posedge RST or posedge SYS_CLK_div) begin
    if(RST == 1'b1)
```

```
        rSR <= 0;
else
case(current_state)
    Idle :
            rSR <= rSR;
    RxTx : if(CE == 1'b1)
            rSR <= {rSR[WIDTH - 2:0], MISO};
    Done :
            rSR <= rSR;
endcase
end
//状态转移语句块
always @(posedge RST or negedge SYS_CLK_div) begin
if(RST == 1'b1)
    current_state <= Idle;
else
    current_state <= next_state;
end
//根据输入信号,当前状态值,判断下一状态值
always @(current_state,getByte,bitCount) begin
case (current_state)
    Idle :if(getByte == 1'b1)
        next_state <= RxTx;
    else
        next_state <= Idle;
    RxTx : if(bitCount >= WIDTH)
        next_state <= Done;
    else
        next_state <= RxTx;
    Done :
        next_state <= Idle;
    default :
        next_state <= Idle;
endcase
end
//三段式状态机中的数据输出语句块
always @(posedge RST or negedge SYS_CLK_div) begin
if(RST == 1'b1) begin
    CE <= 1'b0;                   //关闭串行时钟
    BUSY <= 1'b0;                 //Idle 状态下 BUSY 信号拉低
    bitCount <= 5'd0;            //位读写计数器清零
end
else
case (next_state)
    Idle : begin
        CE <= 1'b0;
        BUSY <= 1'b0;
        bitCount <= 5'd0;
    end
    RxTx:begin
        BUSY <= 1'b1;
```

```
    bitCount <= bitCount + 1'b1;
    if(bitCount >= WIDTH)
        CE <= 1'b0;
    else
        CE <= 1'b1;
end
Done:begin
    CE <= 1'b0;
    BUSY <= 1'b1;
    bitCount <= 5'd0;
end
default : begin
    CE <= 1'b0;
    BUSY <= 1'b0;
    bitCount <= 5'h0;
end
endcase
end
endmodule
```

6.5 异步 FIFO 设计

在大规模 ASIC 或 FPGA 系统中,往往存在着多个时钟域,通常采用异步 FIFO 做为数据传输的缓冲区来解决不同时钟域间数据传输问题。

6.5.1 异步 FIFO 的工作原理

如图 6.19 所示的异步 FIFO 包括写时钟同步逻辑、读时钟同步逻辑、写指针与满信号产生逻辑、读指针与空信号产生逻辑和双端口存储器。写时钟同步逻辑的作用是把读时钟域的读指针同步到写时钟(wr_clk)域。类似地,读时钟同步模块的作用是把写时钟域的写指针同步到读时钟域(rd_clk)。

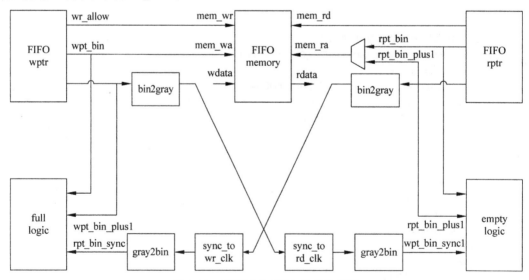

图 6.19　典型异步 FIFO 的结构框图

6.5.2　异步 FIFO 设计及实现思路

异步 FIFO 设计的关键点在于空满标志信号产生的逻辑设计,空满标志位准确产生与否直接关系到设计的成败。本节中采用比较读写指针来判断 FIFO 的空满。下面详细介绍设计及实现思路。

1. 读/写指针

为了理解 FIFO 设计,需要了解 FIFO 指针的工作原理。写指针总是指向下一个要写的字,因此在复位时,两个指针都设置为零,这也恰好是下一个要写入的 FIFO 字位置。在FIFO 写操作中,由写入指针指向的存储器位置将被写入,然后写指针被加一以指向要写入的下一个位置。读指针总是指向下一个要读取的存储器位置(具有预取功能的异步FIFO)。

2. 读写指针跨时钟域采样

一般需要通过异步 FIFO 读写指针的比较才能产生准确的空满标志位,但由于读写指针属于不同的时钟域及读写时钟相位关系的不确定性,难以满足 D 触发器建立保持时间,所以必须对数据做跨时钟域处理。一般的异步时钟域处理采用如图 6.20 所示的两级寄存器同步电路以消除亚稳态问题。由于读/写地址总线可能存在多个信号同时跳变,采用这样的同步方式后仍然会产生较大概率的误码,如图 6.21 所示。rd_clk 与 wr_clk 为异步时钟,rd_ptr2sync 是时钟域 rd_clk 中的信号,由时钟 wr_clk 采样 rd_ptr2sync 信号得到的 rd_ptr_sync。由于 wr_clk 上升沿到达三个寄存器的时间各不相同,这就导致了 rd_ptrsync 的值从3'b001 跳变 3'b010 的过程中出现了错误的状态 3'b011。这将导致电路出现一系列不期望的错误结果。

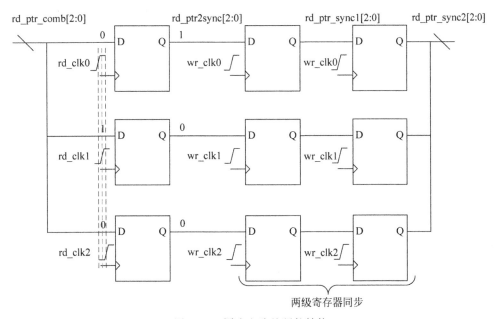

图 6.20　同步电路的硬件结构

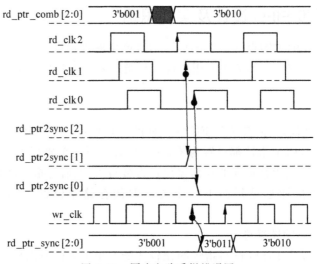

图 6.21　同步电路采样错误图

3. 二进制地址的格雷码转换

FIFO 的读/写地址是按照二进制地址变化的,可以考虑将二进制地址转换为格雷码地址以消除读写地址跨时钟域采样问题。格雷码一个最大的特点就是在递增或递减的过程中,每次只变化一位。

二进制码与格雷码之间的相互转换规律为:

$$gray[n-1:0] = (bin[n-1:0] >> 1)\hat{}bin[n-1:0] \tag{6-3}$$

$$bin[i] = \hat{}(gray[n-1:0] >> i)\cdots\cdots(0 \leqslant i \leqslant n-1) \tag{6-4}$$

在设计中,异步 FIFO 的地址总线先转换成格雷码,然后再用两级寄存器同步电路对格雷码地址进行同步。

4. 空信号的产生

图 6.22 为读空标识产生时序。当读地址完全等于写地址时,可以断定 FIFO 的数据已被读空。只有在两种情况下,FIFO 才会为空:第一种是系统复位,读写指针全部清零;另一种情况数据读出的速率快于数据写入的速率,读地址赶上写地址时 FIFO 为空。空标志位的产生需要在读时钟域里完成,这样不会发生 FIFO 已经空了而空标志位还没有产生的情况,但是可能会发生 FIFO 里已经有数据了而空标志位还没有撤消的情况,不过就算是在最坏情况下,空标志位撤消的滞后也只有三个时钟周期,这个问题不会引起传输错误。还有一种情况就是空标志比较逻辑检测到读地址和写地址相同后紧接着系统产生了写操作,写地址增加,FIFO 内有了新数据,由于同步模块的滞后性,用于比较的写地址不能及时更新,这样一个本不应该有的空标志信号就产生了,不过这种情况也不会导致错误的发生,像这种 FIFO 非空而产生空标志信号的情况称为"虚空"。

5. 满信号的产生

和空标志位产生机制一样,满标志位也是通过比较读写地址,当读写指针相同时产生。但是如果地址的宽度和 FIFO 实际深度所需的宽度相等,某一时刻读写地址相同了,那 FIFO 是空还是满就难以判断了。所以读写指针需要增加一位来标记写地址是否超前读地址(在系统正确工作的前提下,读地址不可能超前于写地址),比如 FIFO 的深度为 8,需要

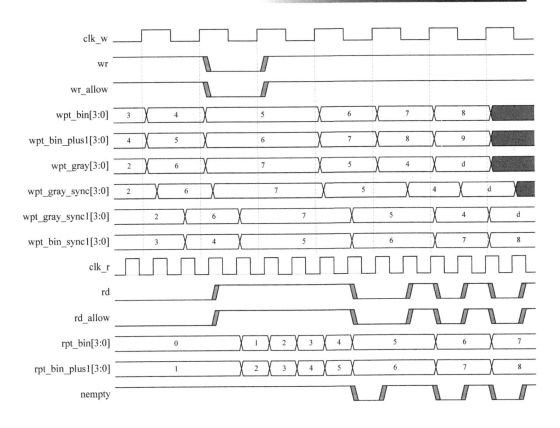

图 6.22　读空标识产生时序

用宽度为 4 的指针。

　　如果读指针的最高位为 0,而写指针的最高位为 1,而其余位的写指针等于读指针,这时如果读写指针指向同一存储空间,则可判断为 FIFO 被写满。

6. FIFO 深度设置

　　FIFO 设计有一个必要前提是 FIFO 写和读的吞吐量相同,在此条件下 FIFO 的最小深度应当是一段时间内写入数据的个数减去读出数据后 FIFO 中暂存的数据个数。设写时钟的频率为 f_{wr},读时钟的频率为 f_{rd},写入数据的方式为每 B 个时钟写入 A 个数据,读出数据的方式为每 C 个时钟读出 D 个数据,按照吞吐量相同的要求,则有 $A/B * f_{wr} = D/C * f_{rd}$。设 FIFO 一段时间内写入的数据长度为 LEN,则 FIFO 的深度为:

$$\text{fifo\_depth} = LEN - (LEN/f_{wr}) * (D/C * f_{rd}) \tag{6-5}$$

6.5.3　异步 FIFO 设计实例

【例 6.11】　异步 FIFO 设计实例。

```
module async_fifo(
    wr_clk,
    rst_w_n,
    wr,
    wdata,
    nfull,
```

```verilog
        wcnt,

        rd_clk,
        rst_r_n,
        rd,
        rdata,
        nempty,
        rcnt
    );

        parameter    awidth       =    3;  /* FIFO DEPTH = 1 << awidth */
        parameter    dwidth       =    34;

        input                     wr_clk;
        input                     rst_w_n;
        input                     wr;
        input   [dwidth - 1:0]       wdata;
        output                    nfull;
        output  [awidth  :0]         wcnt;
        wire                      mem_wr;
        wire    [awidth - 1:0]    mem_wa;
        wire    [dwidth - 1:0]        mem_d;

        input                         rd_clk;
        input                         rst_r_n;
        input                         rd;
        output  [dwidth - 1:0]        rdata;
        output                        nempty;
        output  [awidth  :0]          rcnt;
        wire                          mem_rd;
        wire    [awidth - 1:0]        mem_ra;
        reg     [awidth - 1:0]        mem_ra_l;
        wire    [dwidth - 1:0]        mem_q;


        reg     [dwidth - 1:0]        mem [0  :   (1 << awidth) - 1];

        assign                        mem_q =   mem[mem_ra_l];

    always  @(posedge rd_clk) begin
        if(mem_rd)
            mem_ra_l <=   mem_ra;
    end

    always  @(posedge wr_clk) begin
        if(mem_wr)
            mem[mem_wa]   <=   mem_d;
    end

    function [awidth:0] bin2gray;
    input   [awidth:0]  bin;
```

```
begin
    bin2gray = bin ^ (bin >> 1);
end
endfunction

function [awidth:0] gray2bin;
input    [awidth:0]   gray;
reg [awidth + 1:0]    b_v;
integer i;
begin
    b_v[awidth + 1] = 1'b0;
    for (i = awidth; i >= 0; i = i - 1)
        b_v[i] = gray[i] ^ b_v[i + 1];

    gray2bin = b_v[awidth:0];
end
endfunction


//Pointers and flags in read clock domain
reg     [awidth:0]          rpt_bin_plus1;  /* highest bit is the toggle bit */
reg     [awidth:0]          rpt_bin;
reg     [awidth:0]          rpt_gray;
reg     [awidth:0]          wpt_gray_sync;
reg     [awidth:0]          wpt_gray_sync1;
wire    [awidth:0]          wpt_bin_sync1 = gray2bin(wpt_gray_sync1);
reg                         nempty;

//Pointers and flags in write clock domain
reg     [awidth:0]          wpt_bin_plus1;
reg     [awidth:0]          wpt_bin;
reg     [awidth:0]          wpt_gray;
reg     [awidth:0]          rpt_gray_sync;
reg     [awidth:0]          rpt_gray_sync1;
wire    [awidth:0]          rpt_bin_sync1 = gray2bin(rpt_gray_sync1);
reg                         nfull;


//FIFO logic, read side, only signals in read domain allows here
wire    rd_allow  = (rd && nempty);
assign  rcnt      = (wpt_bin_sync1 - rpt_bin);
always @(posedge rd_clk or negedge rst_r_n) begin
    if(~rst_r_n)
        nempty          <=  1'b0;
    else
        nempty          <=  !((rpt_bin == wpt_bin_sync1) ||
                            (rd_allow&&(rpt_bin_plus1 == wpt_bin_sync1)));
end

always @(posedge rd_clk or negedge rst_r_n) begin
    if(~rst_r_n) begin
```

```
              rpt_bin_plus1   <=   1;
              rpt_bin         <=   0;
              rpt_gray        <=   0;
        end else if(rd_allow) begin
              rpt_bin_plus1   <=   rpt_bin_plus1 + 1;
              rpt_bin         <=   rpt_bin_plus1;
              rpt_gray        <=   bin2gray(rpt_bin_plus1);
        end
    end


    /* Prefetch logic for write - through FIFO */
    assign   mem_ra  = rd_allow ? rpt_bin_plus1[awidth-1:0] : rpt_bin[awidth-1:0];
    assign   mem_rd  = rd_allow? (rpt_bin_plus1 != wpt_bin_sync1) : (rpt_bin != wpt_bin_
sync1);
    assign   rdata       = mem_q;


    // FIFO logic, write side, only signals in write domain allows here
    wire       wr_allow = (wr && nfull);
    assign   wcnt      = (wpt_bin - rpt_bin_sync1);
    always @(posedge wr_clk or negedge rst_w_n) begin
        if(~rst_w_n)
            nfull <=   1'b1;
        else
            nfull <=  !(((wpt_bin ^ rpt_bin_sync1) == {1'b1, {awidth{1'b0}}}) ||
                       (wr_allow && ((wpt_bin_plus1 ^ rpt_bin_sync1) ==
                       {1'b1, {awidth{1'b0}}}))));
    end


    always @(posedge wr_clk or negedge rst_w_n) begin
        if(~rst_w_n) begin
            wpt_bin_plus1   <=   1;
            wpt_bin         <=   0;
            wpt_gray        <=   0;
        end else if(wr_allow) begin
            wpt_bin_plus1   <=   wpt_bin_plus1 + 1;
            wpt_bin         <=   wpt_bin_plus1;
            wpt_gray        <=   bin2gray(wpt_bin_plus1);
        end
    end

    assign   mem_wa     = wpt_bin[awidth-1:0];
    assign                  mem_wr    = wr_allow;
    assign                  mem_d     = wdata;



    // FIFO logic, synchronization of pointers
    always @(posedge rd_clk or negedge rst_r_n) begin
        if(~rst_r_n) begin
            wpt_gray_sync   <=   0;
            wpt_gray_sync1  <=   0;
        end else begin
```

```
                wpt_gray_sync   <=   wpt_gray;
                wpt_gray_sync1  <=   wpt_gray_sync;
            end
        end

    always @(posedge clk_w or negedge rst_w_n) begin
        if(~rst_w_n) begin
            rpt_gray_sync   <=   0;
            rpt_gray_sync1  <=   0;
        end else begin
            rpt_gray_sync   <=   rpt_gray;
            rpt_gray_sync1  <=   rpt_gray_sync;
        end
    end
endmodule
```

## 第 7 章

FPGA 的时序约束与时序分析

时序是 ASIC 和 FPGA 实现的关键问题,在设计之初,需要定义时序约束文件,综合和实现阶段将在时序约束的驱动下,进行逻辑和布局布线的优化。并通过 FPGA 时序分析来判断系统是否满足时序约束要求。

7.1 静态时序分析

分析电路的时序,有时序仿真和静态时序分析两种方式。

在 4.7 节中我们介绍了时序仿真。时序仿真是在给定的时钟频率下,对综合后的电路或实现后的电路进行仿真,验证其功能是否正确。时序仿真在门级进行,并且考虑了线的时延,所以耗时长,尤其是对于大规模电路系统,仿真时间很长。由于时序仿真是在特定的激励下进行的,所以通过时序仿真只能检查在特定激励下设计的正确性,而无法保证能穷举所有的测试情况,因此该方法有一定的局限性。

静态时序分析采用数学方法,计算系统中每条路径的时延,分析每个触发器的建立时间和保持时间,所以能够保证电路中每个触发器在时钟有效沿都能够正确采样输入信号。静态时序分析无须编写测试向量,耗时短,已成为芯片和 FPGA 时序分析的主要手段。

7.2 DFF 时序参数

为了理解电路的时序,有必要从触发器的内部结构入手,了解触发器的动态特性。下面以图 7.1 中的边沿触发 D 触发器为例,说明其建立时间、保持时间、传输延迟时间等描述触发器动态特性的参数(假设所有门电路的传输延迟时间均为 t_d,实际上每个门的传输延迟时间是各不相同的)。

建立时间(setup time)t_{su} 是指输入信号应当先于时钟信号 CLK 动作有效沿到达的时间。如图 7.1 所示,为了保证触发器可靠地翻转,在 C 和 C′ 状态改变前(即 CLK 有效沿到来前)Q_1 的状态必须稳定地建立起来,使 $Q_1 = D$。由于加到 D 端的输入信号需要经过传输门 TG_1 和反向器 G_1 和 G_2 的传输延迟时间到达 Q_1 端,而在 CLK 的上升沿到达后,只需经过反相器 G_5 的传输延时时间 C′ 的状态即开始改变,因此 D 端的输入信号必须先于 CLK 的上升沿至少 $2t_d$ 的时间到达,故 $t_{su} = 2t_d$。

保持时间(hold time)t_h 是指时钟信号动作有效沿到达后,输入信号仍然需要保持不变

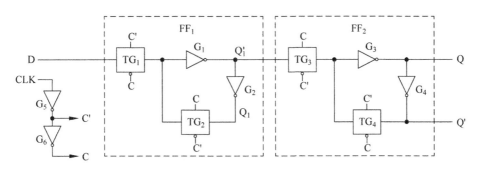

图 7.1　DFF 内部结构

的时间。如图 7.1 所示,在 C 和 C′改变状态使 TG_1 变为截止、TG_2 变为导通之前,D 端的输入信号应当保持不变。为此,至少在 CLK 上升沿到达后 $2t_d$ 的时间内输入信号应当保持不变,即保持时间应当为 $t_h = 2t_d$。

传输延迟时间(propagation delay time)t_{cq} 是指从 CLK 动作有效沿到触发器输出的新状态稳定建立所需要的时间。如图 7.1 所示,FF_2 输出端 Q 的新状态需要经过 C、C′、TG_3 和 G_3 的传输延迟后才能建立起来,所以输出端 Q 的传输延迟时间 $t_{cq} = 4t_d$。

最小传输延迟时间(contamination delay)$t_{cq,cd}$ 是指 CLK 动作有效沿到触发器输出的变化所需要的最小延迟时间。

边沿触发的 DFF 相关时序参数,如图 7.2 所示。

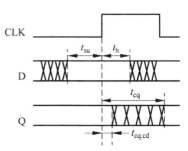

图 7.2　DFF 相关时序参数

7.3　时序分析与时序约束

7.3.1　时序分析模型

时序分析工具要计算电路中每条路径的时延,判断信号到达时序元件的时间,计算其建立和保持时间是否满足器件采样要求。静态时序分析模型如图 7.3 所示,其中 A、B、C 表示组合逻辑电路。

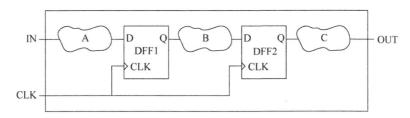

图 7.3　电路静态时序分析模型图

基本时序分析模型是单时钟域、单周期电路模型,其主要分析步骤如下:

(1) 找出所有通路(Path)。通路的起点可以是输入 Port 或者触发器/寄存器的时钟端口。路径的终点可以是输出端口或者时序元件的数据输入端。

（2）计算数据到达时间。计算每一条路径中连线（Net）时延和逻辑（Cell）时延的总和，得到信号通过该路径所需时间，即信号到达终点的时间。Cell 延时与制造工艺以及工作条件（电压、温度）、驱动情况、负载情况密切相关。Net 时延可以通过提取线路上的寄生电阻、电容等信息进行计算。

（3）计算时序裕量。数据到达时间计算出来后，与数据要求的到达时间比较，求得时间差（setup check、hold check），称为 Slack。Slack 为正，表示满足要求。Slack 为负，表示时序不满足。

电路的主要通路有三种类型，即寄存器到寄存器间的通路、输入端口到寄存器间的通路、寄存器到输出端口的通路。

7.3.2 寄存器与寄存器间时序约束

设定了电路工作的时钟频率，就约束了寄存器通路的时序关系。图 7.3 中 DFF1 到 DFF2 之间寄存器通路需满足建立时序约束和保持时序约束。

相关的主要变量有：

（1）t_{cq}：clk 到 q 间的最大延迟；

（2）$t_{cq,cd}$：clk 到 q 间的最小延迟；

（3）t_{logic}：组合逻辑间的最大延迟；

（4）$t_{logic,cd}$：组合逻辑间的最小延迟；

（5）t_{su}：触发器 setup 时间；

（6）t_h：触发器 hold 时间。

设电路的时钟周期为 T_{clk} 由图 7.4 可知，建立约束关系为：

$$T_{clk} > t_{cq} + t_{logic} + t_{su}$$

由图 7.5 可知，保持约束关系为：

$$t_{cq,cd} + t_{logic,cd} > t_h$$

从建立、保持约束关系可以看到，当电路的时钟频率确定后，通过优化 t_{logic}，降低组合逻辑时延，可以满足电路建立约束关系。当电路的保持约束关系无法满足时，通过插入缓冲器（buffer）的手段，可以增加 $t_{logic,cd}$，从而满足保持约束要求。

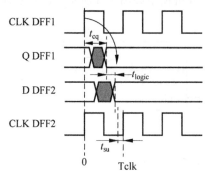

图 7.4　setup 时序关系图

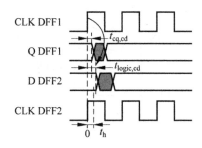

图 7.5　hold 时序关系图

7.3.3 输入接口时序约束

从输入端口到 FPGA 芯片内部寄存器的通路也是一种常见的通路。假设输入端口数据是由外部同一个时钟驱动的。

如图 7.6 所示,其中 A、M 分别表示与 IN 引脚相关的 FPGA 芯片内部、外部的组合逻辑电路。芯片外部的寄存器 DFF0 和芯片内部的寄存器 DFF1 之间需要满足一定的时序要求,其时序约束关系为:

$$T_{clk} > t_{cq} + t_M + t_A + t_{su}$$

设计时可通过 set_input_delay 约束命令,设定输入信号 IN 的时延值(即 $t_{cq} + t_M$ 的大小),从而间接约束内部组合逻辑的时延。

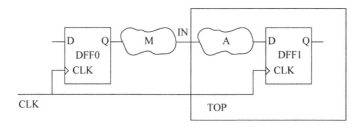

图 7.6　输入通路示意图

7.3.4 输出接口时序约束

从内部寄存器到输出端口也需要时序约束。假设输出信号被外部同一时钟域的寄存器采样。

如图 7.7 所示,其中 C、P 分别表示与 OUT 引脚相关的 FPGA 芯片内部、外部的组合逻辑电路。芯片内部的寄存器 DFF2 和芯片外部的寄存器 DFF3 之间需要满足一定的时序要求,其时序约束关系为:

$$T_{clk} > t_{cq} + t_C + t_P + t_{su}$$

设计时可通过 set_output_delay 约束命令,设定输出信号 OUT 的外部时延值(即 $t_{su} + t_P$),从而间接约束内部组合逻辑的时延。

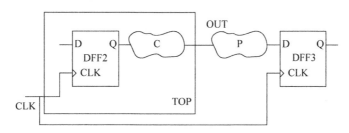

图 7.7　输出通路示意图

7.4 时序分析举例

本节仍以第 4 章 4 位全加器 fulladd4b 为例说明时序约束及分析。

7.4.1 约束文件(xdc、sdc)

在约束文件中,除了定义 FPGA 引脚位置、I/O 电平等物理约束外,还需要定义时序约束。

(1) 时钟定义命令 create_clock,命令格式及其主要命令选项如下:

```
create_clock – period < arg > [ – name < arg >] [ – waveform < args >] [ – verbose] [< objects >]
```

```
Name                Description
-----------------------------------------------------------------------
– period            时钟周期值
[ – name]           所定义的时钟名称
[ – waveform]       时钟沿的定义
[ – verbose]        在命令执行时,暂停信息长度限制
[< objects >]       列出时钟源端口、pin 或 net
```

【例 7.1】 时钟定义。

```
//定义一个周期是 10ns, 占空比为 50 % 的时钟 sys_clk,时钟的源端口为 clk
create_clock – period 10.000 – name sys_clk – waveform {0.000 5.000} – add [get_ports clk]
```

(2) set_input_delay 命令,命令格式及其主要命令选项如下:

```
set_input_delay [ – clock < args >] [ – clock_fall] [ – rise] [ – fall] [ – max] [ – min] [  add_
delay] [ – verbose] < delay > < objects >
```

```
    Name                Description
    -----------------------------------------------------------------------
    [ – clock]          指出 input_delay 相对应的时钟
    [ – clock_fall]     delay 相对于 clock 的下降沿
    [ – rise]           设定信号上升时的 delay 值
    [ – fall]           设定信号下降时的 delay 值
    [ – max]            设定最大 delay 值
    [ – min]            设定最小 delay 值
    [ – add_delay]      在保留现有 delay 定义的基础上定义 delay
    [ – verbose]        在命令执行时,暂停信息长度限制
    < delay >           设定输入的 delay 值
    < objects >         列出输入端口
```

【例 7.2】 输入延迟约束举例。

```
//定义 4 位全加器的,输入端口 a、b、cin、rst 的输入延迟均为 2
set_input_delay – clock sys_clk 2 [get_ports a]
set_input_delay – clock sys_clk 2 [get_ports b]
set_input_delay – clock sys_clk 2 [get_ports cin]
set_input_delay – clock sys_clk 2 [get_ports rst]
```

(3) set_output_delay 命令,命令格式及其主要命令选项如下:

```
set_output_delay [ – clock < args >] [ – clock_fall] [ – rise] [ – fall] [ – max] [ – min] [ – add_
```

delay] [– verbose] < delay > < objects >

```
Name                Description
--------------------------------------------------------------------
[ – clock]          指出 output_delay 相对应的时钟
[ – clock_fall]     delay 相对于 clock 的下降沿
[ – rise]           设定信号上升时的 delay 值
[ – fall]           设定信号下降时的 delay 值
[ – max]            设定最大 delay 值
[ – min]            设定最小 delay 值
[ – add_delay]      在保留现有 delay 定义的基础上定义 delay
[ – verbose]        命令执行时,暂停信息长度限制
< delay >           设定输出 delay 值
< objects >         列出输出端口
```

【例 7.3】 输出延迟约束举例。

```
//定义 4 位全加器的输出端口 sum、cout 的输出延迟均为 1
set_output_delay – clock sys_clk 1 [get_ports sum]
set_output_delay – clock sys_clk 1 [get_ports cout]
```

7.4.2　约束检查(check_timing)

在对电路进行综合或实现后,有必要先用 check_timing 检查时序约束文件存在的问题。如图 7.8 所示,打开一个综合完成的设计,即可直接在 Tcl Console 的对话框中直接输

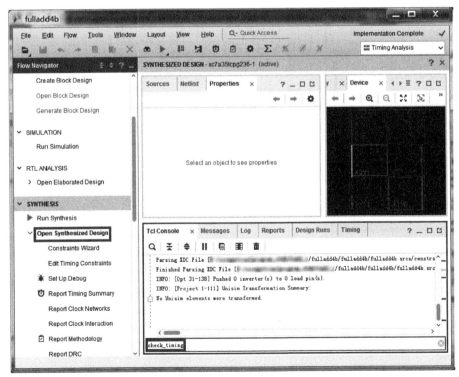

图 7.8　输入 check_timing 命令

入 check_timing 或 check_timing　-verbose。图 7.9 为 check_timing 报告的界面,该命令将进行 12 种类型的检查,见表 7.1。如果发现有对应的约束问题,需要对约束文件进行针对性的修改。

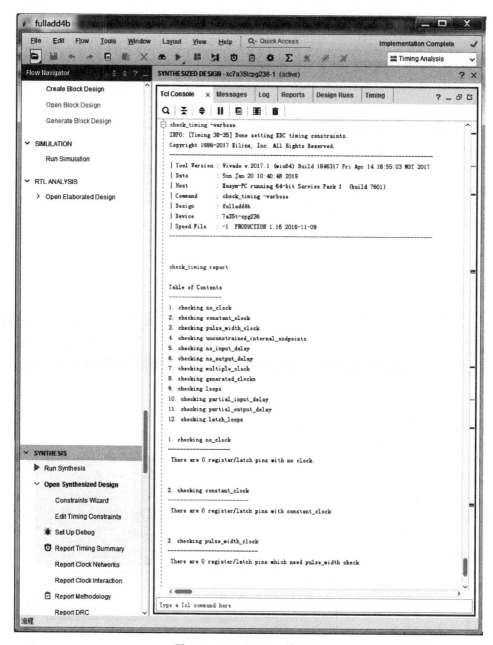

图 7.9　check_timing 检查项

表 7.1　check_timing 命令检查类型

检查类型	检查项说明
checking no_clock	检查是否有没有被时钟驱动的寄存器
checking constant_clock	检查时钟是否连接到常值信号如 vdd、vss、data

续表

检 查 类 型	检 查 项 说 明
checking pulse_width_clock	检查时钟 pulse_width
checking unconstrained_internal_endpoints	检查是否存在寄存器的 data pin 没有被约束
checking no_input_delay	检查是否存在没有设置 input_delay 的端口
checking no_output_delay	检查是否存在没有设置 output_delay 的端口
checking multiple_clock	是否有多个时钟到达一个寄存器的 clock pin
checking generated_clocks	检查是否用 generated_clock 为时钟源
checking loops	检查设计中是否存在组合环路
checking partial_input_delay	是否存在 input_delay 仅设了 max 或 min 选项
checking partial_output_delay	是否存在 output_delay 仅设了 max 或 min 选项
checking latch_loops	检查设计中是否存在包含 latch 的组合环路

7.4.3　时序分析

通过时序分析检查电路综合或实现完成后是否满足时序约束要求,是 FPGA 设计的重要环节。可以分析时序摘要信息,也可以详细分析具体通路时序。

1. 时序摘要信息报告

report_timing_summary 命令用于全面地报告设计是否满足所有的时序要求。可以在 Flow Navigator 中单击 Report Timing Summary 或直接在 Tcl Console 中输入 report_timing_summary,如图 7.10 所示。

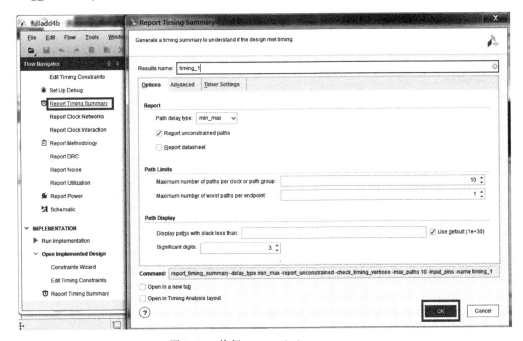

图 7.10　执行 report_timing_summary

具体报告内容包括:

（1）报告时序分析的设定条件,如使能多个工艺角分析（Enable Multi Corner

Analysis)、纠正悲观的分析(Enable Pessimism Removal)等。

（2）check_timing report，与 7.4.2 节中的 check_timing 报告相同。

（3）Design Timing Summary，报告是否所有的时序约束都被满足。

（4）Clock Summary，时钟总结报告。

（5）此外，Vivado 默认给出每个时钟域的最大时延通路(Max Delay Paths，setup 检查中进行)、最小时延通路(Min Delay Paths，hold 检查中进行)、脉冲宽度(Pulse Width，PW)分析。每种情况分析一条最坏的通路(Worst Path)。

从图 7.11 的报告中可以看到 check timing(0)，它表示约束文件通过了 check timing 的检查。Setup 检查对应的最大时延通路的 Slack 为 +3.066ns，满足时序要求。Total Negative Slack(TNS)表示全部不满足时序要求的通路 Slack 的总和，这里由于所有通路的 setup 均满足要求，所以 TNS = 0.000ns。

类似地可以看到 Hold、Pulse Width 检查均满足要求。

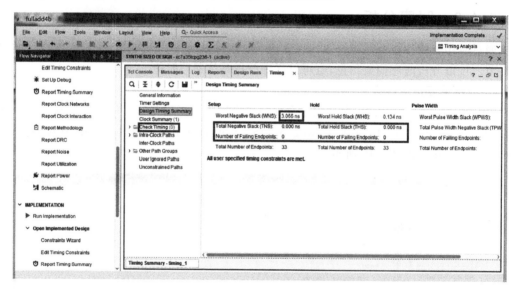

图 7.11   check_timing 报告

2. 详细通路时序分析

如果希望对具体通路时序进行详细分析，可单击 WNS 旁的时间值。如图 7.12 所示，显示了 10 条时延最长的通路，选中需要分析的通路，并单击 Schematic。

在图 7.13 原理图中显示出所分析路径的详细情况。

单击 Path Properties 得到对应路径时延的详细分析，包括 Summary(该路径的分析概要)、Source Clock Path 和 Data Path(通过这两个部分详细分析 Arrival time)以及 Destination Clock Path(计算 Required time)，见图 7.14。该通路从 sum_reg[31]/C 开始，末端点是 sum[1]。Source Clock Path 时延是从时钟源起点到达 sum_reg[3]的 clk pin 的时延，Data Path 时延则是从 sum_reg[3]/Q 开始到达通路末端点即输出端口 sum[3]的时延。最终因为 required time−arrival time ＞ 0，slack 为正，表示该通路满足电路时序要求。

图 7.12 结合原理图分析 report_timing_summary 报告的 Max Delay Paths

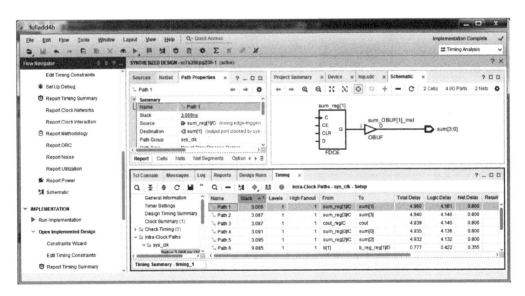

图 7.13 report_timing_summary 报告中的 Max Delay Paths

图 7.14 时延详细分析

## 第 8 章

Zynq SoC 嵌入式系统设计

当前嵌入式应用发展迅猛,单一的 ASIC、处理器或 FPGA 常常无法满足应用的需求。Xilinx 推出的 Zynq-7000 系列 SoC 将 ARM CPU 核与可编程逻辑紧密集成到一起,有效提升了嵌入式系统的开发效率和性能。Zynq 器件具有高性能、高灵活性、低功耗的特点,代表了新一代嵌入式处理器的发展方向。本章将介绍 Zynq SoC 的基本结构、Zynq 开发过程的各个环节以及一个基于 Zynq 的应用实例。

8.1 Zynq 结构

8.1.1 Zynq 结构概述

Zynq-7000 系列器件的内部结构可分为 PS 和 PL 两个部分,如图 8.1 所示。PS 即 Processing System 的缩写,包括了应用处理器单元(Application Process Unit,APU)和片上外设。PL 为 Programmable Logic 的缩写,其本质就是 FPGA。

这种 ARM+FPGA 体系结构将处理器的软件编程能力与 FPGA 的硬件可编程能力完美结合,与相互独立的 CPU 和 FPGA 器件组合而成的系统相比,Zynq 在许多方面具有显著的优势,主要体现在:

(1) 实现了 CPU 和 FPGA 之间的低时延,高数据通量的通信。

(2) 降低了电磁干扰(Electro-Magnetic Interference,EMI),提高了可靠性。

(3) 减少了器件使用数量,从而降低了 PCB 设计和制造的复杂度。

(4) 与非 SoC 系统相比,功耗更低。

8.1.2 APU

APU 位于 PS 中,内部结构如图 8.2 所示,主要包含了带有 NEON 协处理器的 ARM Cortex A9 双核处理器(7007S、7012S、7014S 为单核)、一致性侦测控制单元(Snoop Control Unit,SCU)和片上存储器等。型号不同,最高主频不同,7030 及以上的器件主频可达 1GHz。

每个 Cortex A9 处理器都含有一个高性能低功耗的处理器内核、32KB 的 L1 指令和数据高速缓存。处理器内核采用 ARM v7-A 架构,支持虚拟内存,可以执行 32 位 ARM 指令、16/32 位 Thumb 指令以及在 Jazelle 状态下的 8 位 Java 字节代码。NEON 协处理器的媒体和信号处理架构增加了针对音频、视频、图像和语音以及 3D 图形的指令。

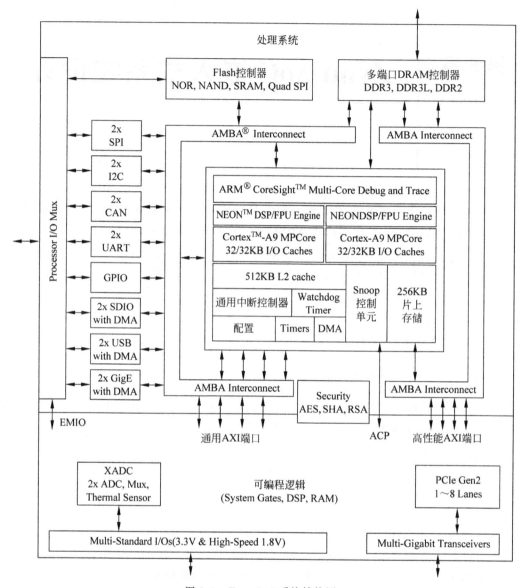

图 8.1　Zynq SoC 系统结构图

　　每个 Cortex A9 处理器都为 SCU 提供了 2 个 AXI 主接口,分别是 64 位指令接口与 64 位数据接口。根据地址和属性不同,处理任务被分配到片上内存(On Chip Memory, OCM)、L2 高速缓存、DDR 内存,或者通过 PS 与 PL 间的互连总线分配到 PL 端。SCU 用于保证两个处理器与 L2 缓存间数据的一致性。

　　加速器一致性端口(Accelelator Coherency Port,ACP)用于 PL 和 APU 之间的通信,它允许 PL 作为 AXI 主设备访问 APU 的高速缓存和内存系统。SCU 会检查 PL 通过 ACP 端口读取内存的信息是否已经存储到了 L1 高速缓存中,如果已经存在,数据将直接被返回,如果 L1 高速缓存未命中,仍有机会在 L2 高速缓存中命中。如果都没有命中,最终将读取主存储器中数据。对于写连续性的内存区域,SCU 在写入内存系统前会强制保持数据一致性。

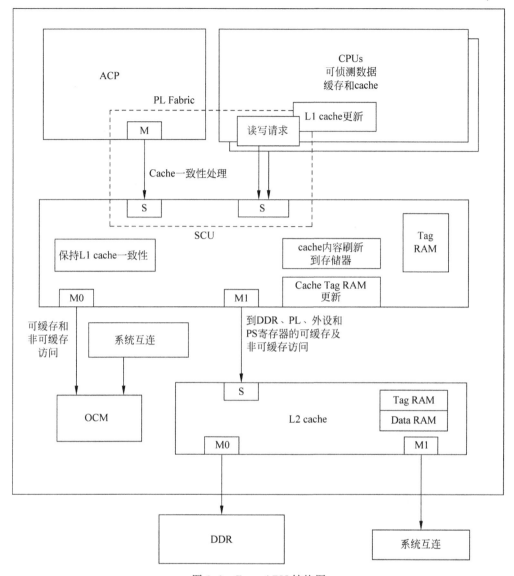

图 8.2 Zynq APU 结构图

L2 缓存采用 8 路组关联方式,容量为 512KB,所有通过 L2 缓存控制器的访问都能连接到 DDR 控制器,或被发送到 PS 内其他相关地址的从设备。与 L2 缓存并列,还提供了一个 256KB 的片上存储器,用作低延时的数据存储。

8.1.3 PL

PL 的实质就是 Xilinx FPGA,主要有两种架构:7020 及以下的型号为 Artix 架构,为最低的成本和功耗做了优化;7020 以上的为 Kintex 架构,为最大的性价比做了优化。第 1 章已经介绍了 FPGA 的结构,这里不再赘述。在使用 Zynq 的过程中,PL 可被看作一种特殊的"外设",既可以作为 PS 的一个从设备,受 ARM 处理器控制,用于扩展外设功能,也可以作为主设备负责并行和高数据通量任务的处理,主动访问 PS 中的存储器资源,而流程控制等串行任务则交给 APU 完成。与传统的 ARM 处理器芯片相比,ARM＋FPGA 的结构大大增强了系统的灵活性和扩展性。

8.1.4　片上外设

Zynq 芯片中有丰富的片上外设供开发者使用,包括:

(1) DDR 控制器,支持 DDR3、DDR3L、DDR2、LPDDR2;

(2) 8 通道 DMA;

(3) 可复用的 GPIO 接口;

(4) 两个 CAN 2.0B 控制器;

(5) 两个 SPI 控制器;

(6) 两个 UART 接口;

(7) 两个 I^2C 接口;

(8) 两个 USB2.0 接口,支持 OTG;

(9) 两个三模式吉比特以太网接口;

(10) 两个 SD/SDIO 接口;

(11) 两个 12 位 ADCs,支持最多 17 对差分输入;

(12) 多数型号配有 PCIE 接口。

篇幅所限,本章不对各个片上外设做更为详细的介绍。有兴趣的读者可以参考 Xilinx 官方手册 UG585。

8.2　系统互连

8.2.1　AXI4 总线协议

高性能处理器与 FPGA 之间的通信需要高效的互连总线结构,Zynq-7000 采用 AXI 总线实现了数据的低延迟、高吞吐量互连互通。

AXI 是 ARM AMBA 协议的一部分。1996 年,微控制器总线控制协议 AMBA 诞生,AXI 第一次出现则是在 2003 年的 AMBA3.0 版本中。之后的 AMBA4.0 中包含了 AXI 的第二个重要版本,即 AXI4(AXI4 是 AXI3 的升级,体现为最大进发长度(burst length)不同,去除 WID 等方面。限于篇幅这里仅介绍 AXI4)。

1. AXI4 协议

1) AXI 协议功能

AXI 协议基于 burst 传输机制,包含了 5 个不同的通道,分别是:

(1) 读地址通道(read address channel,AR);

(2) 写地址通道(write address channel,AW);

(3) 读数据通道(read data channel,R);

(4) 写数据通道(write data channel,W);

(5) 写响应通道(write response channel,B)。

这 5 个通道支持了主从设备间的数据双向同时传输,即全双工通信。数据读写过程如图 8.3 和图 8.4 所示。

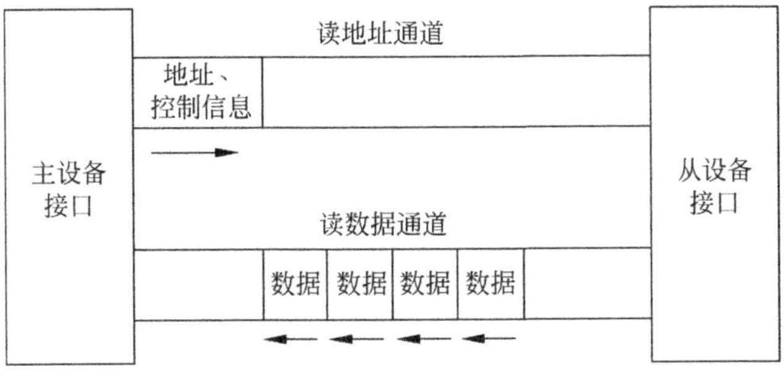

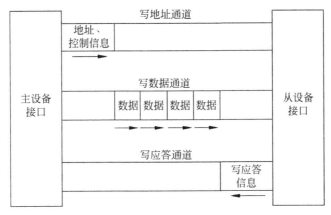

图 8.3　AXI 读数据过程示意图

图 8.4　AXI 写数据过程示意图

AXI 协议的主要特点有：总线的地址/控制通道和数据通道是分离的；支持不对齐的数据传输；在进发(burst)传输过程中，只需要首地址；独立的读、写数据通道；支持多个超前地址(outstanding addresses)；支持乱序传输(out-of-order transactions)；容易添加寄存器栈以满足时序收敛。

2）AXI 通道信号

表 8.1～表 8.5 分别列出了 AXI 写地址通道、写数据通道、写响应通道、读地址通道、读数据通道的信号及其描述。图 8.5、图 8.6 给出了 AXI 协议 burst 读写时序图。

表 8.1　写地址通道信号及描述

信 号 名 称	信号源	信 号 描 述
AWID[3:0]	主设备	写地址 ID,用于标记写地址信号组
AWADDR[31:0]	主设备	写地址,给出写进发传输的首地址
AWLEN[7:0]	主设备	进发长度,给出进发传输中数据的个数
AWSIZE[2:0]	主设备	进发大小,给出传输中每个数据的大小
AWBURST[1:0]	主设备	进发类型,用于确定进发传输中的地址计算
AWLOCK	主设备	Lock 信号,提供了关于原子访问的额外信息
AWCACHE[3:0]	主设备	缓存类型,提供可缓存的传输属性
AWPROT[2:0]	主设备	保护类型,用于传输的保护单元信息
AWVALID	主设备	写地址有效,表示写地址和控制信息有效,该信号将一直保持有效,直到响应信号 AWREADY 为高

信 号 名 称	信号源	信 号 描 述
AWREADY	从设备	写地址就绪,表示从设备准备接收写地址和相关的控制信号
AWQOS[3:0]	主设备	用于写传输地址通道的 QoS 标识符(可作为优先级标志)
AWREGION[3:0]	主设备	用于每个写地址通道的域标识符

表 8.2　写数据通道信号及描述

信 号 名 称	信号源	信 号 描 述
WDATA[31:0]	主设备	写数据
WSTRB[3:0]	主设备	写选通,用于表示写数据中的有效字节
WLAST	主设备	表示迸发传输中最后一个数据
WVALID	主设备	写有效,表示有效的写数据和选通信号的有效性
WREADY	从设备	写就绪,表示从设备接受写入的数据

表 8.3　写响应通道信号及描述

信 号 名 称	信号源	信 号 描 述
BID[3:0]	从设备	写响应 ID
BRESP[1:0]	从设备	写响应,表示写传输的状态
BVALID	从设备	写响应有效,表示写响应通道信号的有效性
BREADY	主设备	写响应就绪,表示主设备接收响应信息

表 8.4　读地址通道信号及描述

信 号 名 称	信号源	信 号 描 述
ARID[3:0]	主设备	读地址 ID,用于标记读地址信号组
ARADDR[31:0]	主设备	读地址,给出迸发传输的首地址
ARLEN[7:0]	主设备	迸发长度,给出迸发传输中数据的个数
ARSIZE[2:0]	主设备	迸发大小,给出传输中每个数据的大小
ARBURST[1:0]	主设备	迸发类型,用于确定迸发传输中的地址计算
ARLOCK	主设备	Lock 信号,提供了关于原子访问的额外信息
ARCACHE[3:0]	主设备	缓存类型,提供可缓存的传输属性
ARPROT[2:0]	主设备	保护类型,用于传输的保护单元信息
ARVALID	主设备	读地址有效,表示读地址和控制信息有效,该信号将一直保持有效,直到响应信号 ARREADY 为高
ARREADY	从设备	读地址就绪,表示从设备准备接收读地址和相关的控制信号
ARQOS[3:0]	主设备	用于读传输地址通道的 QoS 标识符(可作为优先级标志)
ARREGION[3:0]	主设备	用于每个读地址通道的域标识符

表 8.5　读数据通道信号及描述

信 号 名 称	信号源	信 号 描 述
RID[3:0]	从设备	读数据 ID,用于标记读数据信号组,RID 值需与相应的 ARID 值匹配
RDATA[31:0]	从设备	读数据

续表

信 号 名 称	信号源	信 号 描 述
RRESP[1:0]	从设备	读响应,表示读传输的状态
RLAST	从设备	表示迸发读的最后一个传输
RVALID	从设备	读有效,表示RDATA数据的有效性
RREADY	主设备	读就绪,表示主设备接收从设备发出的数据

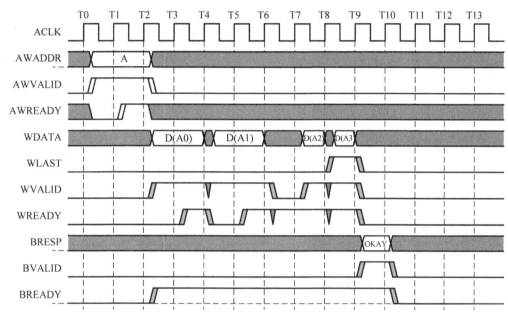

图 8.5　AXI迸发写时序图

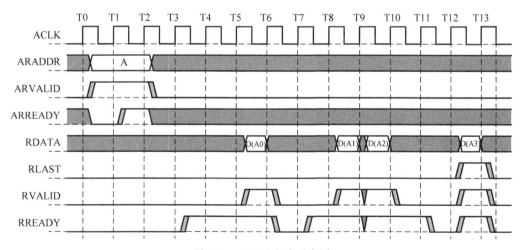

图 8.6　AXI迸发读时序图

2. AXI4_Lite 和 AXI4-Stream

1）AXI4_Lite

AXI4_Lite 是 AXI4 接口的子集,用于低吞吐率的内存映射通信,例如对状态寄存器或控制寄存器进行读写的操作。AXI4-Lite 接口信号如表 8.6 所示。

表 8.6　AXI4-Lite 接口信号

写地址通道	写数据通道	写响应通道	读地址通道	读数据通道
AWVAILD	WVALID	BVALID	ARVALID	RVALID
AWREADY	WREAY	BREADY	ARREADY	RREADY
AWADD	WDATA	BRESP	ARADDR	RDATA
AWPROT	WSTRB	-	ARPROT	RRESP

与标准的 AXI4 接口信号相比,AXI4-Lite 不支持 AXI ID、AXI LEN、AXI SIZE 等控制参数,因此基于 AXI4-Lite 的传输必须是顺序的,且 burst 传输长度只能为 1、数据位宽必须固定。通过 AXI4-Lite 访问的数据位宽和数据总线宽度相同(数据总线宽度为 32 位或 64 位),所有的访问都是不可修改和非缓存的。

2) AXI4-Stream

AXI4-Stream 接口用于一个或多个主从设备间交换数据,主设备产生数据、从设备接收数据。信号列表见表 8.7。与标准 AXI4 接口相比,AXI4-Stream 去掉了地址信号,允许无限制的数据进发传输规模。非常适用于高速流数据传输、视频处理等应用。

表 8.7　AXI4-Stream 信号列表

信 号 名 称	信号源	信 号 描 述
ACLK	时钟源	时钟信号,所有信号在 ACLK 上升沿采样
ARESETn	复位源	复位信号,低电平有效
TVALID	主设备	表明主设备正在驱动一个有效的传输,当 TVALID 和 TREADY 都有效后,传输完成
TREADY	从设备	TREADY 有效表明当前周期能接收一个传输
TDATA$[(8n-1):0]$	主设备	跨域接口的数据,数据宽度为整字节数
TSTRB$[(n-1):0]$	主设备	TSTRB 为字节修饰符,表明 TDATA 相关字节作为数据字节或是位置字节来处理
TKEEP$[(n-1):0]$	主设备	TKEEP 为字节修饰符,表明 TDATA 相关字节是否作为数据流的一部分来处理,未被 TKEEP 确认的字节可以从数据流中去除
TLAST	主设备	TLAST 表明包的边界
TID$[(i-1):0]$	主设备	数据流标识符,用来表明不同的数据流
TDEST$[(d-1):0]$	从设备	TDEST 为数据流提供路由信息
TUSER$[(u-1):0]$	主设备	用户定义的边带信息,可伴随数据流进行发送

8.2.2　Zynq 内部互连

1. AXI Interconnect

如图 8.7 所示,AXI Interconnect 的作用是将一个或多个 AXI 主设备通过交叉互连网络连接到一个或多个 AXI 从设备,因此可以起到拓展 AXI 接口数目的作用。在 AXI Interconnect 内部可以配置 Data FIFO 以实现数据缓冲,也可以进行时钟域切换、数据位宽转换等操作。

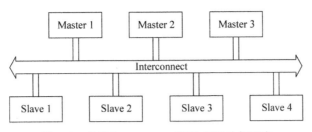

图 8.7　基于 Interconnect 实现 AXI 设备互连

AXI Interconnect 在应用中有三种模式，即 $N{\sim}1$、$1{\sim}N$、$N{\sim}M$ 模式。当多个 AXI 主设备访问同一个从设备（存储器控制器）时，AXI Interconnect 应配置为 $N{\sim}1$ 模式，如图 8.8 所示。

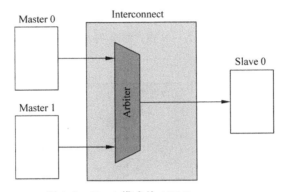

图 8.8　$N{\sim}1$ 模式的 AXI Interconnect

当一个主设备访问多个从设备，如处理器访问多个外设时，AXI Interconnect 应配置为 $1{\sim}N$ 模式，如图 8.9 所示。

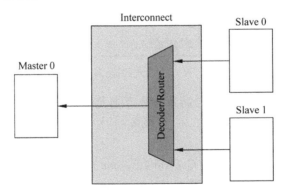

图 8.9　$1{\sim}N$ 模式的 AXI Interconnect

如果是多个主设备和多个从设备相连接，则应采用 N~M 模式，其读写地址通道、读写数据通道分别如图 8.10 和图 8.11 所示。多个 AXI 主设备发出的读或写地址分别连接到 AXI Interconnect 的读或写地址仲裁器，经仲裁将读或写地址发送给 AXI 从设备。读写数据通路则采用 Crossbar 结构，同时实现多个 AXI 主设备与不同的 AXI 从设备间交换数据。

2. PS 内部互连

PS 内部有处理器内核、Cache、DMA、各种外设、DDR 和 OCM 等部件，同时 PL 也需要

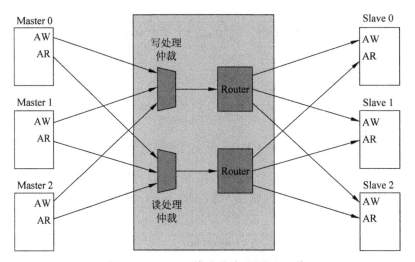

图 8.10 N～N 模式的读/写地址通道

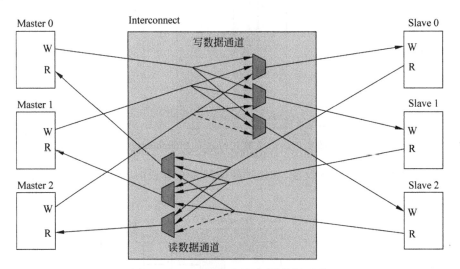

图 8.11 N～N 模式的读/写数据通道

访问 DDR 存储器、OCM。各部件的高效互连互通是保证 Zynq 嵌入式系统性能的关键。
Zynq 内部采用了多个 AXI(AMBA 3.0)总线阵列,构建了低延迟、高吞吐量的数据通路。
其连接如图 8.12 所示。

主要的互连总线包括中央互连(Central Interconnect)、主互连(Master Interconnect)、
从互连(Slave Interconnect)、存储器互连(Memory Interconnect)和 OCM 互连(OCM
Interconnect)。中央互连是 Zynq-7000 的核心互连总线,采用了 ARM NIC301 互连开关内
核。主互连实现中央互连和中低速设备如 M_AXI_GP 端口、I/O 外设和其他模块间的数据
交换(中央互连为 AXI 主设备)。从互连实现 S_AXI_GP 端口、设备配置接口(Device
Configuration,DevC)和调试接口(Debug Access Port,DAP)等中低速设备和中央互连间
的数据交换(中央互连为 AXI 从设备)。存储器互连实现 AXI_HP 端口、DDR DRAM 和片
上 RAM(OCM)间的高速数据交换。OCM 互连用于切换来自中央互连和存储器互连的高
速数据。

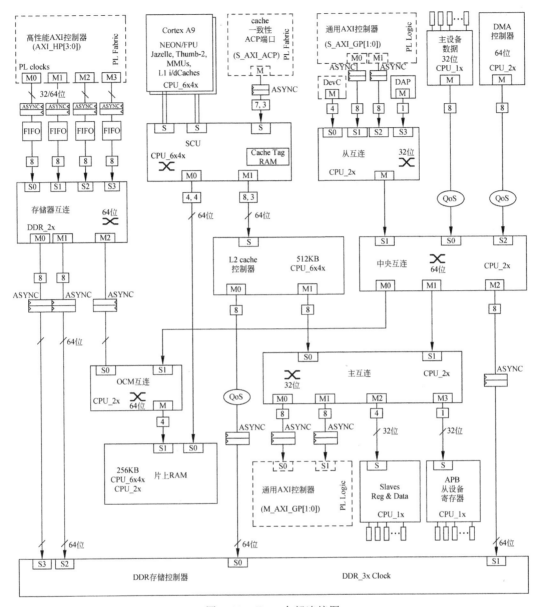

图 8.12 Zynq 内部连接图

表 8.8 列出了 PS 内部互连的理论带宽。

表 8.8 PS 内部互连性能比较

互连	时钟域	接口宽度/位	接口时钟 /MHz	读带宽 /(MB·s⁻¹)	写带宽 /(MB·s⁻¹)	读写双向带宽 /(MB·s⁻¹)
中央互连	CPU_2x	64	222	1776	1766	3522
主互连	CPU_2x	32	222	888	888	1766
从互连	CPU_2x	32	222	888	888	1766
存储器互连	DDR_2x	64	355	2840	2840	5680
OCM 互连	CPU_2x	64	222	1776	1766	3522

3. GP/HP/ACP 接口

如图 8.12 所示,Zynq 的 PS 和 PL 间有 9 个 AXI 接口,分为三种类型:GP、HP 和 ACP。

(1) AXI_GP 类接口包括两个从接口 SGP0、SGP1(即通过 SGP 连接 PL 和 PS,PL 是主设备)和两个主接口 MGP0、MGP1。GP 类接口是通用接口,虽然对连接的要求不高但性能也同样不高,可用于传感器数据采集,电机控制等中等数据吞吐量的任务。

(2) AXI_HP 类接口包括 4 个接口,全部是从接口(PL 是主设备)。HP 类接口性能高,一般用于 PL 与 DDR 的高速数据交互,数据搬移一般可由 PL 内的 DMA 完成。每个 HP 接口都有两个 FIFO,分别为读缓冲和写缓冲。

(3) AXI_ACP 接口只有一个,与 HP 和 GP 接口不同的是,ACP 接口直接连接到 APU 的一致性侦测控制单元 SCU 上,通过 ACP 接口可以直接访问到 APU 的缓存 cache,直接向 cache 中存取数据,因此时延很低。而数据的一致性则由一致性侦测控制单元来保证。

三类接口理论上的性能参数比较见表 8.9。

表 8.9 AXI 接口性能参数比较

接口	类型	接口宽度/位	时钟频率/MHz	读带宽/(MB·s⁻¹)	写带宽/(MB·s⁻¹)	读写双向带宽/(MB·s⁻¹)	接口数量
GP	主/从接口	32	150	600	600	1200	2/2
HP	从接口	64	150	1200	1200	2400	4
ACP	从接口	64	150	1200	1200	2400	1

8.3 基于 Zynq 平台的嵌入式系统设计

8.3.1 基于 Zynq 平台的嵌入式系统开发流程

第 4 章介绍了从 RTL 文件到比特流文件的 FPGA 完整开发流程,而 Zynq-7000 SoC 平台则是完整的软硬件复合系统,相应的嵌入式系统开发流程则包括硬件、软件两部分。

如图 8.13 所示,Zynq 嵌入式系统的硬件设计输入包括:RTL 设计输入、HLS 设计输入、基于模型的设计输入和来自 Xilinx 或第三方的 IP 输入。不同的设计输入首先按照 IP-XACT 协议打包成标准化的 IP,然后在 IP 集成平台中将这些 IP 集成,构成基于 AMBA AXI4 的硬件系统。硬件系统的仿真、约束、综合、实现和生成比特流文件过程与第 2 章的开发过程一致。

完成硬件平台设计后,将硬件配置文件导入 SDK 开发环境中,就可以进行软件的编程和调试,也可以进行软硬件的联合调试。

8.3.2 系统设计输入

如图 8.13 所示,基于 Zynq 的开发流程中有数种设计输入,较低层次的为 RTL 设计输入,较高层次的包括 HLS 设计输入、基于模型的设计输入和来自 Xilinx 或第三方的 IP 输入。

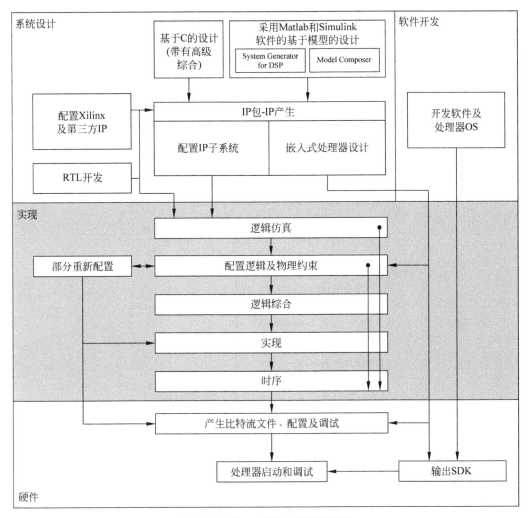

图 8.13 Zynq FPGA 开发流程图

1. RTL 设计

VHDL、Verilog HDL 等硬件描述语言是专门用于描述数字电路的结构和功能的编程语言。硬件描述语言设计的 RTL 级电路,可令设计者最大限度地控制实现电路的功能。在时序要求和硬件资源限制较为严苛的条件下,使用硬件描述语言进行设计往往是最好的选择。当然,控制性高的代价是过高的设计复杂性。一个功能完善的 RTL 设计往往需要有经验的工程师进行大量的优化和测试,因此开发周期和成本也较高。

2. HLS 设计

HLS(High Level Synthesis)意为"高层次综合",指将行为级、系统级等高层次的电路描述转化成 RTL 级别的描述。在硬件设计要求越来越高的背景下,开发者需要一种比 RTL 设计更为快速的设计方法,满足一些产品快速迭代的需求。Vivado HLS 提供了将 C、C++、System C 等语言转换成 Verilog、VHDL 的编译器和与之相配套的仿真、验证工具,使得开发者能够使用这些高级语言进行 FPGA 设计。图 8.14 列出了采用 FPGA 与不同平台间开发时间、性能的对比,采用 FPGA 性能优于通用处理器(x86、DSP、GPU),代价是开发周期长。图 8.15 则列出了采用 HLS 后 FPGA 与不同平台间开发时间、性能的对比,采用 HLS 进行 FPGA 开发实现高性能的同时,大大缩短了开发时间。

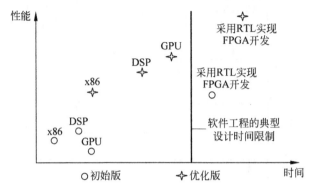

图 8.14　不同平台的开发时间与性能关系

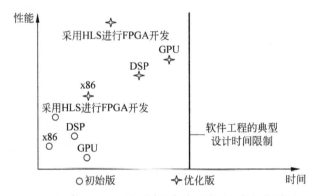

图 8.15　使用 HLS 后不同平台的开发时间与性能关系

3. 基于模型的设计

对于习惯使用 Matlab 进行算法开发的工程师而言,System Generator 和 Model Composer 可帮助他们在没有 RTL 设计经验的情况下,也能将基于模型的系统设计或模块设计映射到 FPGA 上。System Generator 和 Model Composer 与 HLS 相似,能基于 Matlab 函数或 Simulink 模型等高层次模型来产生可综合的底层 VHDL 或 Verilog 代码,并配有相应的仿真工具。算法研究者可以专注于开发算法,而不必涉及错综复杂的 RTL 设计。

System Generator 是针对 DSP 的设计工具,设计者需要使用 Xilinx 提供的 DSP 模块集(Xilinx DSP Blockset)进行数字信号处理系统的设计。该模块集中有超过 90 种 DSP 系统的基本组成单元,包括加法器、乘法器、寄存器等较为简单的模块,也包括快速傅里叶变换、滤波器等颇为复杂的模块。

Model Composer 是基于模型的设计工具,设计者可以在 Simulink 的环境下对系统级设计进行图形交互式的建模、仿真、分析和验证。用户可以使用 Model Composer 标准库中的模块,也可使用自己导入的模块。它还支持使用 C/C++ 构建用户自定义模块。

虽然 System Generator 和 Model Composer 可以使用已有的 Matlab/Simulink 模型,做很少的设计修改,就能快速地创建 IP,但还是有一些不利之处,如并非所有的都支持 RTL 代码的生成,此外尽管 Matlab 提供了大量硬件实现的定制化和优化手段,自动生成的 RTL

代码仍有可能不如手工编写的高效,还可能过于复杂,设计者难以阅读和修改。

关于 System Generator 和 Model Composer 的更多信息,读者可参阅 Xilinx 手册 ug897 和 ug1262。

4. Xilinx 或第三方 IP

IP 在 FPGA 开发和 ASIC 设计中有十分重要的作用。设计可以通过 IP 授权的方式进行复用,从而大大减少设计复杂度,缩短开发时间。Vivado IP 集成平台中内置了多种 Xilinx IP,它们可以帮助用户高效地实现诸如时钟管理、中断处理、PS 配置等功能。第三方 IP 可用于实现某些特殊算法。

8.3.3　HLS 设计

8.3.2 节简要地介绍了 HLS 及其开发的高效性。使用 HLS 进行 FPGA 开发有以下优势:

(1) 设计者可在 C 语言的抽象层级进行算法开发,无须考虑硬件设计的细节,从而大大节省算法开发的时间。

(2) 设计者可在 C 语言的抽象层级进行设计验证,与使用 RTL 描述相比,能够更快地验证系统功能的正确性。

(3) 由于高级语言的开发速度更快,使设计者在有限的开发时间内探索完整的设计空间,进而找出最佳解决方案成为可能。

(4) C 语言代码的可读性更好。在可移植性方面,设计者只需在编译时选择不同的目标器件,便可以方便地生成针对特定器件的 RTL 代码。

本节将具体地介绍关于 HLS 开发的知识,希望帮助读者掌握这一高效开发的工具。

1. HLS 开发流程

HLS 的开发流程如图 8.16 所示。HLS 的设计输入包括:

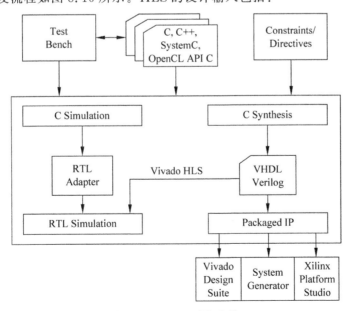

图 8.16　HLS 开发流程

（1）函数。可以由 C、C++ 或 SystemC 编写，允许函数嵌套。

（2）约束。包括针对时钟周期、时钟不稳定性和目标器件的约束。

（3）指令。用于控制综合过程，从而使编译器按照设计者的要求生成有着特定功能或特殊优化的 RTL 代码。

（4）C test bench 和相关文件。用 C 语言编写的 test bench 用于综合之前的 C 仿真，以验证函数的功能正确性，也可用于 C 综合后的 C/RTL 联合仿真。

HLS 的输出包括：

（1）最终生成的 RTL 代码文件。这些文件会被打包成 IP 的形式，供之后的开发环节使用。这是 HLS 最重要的输出。最新版本的 HLS 支持 VHDL（IEEE 1076-2000）和 Verilog（IEEE 1364-2001）两种格式的 RTL 输出。

（2）报告文档。在 C 仿真、C 综合、C/RTL 联合仿真和 IP 生成中的任何一步完成后都会生成一个相关的报告。设计者可以通过这些报告获知是否有错误、错误的可能原因、是否有进一步的优化空间等信息。

Vivado HLS 是基于工程（project）的。一个 HLS 工程包含一系列的 C 代码和多个解决方案。每个解决方案都有不同的约束和优化指令，你可以分析和比较每个解决方案的结果，从而选择较优的方案。HLS 的开发流程如下：

（1）建立一个工程和一个最初的解决方案。

（2）使用 C 语言等高级语言，编写待实现为硬件的代码、设计约束和对应的 C test bench 等输入文件。

（3）运行 C 仿真，验证算法功能上的正确性。如有错误可以使用 C 语言的调试器进行调试。

（4）仿真结果无误后，运行 C 综合，HLS 编译器将待实现为硬件的 C 代码转换成 RTL 代码，并根据优化指令优化生成结果。

（5）综合完成后，分析生成结果。运行 C/RTL 联合仿真可以帮助分析。分析完成后，可以建立一个新的解决方案，并且再次综合。重复这一过程，更改约束和优化指令，直到获得理想的 RTL 实现。

（6）最后将生成的 RTL 文件打包成 IP。

2. 高层次综合过程

HLS 的综合过程大致可分为两个阶段。第一阶段进行设计划分（Scheduling）。这一阶段要决定在一个时钟周期内进行哪些操作，也就是进行时钟周期的分配。时钟频率、指令长度和优化指令都是影响最后划分结果的因素。第二阶段进行绑定（Binding）。即为第一阶段划分好的操作分配硬件资源。最后还要将代码中包含的控制逻辑提取出来。HLS 会据此在 RTL 代码中生成一个有限状态机。划分和绑定如图 8.17 所示。

【例 8.1】 划分与绑定示例。

```
int foo(char x, char a, char b, char c) {
    char y;
    y = x * a + b + c;
    return y;
}
```

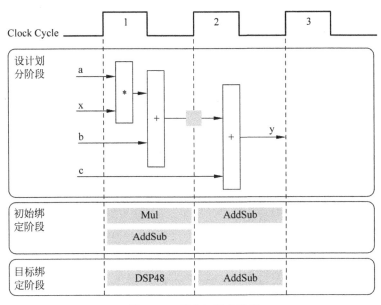

图 8.17 划分与绑定示例

3. 优化指令

为了使编译器生成的 RTL 代码符合性能要求,必须使用一些优化指令,在 HLS 中表现为以♯pragma 开头的一系列预编译指令。衡量性能的指标有:

(1) 面积(Area)。体现了设计占用资源的多少。

(2) 延迟(Latency)。一个函数或模块完成所有的数据输出所用的时钟周期。

(3) 起始间隔(Initiation interval,II)。一个函数或模块在能够接收新数据输入之前,有一段空时间,对应的时钟周期数称为起始间隔。

(4) 循环起始延迟(Loop initiation latency)。循环体执行一次所用的时钟周期数。

(5) 循环起始间隔(Loop initiation interval)。循环体执行一次结束到下一次执行开始之间的时间对应的时钟周期数。

(6) 循环延迟(Loop latency)。将一个循环全部执行完成所需的时钟周期数。

下面是一些常用的 HLS 优化指令。

1) array_partition 数组分割

该指令将一个数组分割成几个更小的数组或者是独立的元素。分割的结果使得 RTL 实现中出现多个小内存块或是多个独立寄存器,而不是一块整体的内存。由于每一个小内存块或者寄存器都可以独立地被访问,这就大大增加了存储读写接口的数量,进而潜在地提高了设计的吞吐率。指令格式为:

♯ pragma HLS array_partition variable = < name > < type > factor = < int > dim = < int >

其中,指令各项含义如下:

(1) variable=< name >:必需参数,指明哪个数组被分割。

(2) < type >:可选参数,指明分割类型,默认为 complete 完全分割。可选参数有:block:顺序分割;cyclic:循环分割;compete:完全分割。即将数组分割为一系列独立寄存器的集合。三种分割方式的区别如图 8.18 所示。array1～array3 都是元素数为 N 的一维数组。array1 以顺序分割的方式分为两个小数组；array2 以循环分割的方式分割为两个小数组；array3 以完全分割的方式分为 N 个独立元素。

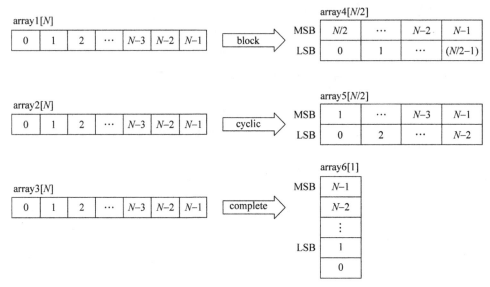

图 8.18 三种数组分割方式

（3）factor＝＜int＞：指明分割成几个小数组。

（4）dim＝＜int＞：指明一个多维数组的第几维被分割。int＝0～N，N 是数组维度。int＝0，所有维度都被分割，不为 0 的值，只分割指定维度。

【例 8.2】 数组分割指令举例。

```
int AB[6][4]
# pragma HLS array_partition variable = AB block factor = 2 dim = 2
```

该指令将一个二维数组 AB[6][4]在第二维进行顺序分割，分割成为两个大小为 [6][2]的数组。

2）interface 指定数据接口

该指令用于指定如何从 C 代码中创建 IP 核与外界相连的硬件 I/O 接口。在这里我们称能够被综合为 I/O 接口的 C 代码部件为"端口"，端口包括函数参数、返回值和全局变量。为了便于 I/O 接口的使用，常常会为其指定一个接口协议。在 HLS 中最常用的是 AXI4 协议。

指令格式：

```
# pragma HLS interface < mode > port = < name > bundle = < string > \
register register_mode = < mode > depth = < int > offset = < string > \
clock = < string > name = < string > \
num_read_outstanding = < int > num_write_outstanding = < int > \
max_read_burst_length = < int > max_write_burst_length = < int >
```

其中，指令各项含义如下。

（1）＜mode＞：为端口指明接口协议类型或模块级接口协议。选项包括：ap_none、ap_stable、ap_vld、ap_ack、ap_hs、ap_ovld、ap_fifo、ap_bus、ap_memory、bram、axis、s_axilite、m_axi、ap_ctrl_none、ap_ctrl_hs、ap_ctrl_chain 等。其中与 AXI 协议相关的选项包括 axis：将所有端口实现为一个 AXI4-Stream 数据流型接口；s_axilite：将所有的端口实现为一个 AXI4_Lite 型接口；m_axi：将所有端口实现为一个 AXI4 接口，可以使用 config_interface 指令来将接口地址配置成 32 位或 64 位，如果使用了 AXI4 相关接口指令，在 HLS 生成 IP 时会附带生成相应的 AXI4 接口 C 驱动程序，方便用户在软件设计阶段调用生成的 IP。

（2）port＝＜name＞：指明被综合为接口的端口名称，可能是函数参数名、函数返回值名或者全局变量名。

（3）bundle＝＜string＞：将一组函数参数综合成一个 AXI4 接口。默认情况下，HLS 将按类型综合，将相同类型的端口综合成为一个接口，例如将所有指定为 m_axi 的端口综合成一个 AXI4 接口，将所有指定为 s_axilite 的端口综合成一个 AXI4_Lite 接口。在使用了 bundle＝＜string＞的情况下，所有＜string＞字段相同的端口会被显式地综合为一个接口。

（4）register：可选参数。为相关的接口生成寄存器。该指令对 ap_none、ap_ack、ap_vld、ap_ovld、ap_hs、ap_stable、axis 和 s_axilite 类型的接口有效。

（5）offset＝＜string＞：控制 AXI4_Lite(s_axilite)和 AXI4(m_axi)类型接口的地址偏移量。对于 AXI4_Lite 接口，＜string＞字段指明接口寄存器的内存映射地址。对于 AXI4 接口，＜string＞字段可以是以下值：direct，产生一个标量输入的含地址偏移的接口；slave，产生一个有地址偏移的接口，并自动将其映射为一个 AXI4-Lite 从设备接口；off，不使能地址偏移。

【例 8.3】　接口指令举例。

```
void example( int A[50], int B[50]) {
    # pragma HLS INTERFACE axis port = A
    # pragma HLS INTERFACE axis port = B
    int i;
    for( i = 0; i < 50; i++){
        B[i] = A[i] + 5;
    }
}
```

在例 8.3 中，两个参数数组 A 和 B 都被综合为 AXI4-Stream 类型的接口。

3）pipeline 流水线化

该指令用于将其所在层次及以内层次的操作流水线化，从而提高计算的并行度和数据的吞吐率。指令格式：

pragma HLS pipeline II = ＜int＞ enable_flush rewind

其中，指令各项含义如下：

（1）II＝＜int＞：为流水线化的函数或循环指定初始化间隔。HLS 会尽可能地达到这一指标，由于数据相关性的影响，实际的 II 可能大于该值，默认的 II 为 1。

（2）enable_flush：可选参数（关键字）。用于产生一个流水线，当它的输入有效数据变为非活动状态时可以刷新并清空。

（3）rewind：可选关键字。使流水线化循环的两次循环迭代之间没有时间间隔。

【**例 8.4**】 流水线化指令举例。

```
#pragma HLS pipeline
y = (a * x) + b + c;
```

图 8.19 采用非流水实现方式，图 8.20 采用三级流水方式，显然后者数据吞吐率较高。

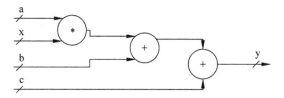

图 8.19 非流水的实现方式

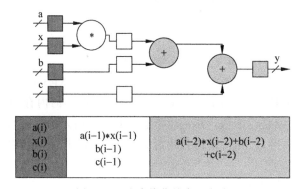

图 8.20 流水线化的实现方式

【**例 8.5**】 循环流水线化效果举例。

```
#pragma HLS pipeline II = 1
for(i = 0; i < 10; i++)
{
    A = A + (B[i] * C[i]);
}
```

默认条件下，HLS 不会流水执行循环，两次循环迭代之间的时序关系如图 8.21 所示。添加上述预编译指令后的时序关系如图 8.22 所示。由表 8.10 可以看出，循环流水线化后大大缩短了执行时间，并提升了数据吞吐率。

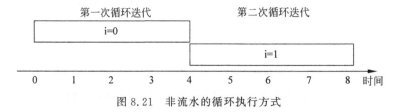

图 8.21 非流水的循环执行方式

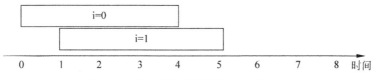

图 8.22　流水化的循环执行方式（Ⅱ=1）

表 8.10　循环不同执行方式性能比较

执 行 方 式	循环执行周期数	数据输入速率
CPU	40	每 4 个时钟周期一次输入
HLS 默认方式	40	每 4 个时钟周期一次输入
HLS 流水线化(Ⅱ=1)	14	每个时钟周期都有输入

4）unroll 循环展开

该指令用于将嵌套的循环展开，即将循环体重复实现，从而为之后的矩阵分块，流水线化等操作创造条件。注意用户必须保证循环次数是展开因子 factor 的整数倍，否则无法综合。

指令格式：

＃pragma HLS unroll factor ＝ ＜N＞ region skip_exit_check

其中，指令各项含义如下：

（1）factor＝＜N＞：可选参数。指明循环体被重复实现 N 次，N 取从 0 到循环次数的整数值。不指明时默认完全展开。

（2）region：可选参数。当这条指令在一个嵌套循环中时，它所在位置的层级以内所有循环都被展开，而外层的循环并不展开。

（3）skip_exit_check：可选参数。只有 factor＝＜N＞指明时有效。是否跳过循环退出检测取决于循环计数值是否是常数。在循环计数值不是常数，而是一个变量时，会按指令跳过退出检测，但设计者必须保证该变量被赋了一个整数值，且是 N 的整数倍。如果循环计数值是一个常量，只有该常量是 N 的整数倍时才会执行退出检测，否则编译器会拒绝循环展开并产生警告。

【例 8.6】　循环展开指令举例。

```
void foo( int data_in[N], int scale, int data_out1[N], int data_out2[N]) {
    int temp1[N];
    loop_1: for( int i = 0; i < N; i++) {
        # pragma HLS unroll region
        temp1[i] = data_in[i] * scale;
        loop_2: for( int j = 0; j < N; j++) {
            data_out1[j] = temp1[j] * 123;
        }
        loop_3: for( int k = 0; k < N; k++) {
            data_out2[k] = temp1[k] * 456;
        }
    }
}
```

该例中由于使用了参数域,所以 loop_2 和 loop_3 被完全展开,而 loop_1 则不被展开。

4. 不能综合的 C 代码

并不是所有的 C 代码都能被 HLS 编译器编译为 RTL 的硬件实现。读者需要牢记一个原则,HLS 中被综合的 C 语言代码对应的是硬件电路,硬件资源是有限的,硬件电路是确定的。因此 C 代码的规模也必须是有限的,确定的。在这一原则下,下面关于 C 代码的限制便容易理解了。

Vivado HLS 支持下列的语言标准为 ANSI-C(GCC 4.6)、C++(G++ 4.6)和 SystemC (IEEE 1666-2006,version 2.2)。其中,上述标准中的所有原生数据结构(包括 float 和 double),以及大多数语言特性,HLS 是支持的。但有些结构却不能被综合,包括:

(1) 与操作系统有关的操作。再次强调,HLS 中被综合的 C 代码对应的是 RTL 的硬件实现,而不是软件程序。即使是 SDK 中开发的软件程序,也有可能因为是裸机程序而无法实现操作系统的相关操作。因此与操作系统的相关操作,例如文件读写等,是不可能实现的。

(2) 动态内存分配。FPGA 的资源总量是固定、有限的,并且动态分配和释放内存资源(例如 malloc 和 free 函数)往往是基于操作系统的,因此不能综合。

(3) 规模不确定的代码。有些代码的规模是运行时才确定的,甚至是无边界的,例如根据输入数据改变循环次数的代码、函数指针、递归函数等。这些代码和我们上述的原则是相悖的。值得注意的是,HLS 不支持 C++STL 标准库,因为其中的函数有动态内存分配、递归、对象的动态创建和销毁。

5. test bench

在使用 HLS 时,综合完一个功能不正确的 C 代码之后再对 RTL 代码进行分析,试图找出为何没有正常工作,是十分耗时的。为了提高开发效率,应当在综合之前就对 C 代码的功能正确性进行检查,这便是 test bench 的作用。

在 C 语言程序中,最外层函数被称为主函数 main()。在 Vivado HLS 设计流中,可以指定任何一个在主函数层级以下的函数作为综合时的顶层函数(Top-Level function),但不能将主函数作为顶层函数综合。即:

(1) 综合时只能有一个顶层函数;

(2) 任何在顶层函数包含范围内的子函数也会被综合;

(3) 与顶层函数并行的函数不能被综合。

那么主函数在哪里呢? 在 C test bench 中。test bench 还包含一些子函数,它们用于检查被综合函数的功能正确性,test bench 不会被综合,但会调用被综合函数。功能检查的方法是向被综合函数中送入测试参数,检查其输出是否符合预期。值得注意的是,与被综合函数不同,由于 test bench 不会被综合,并且运行在 PC 平台上,所以它支持所有的高级语言特性,例如动态内存分配和文件读写等。

高效的 testbench 有着几个特点。首先,为了保证充分地测试设计的正确性,被综合函数会被运行许多次。其次,仅仅多次运行被综合函数还不够,被综合函数的输出要与理论上的正确输出相比较。高效 test bench 的测试向量往往很多,因此测试向量和正确输出通常保存在文件中。

main 函数的返回值体现了验证结果。返回 0 时 HLS 认为验证无误,非 0 则认为有错误,因此返回值通常是待综合函数的运行结果和理想结果的差值。Vivado HLS 仅仅根据返回值是否为 0 值来报告仿真是否正确,具体的错误需要设计者自行检查。设计者可以设定多种非零返回值以表征不同的错误,便于分析错误原因。

8.3.4　IP 集成

Zynq 的 IP 集成设计与 Xilinx FPGA IP 集成设计差别不大,都基于 Vivado 进行开发。用户可以使用 Verilog 等硬件描述语言进行设计,也可以采用模块化设计(Block Design)的方法。鉴于前面已经介绍了使用 Verilog 的设计方法,本节就不多赘述,重点介绍模块化设计。

Zynq 平台的模块化设计即使用 IP 连接成一个完整的硬件系统。与纯 FPGA 的模块化设计的主要区别在于,要发挥 Zynq 的 SoC 特性,必然会使用 Zynq7 Processing System IP,它对应着芯片中的 ARM CPU。而 FPGA 要想实现 CPU 的功能通常需要 MicroBlaze,性能远不如硬件上实现的 CPU。Zynq 硬件平台模块化设计的步骤如下。

(1) IP 选择。开发者需要根据所要实现的功能选择合适的 IP。对于 Zynq 而言,Zynq7 Processing System 通常是必选模块。常用的 IP 还有: System Reset,用于提供时钟复位信号; AXI InterConnect,用于连接各个使用 AXI 总线的 IP。

(2) IP 配置。选择好 IP 后,需要对 IP 的具体参数进行配置,包括使能接口的种类、数量、接口宽度、时钟频率等,双击 IP 即可方便地进行设置。一些开发板如 ZYBO 等会提供对 Processing System IP 的配置文件,用户可以使用自动配置将 Processing System IP 的参数配置成最合适该开发板的情况。Processing System IP 配置界面如图 8.23 所示。

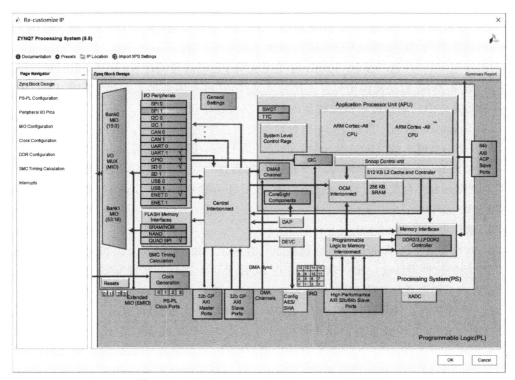

图 8.23　ZYNQ7 Processing System IP 配置界面

(3) IP 连接。IP 连接决定了时钟和地址的分配情况,在连接比较多的情况下容易出现连接错误,开发者需要注意。Vivado 提供了自动连接工具,但不是所有的接口都能被正确连接,尤其在使用了开发者自己设计的 IP 时,自动连接工具更是难以发挥作用。

(4) 地址分配。这一步是指定各个从设备在主设备中的内存映射地址。由于 Zynq 的 PS 端既有 AXI 从设备接口,也有主设备接口,因此 Processing System 模块有可能会分别作为主设备和从设备被重复编址。地址分配可以手动进行也可以自动进行。自动分配地址时无须担心地址的重复使用,系统会自动避免这一问题,具体分到什么地址与上一步的 IP 连接有比较大的关系。如果是手动分配地址,则要仔细参照 Zynq 手册中的地址分配表,选择合适的内存映射地址。这一步分配的地址在 SDK 中以 xparameter.h 文件的形式呈现,是开发者编写程序时的重要参考。

IP 集成完成后将进行综合、布局布线、比特流生成。这些流程与纯 FPGA 设计流程相同。如果这三步中任意一步的耗时过长(大于 1h),则应考虑是前述的几个步骤中有错误,应返回检查并修改。

8.3.5 软件设计

1. Zynq 启动过程

Zynq 的启动过程与 MCU 有相似也有不同,为了让大家更好地理解之后的部分,首先需要了解一下 Zynq 启动的三个阶段。

(1) Stage 0。在 Zynq 上电或复位后,双 ARM 核中的一个(CPU0)开始执行一段被称为 BootROM 的内部只读代码。当且仅当 Zynq 上电后,BootROM 才会将启动模式选择引脚的状态读入模式寄存器。如果只是复位,模式寄存器的值不会刷新。之后,BootROM 将 FSBL 从外部的非易失性存储器加载到 APU 内部的 256KB RAM 中(称为 On Chip Memory,OCM)。最后,BootROM 将程序执行权交予 FSBL(First Stage Boot Loader)。

(2) Stage 1。在这一阶段,FSBL 首先完成对 PS 端部件的配置,例如 DDR 控制器等。接下来,如果 Zynq 启动镜像中包含了比特流文件,它将被加载出来并用于配置 PL。最后,Zynq 启动镜像中的用户程序被加载至内存,并获得程序执行权。

(3) Stage 2。最后一阶段 Zynq 执行加载到内存中的用户程序,它可以是任意类型的程序。可以是一个简单的"Hello World",也可以是 Linux 操作系统的 Bootloader。

其中,FSBL 不需要用户编写。当软件开发套件(Software Development Kit,SDK)中导入了硬件开发平台文件后,建立应用程序,在 C 工程模板中选择 Zynq FSBL,SDK 会自动生成 FSBL 文件。

2. 软件设计

Zynq 与普通 FPGA 的最大区别就在于它有两个 ARM CPU,反映到设计流程上,就是多了 PS 端的软件设计这一步。软件设计在 SDK 平台上进行。实现完整的 SDK 工程需要三个文件夹:硬件平台文件、板级支持包(Board Support Package,BSP)和应用程序。

(1) 硬件平台文件和板级支持包。在 Vivado 导出硬件完成后,SDK 工作路径下就会包括硬件平台文件,其中最重要的就是硬件比特流文件。BSP 由系统生成,是否生成在建立应用程序时可以选择,由于它包含了十分重要的文件,一般情况下都是默认生成的。Xilinx 文档 ug1165 中对 BSP 是这样描述的:"BSP 是针对特定硬件平台或开发板的支持代码,它辅助硬件完成上电后的基本的初始化过程,并帮助软件应用程序在硬件上运行。"

可见 BSP 是软件正常运行所必不可少的。打开支持包文件夹,可以看到其中最多的文件是与 ARM A9 核以及片上外设相关的驱动文件。使用者可以简单地将其理解为外设驱动程序的打包,在使用时只需 include 相应的头文件。值得注意的是,之前提到的为使用 AXI4 总线的 IP 自动生成的 C 驱动文件也在 BSP 中。

(2) 应用程序。Zynq 应用程序的开发与普通的 ARM 应用程序开发基本相同。SDK 支持 C 和 C++两种语言,并提供了许多工程模板。其中较为特殊的是软件对硬件的调用,即如何实现调用 PL 端的 IP 的问题。我们以最常用的使用 AXI4 通信的 IP 为例,介绍一下 IP 的调用方法和 C 驱动文件中的几个重要的 API(Application Interface)。

每一种 IP 在软件中对应一个结构体,而一个具体的 IP 则对应结构体的一次实例化。假设某个被调用的 IP 名为 DUT,第一步需要实例化两个结构体,含义如注释所示:

```
XDUT dut1;                                  //DUT IP结构体实例化
XDUT * ptdut1 = &dut1;                      //结构体指针,作为 API 参数
XDUT_Config dut1_config;                    //DUT IP 配置结构体实例化
XDUT_Config * ptdut1_config = &dut1_config; //配置结构体指针,作为 API 参数
```

之后调用 API 对 IP 进行配置。常用的 API 及其作用如表 8.11 所示。

表 8.11　常用 AXI 驱动 API

API 函数	作　　用
XDUT_CfgInitialize	用于 IP 初始化
XDUT_LookupConfig	用于获取 IP 配置信息
XDUT_Start	用于启动 IP 运行
XDUT_IsDone	获取 IP 的运行状态,以了解其是否完成一次运行
XDUT_Set_ARG	向 IP 的寄存器中写入参数 ARG,函数参数包括寄存器地址和写入的参数
XDUT_Enable	使能 IP 中相应的中断源
XDUT_Disable	去使能 IP 中相应的中断源

更详细的内容可参考 Xilinx 文档 ug902。

8.4　Zynq 设计举例

结合一个简单的 LED 流水灯设计实例,本节详细介绍基于 Zynq 的嵌入式设计步骤。该实例的效果是软件控制 PL 实现 LED 流水灯,并能够通过串口发送"Hello World"到上位机。开发环境为:

(1) 开发平台:Zybo Z7-20 开发板;

(2) 操作系统:Windows 10;

(3) 开发软件:Vivado 2017.1 和 Vivado SDK 2017.1。

8.4.1　IP 集成设计

打开 Vivado 开发套件,开始界面如图 8.24 所示,选择 Quick Start 中的 Create Project 选项,建立一个新工程。

如图 8.25 所示,输入工程名和工程路径。这里给工程命名为 UART_LED,并将工程保存在 E:/Vivado 路径下。

图 8.24　Vivado 开始界面

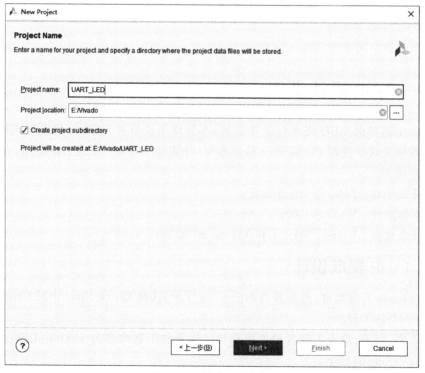

图 8.25　新建工程命名

如图 8.26 所示，工程类型选择 RTL project。此时还没有进行任何设计，因此勾选上 Do not specify sources at this time 选项。

图 8.26　工程类型选择

下一步，选择器件和开发板，按照图 8.27 所示在 Board 选项中选择 Zybo Z7-20。如果读者没有对应的开发板选项，可到开发板供应商的官网上下载相应的支持包，并复制到安装目录下面的 Vivado\2017.1\data\boards\board_files 下即可。

新建工程完成后，Vivado 的开发界面如图 8.28 所示。

在左侧的导航栏中选择 Create Block Design。在图 8.29 的界面中输入模块化设计的工程名，这里使用默认的名称。

如图 8.30 所示，打开右侧 Diagram 区域，在此区域内进行模块化设计。

单击"＋"，添加模块化设计所需的 IP。本工程只需要用到 Xilinx 官方提供的 IP，如果读者在开发自己的工程时用到了自定义或第三方 IP，需要在左侧导航栏中的 IP Catalog 中添加 IP 文件夹。

首先添加的是代表了 PS 端的 ZYNQ7 Processing System IP，按照图 8.31 所示搜索 IP。

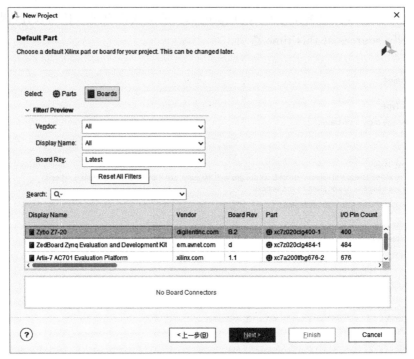

图 8.27　选择器件或开发板

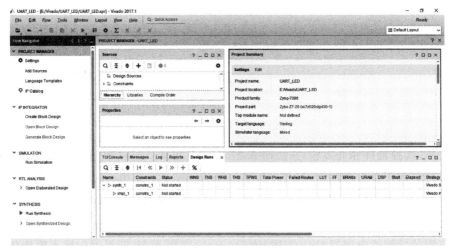

图 8.28　Vivado 开发界面

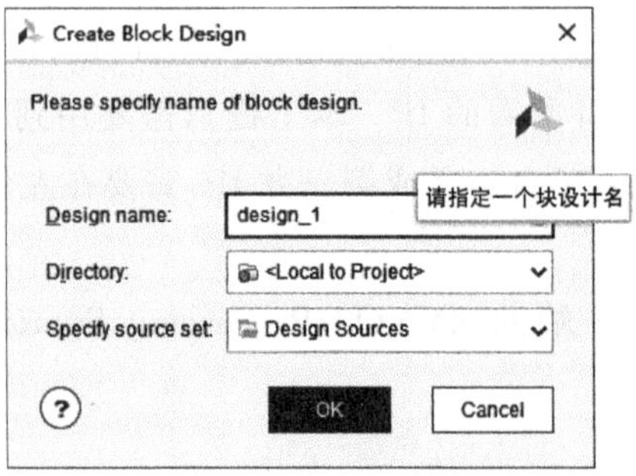

图 8.29　指定块设计名称

图 8.30　模块化设计区

图 8.31　IP 搜索框

如图 8.32 所示，IP 添加成功，之后需对 IP 进行配置。由于导入了开发板供应商提供的支持文件，系统会提示可以进行自动的 IP 配置，其实质是将支持文件的信息配置到 IP 中。有兴趣的读者可以打开 board.xml 文档，看看里边指定了哪些参数。

如图 8.33 所示，配置完成后，可以发现 DDR 和 FIXED_IO 的连接已经完成，并且使能的端口也变多了。

如图 8.34 所示，在 Board 选项中选择 GPIO→4 LEDs，如图 8.35 所示，在弹出的 Connect Board Component 对话框中选择 AXI GPIO 的第一个 GPIO 选项，用于添加 AXI GPIO IP 核。

连接后的设计图变化如图 8.36 所示，此时的设计仍不完整，如图 8.37 所示，选择 Run Connection Automation 选项，完成所有的配置和连接。

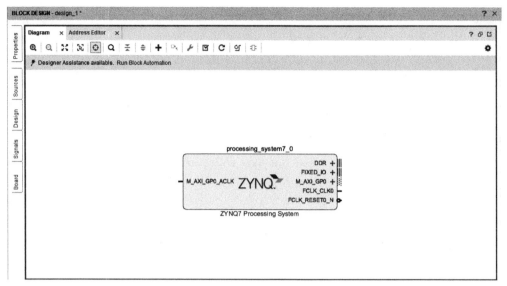

图 8.32　IP 导入成功

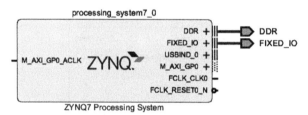

图 8.33　配置完成后的 IP

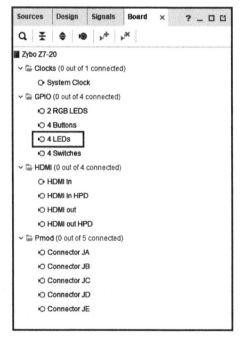

图 8.34　选择连接的外设

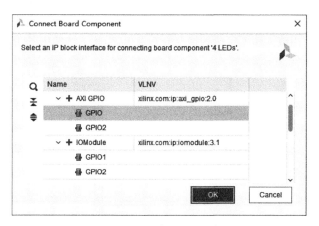

图 8.35 连接开发板部件

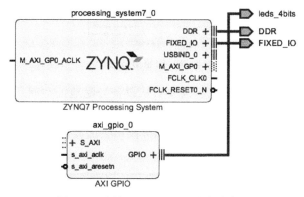

图 8.36 添加 axi_gpio IP 后的设计图

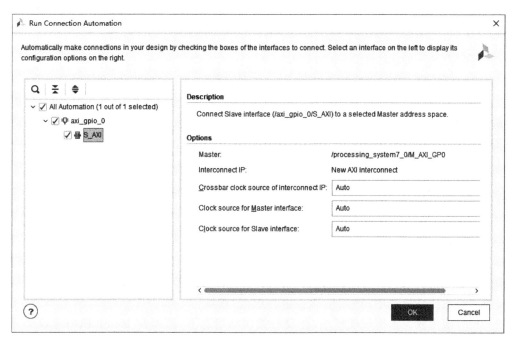

图 8.37 自动连接配置

工程的完整模块化设计如图 8.38 所示。本例中没有手动连接总线和端口,在有些设计中,自动连接选项不可用或工作不正确的情况时有发生,因此了解常用 IP 的功能是十分必要的。

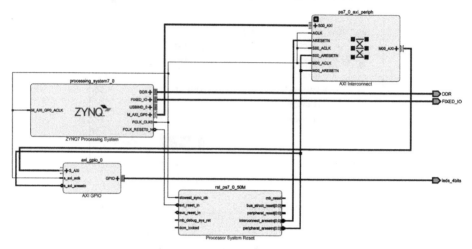

图 8.38 完整 IP 连接图

AXI 总线外设属于内存映射外设,需要对从设备分配地址空间。如图 8.39 所示,本例中已经自动分配了 0x4120 0000~0x4120 FFFF 的大小为 64KB 的地址给 axi_gpio,开发者也可以自行指定空间,但要保证不与已经默认分配出去的其他地址空间相冲突,具体可以参考 Xilinx 文档 ug585。

图 8.39 地址分配

如图 8.40 所示,硬件设计的最后,还要添加约束文件,本例对时序的要求不严格,因此只添加了引脚约束文件,这里使用了 Zybo Z7-20 的通用约束文件。将相应引脚的语句前用于注释的"♯"去掉,以使能相应约束。引脚约束如图 8.41 所示。

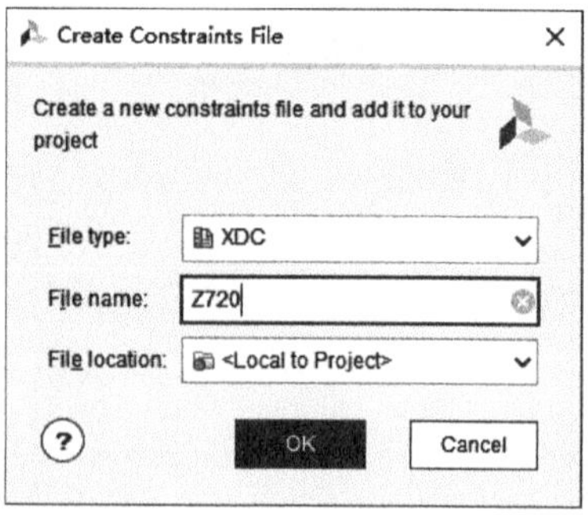

设计完成,如图 8.42 所示,选择 Validate Design 选项,验证设计正确性,没有错误和重要警告即可。

如图 8.43 所示,选择 Create HDL Wrapper,使 Vivado 利用模块化设计图生成相应的硬件描述语言文件。生成成功后如图 8.44 所示,可以看到设计源文件夹中多了相应的 .v 文件。

单击生成比特流选项,Vivado 逐一进行综合、布局布线和比特流生成。本例规模较小,在没有错误的情况下,可以在 10min 以内完成上述流程。图 8.45 是比特流生成成功的界面。

图 8.40 添加引脚约束文件

```
##LEDs
set_property -dict { PACKAGE_PIN M14   IOSTANDARD LVCMOS33 } [get_ports { led[0] }]; #IO_L23P_T3_35 Sch=led[0]
set_property -dict { PACKAGE_PIN M15   IOSTANDARD LVCMOS33 } [get_ports { led[1] }]; #IO_L23N_T3_35 Sch=led[1]
set_property -dict { PACKAGE_PIN G14   IOSTANDARD LVCMOS33 } [get_ports { led[2] }]; #IO_0_35 Sch=led[2]
set_property -dict { PACKAGE_PIN D18   IOSTANDARD LVCMOS33 } [get_ports { led[3] }]; #IO_L3N_T0_DQS_AD1N_35 Sch=led[3]
```

图 8.41　修改引脚约束文件

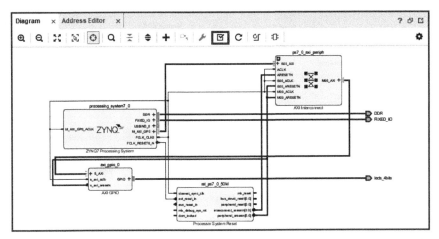

图 8.42　验证设计正确性

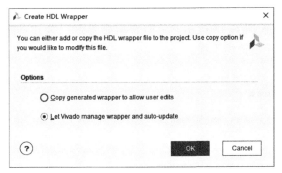

图 8.43　创建 HDL 包

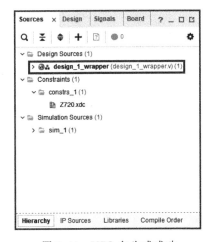

图 8.44　HDL 包生成成功

图 8.45　比特流生成成功

到此,硬件设计全部完成。接下来需要编写控制程序。在敲代码之前,需要将生成好的硬件平台设计文件导出到软件开发套件 SDK 中。如图 8.46、图 8.47 所示,选择 File→Export→Export Hardware 导出硬件描述文件,选择 File→Launch SDK,打开软件开发套件。

图 8.46　导出硬件描述文件

图 8.47　打开 SDK

8.4.2　软件开发

打开 SDK 后,界面如图 8.48 所示。这时要耐心等待一会儿,等到硬件导入全部完成,系统初始化完毕后,再开始新建工程。

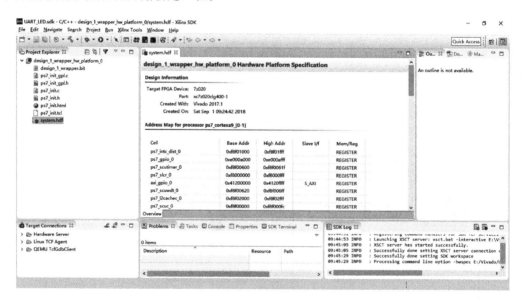

图 8.48　SDK 界面

如图 8.49 所示,在新建工程界面中输入工程名,本例命名为 app_uart_led,操作系统选项选择 standalone,即不运行操作系统。开发语言选择 C 语言,板级支持包选项选择 Create New,单击 Next 按钮。

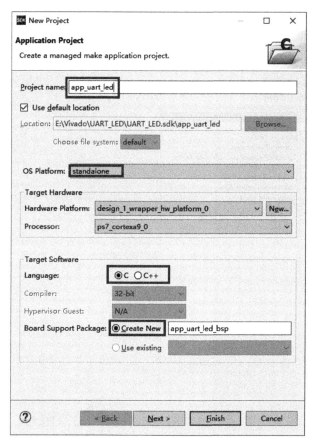

图 8.49　新建工程界面

Xilinx 提供了多个 C 语言工程模板，如图 8.50 所示，选择 Hello World。

如图 8.51 所示，工程建立好后，导航栏将出现三个文件夹。app_uart_led 是软件的应用程序工程，程序源文件都在这个文件夹下；app_uart_led_bsp 是板级支持包，包含了驱动和重要地址；design_1_wrapper_hw_platform_0 是从 Vivado 导入的硬件平台文件。

打开 app_uart_led 文件下的 helloworld.c 文件，修改代码如下。

```
# include < stdio. h >
# include "platform. h"
# include "xil_printf. h"
# include "xparameters. h"
# include "xgpio. h"
void F_delay (int t_delay)              //延时函数
{
    volatile int i = 0;
    for (i = 0; i < t_delay; i++);
}

int main()                              //主函数
{
    init_platform();
```

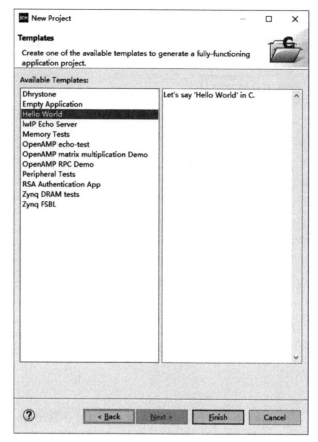

图 8.50　工程模板选择

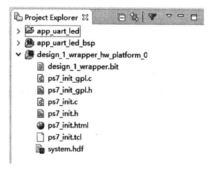

图 8.51　三个文件夹

```
print("Hello World\n\r");
XGpio led_gpio;                                          //定义结构体
XGpio_Initialize(&led_gpio, XPAR_AXI_GPIO_0_DEVICE_ID);  //IP初始化
XGpio_SetDataDirection(&led_gpio, 1, 0);                 //设置 GPIO 输入/输出类型
int led_value = 0x05;
int j;
for(j = 0;j < 50;j++)
{
```

```
        XGpio_DiscreteWrite(&led_gpio, 1 , led_value);        //向 GPIO 口写值
        F_delay(20000000);
        led_value = ～led_value;                              //取反,达到闪烁效果
    }
    cleanup_platform();
    return 0;
}
```

保存文件,SDK 会自动进行编译。如图 8.52 所示,在控制台窗口 Console 中可以观察编译是否通过。

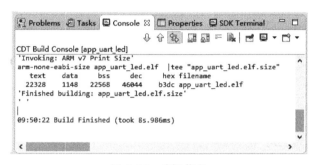

图 8.52　编译信息

如果打开 xparameter.h 文件,在图 8.53 中可以看到许多地址信息,仔细寻找可以发现硬件设计阶段分配的地址信息在这里的反映。读者可以思考一下 Zynq 的软硬件之间是如何联系的。

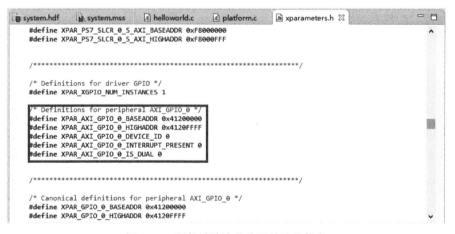

图 8.53　硬件设计阶段分配的地址信息

最后一步,可以开始在开发板上运行我们的程序啦! 将开发板连接到计算机,选择 Run→Run Configuration 选择,在弹出界面的左侧,右击 Xilinx C/C++ application (System Debugger),选择 New,可以在 Target Setup 选项中配置每次运行的选项。如图 8.54 所示,单击 Run 按钮则可以直接开始运行。注意,此时开发板一定要选择通过串口启动运行,一般是使用板上的跳线进行选择的。

图 8.55 为运行配置界面,运行和调试启动选项设置完成后,每次运行若非需要调整,就

可以不再更改了。可以通过菜单栏的 Run 选项启动新的一次调试运行，也可以使用图 8.56
所示的两个图标。小虫(bug)选项为调试(Debug)，播放按钮则是运行。

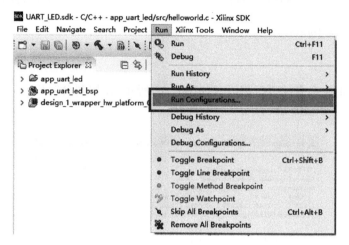

图 8.54　运行程序

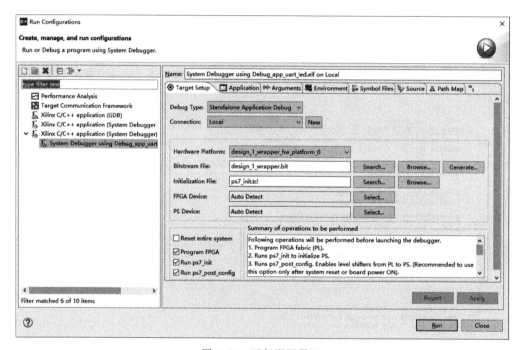

图 8.55　运行配置界面

图 8.56　调试和运行按钮

8.4.3　运行效果

在 Zybo 开发板上的运行效果如图 8.57,图中左下角的 4 个 LED 灯会交替闪烁。打开串口终端,就可以收到 Zybo 发来的"hello world"。

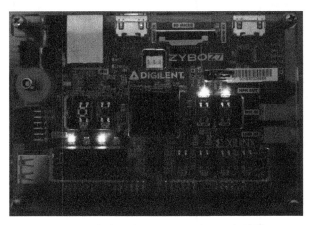

图 8.57　软件控制的 LED 流水灯运行效果

通过向 AXI 总线上添加用于调试的 ILA 核,还可以运行软硬件联合调试,抓取运行时的波形。如图 8.58 所示是添加了 ILA 核的硬件设计。图 8.59 是 AXI 总线波形。结合代码

```
XGpio_Initialize(&led_gpio, XPAR_AXI_GPIO_0_DEVICE_ID);        //IP 初始化
int led_value = 0x05;
XGpio_DiscreteWrite(&led_gpio, 1 , led_value);                 //向 GPIO 口写值
```

即向地址 XPAR_AXI_GPIO_0_DEVICE_ID 写入了 led_value。在波形图中可以看到,写数据通道向地址 0 写入了数据 0x05,正是设定的 led_value 的值,在 xparameters. h 或图 8.53 中可以看到 XPAR_AXI_GPIO_0_DEVICE_ID 的值也的确为 0。

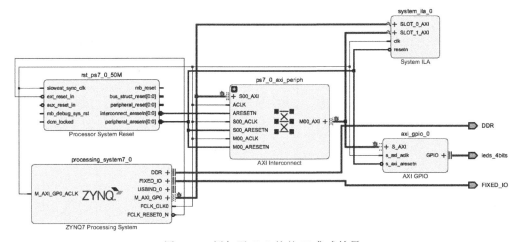

图 8.58　添加了 ILA 核的 IP 集成结果

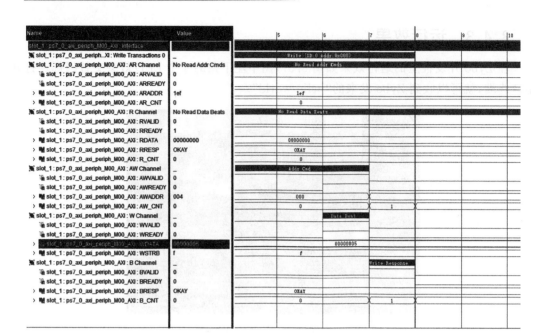

图 8.59　AXI 总线波形

## 第 9 章

基于 Zynq 的 AI 应用——
CNN 手写数字识别系统

随着人工智能技术的不断发展,深度学习算法的应用逐渐向嵌入式端延伸,在众多嵌入式计算平台中,FPGA 以其灵活性和专用性兼具的特点占领了一席之地。卷积神经网络(Convolutional Neural Network,CNN)是深度学习的经典算法之一,在图像分类、目标检测、图像分割等领域的准确度远高于传统算法。本章将重点介绍基于 Zynq 的 CNN 手写数字识别系统,以使读者能够深入了解 FPGA 在深度学习方向的应用前景。

9.1 算法分析

9.1.1 手写识别算法分析

在 CNN 出现之前,对于手写字符等丰富而多变的数据,人们通常使用以下的传统算法进行分类识别。

传统识别算法通常包含两大部分:特征提取和分类器,如图 9.1 所示。其中特征提取算法将高维度的输入数据转换成低维度局部特征数据,这一过程就是降维处理,常见的方法有主成分分析(PCA)、核主成分分析(Kernelised PCA)、线性判别分析(LDA)等。特征算法提取原始数据中的哪些信息呢?这是由算法设计者人工设计的。因此,一种特征提取算法往往只能用于一种类型的数据或问题,领域适应性很差。

分类器可以由计算机自动训练,但分类器的准确度取决于特征提取所选取的特征,不合适的提取特征会导致较差的分类精度。常见的分类器有支持向量机(SVM)、贝叶斯网络等。

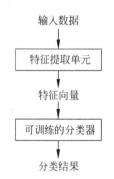

图 9.1 传统识别算法流程

识别算法在降维的过程中会丢失部分原始信息,导致准确率难以进一步提高。特征提取算法又与分类问题的特点高度相关,导致一个算法只能解决一类甚至一种分类问题。这远远达不到人们对计算图像识别能力的期望,直到 CNN 的出现才改变了这一状况。

9.1.2 CNN 算法简介

硬件计算能力的发展和大数据的积累,为 CNN 的出现和发展打下了基础。CNN 首先由 Yann Lecun 等于 1998 年提出。在 2012 年的 ILSVRC (ImageNet Large Scale Visual Recognition Challenge)挑战赛中,Alex Krizhevsky 等设计的 CNN-AlexNet 一鸣惊人,它

将 top-5 错误率降低至 15.3%,远低于使用传统算法的第二名 26.2%的错误率。AlexNet 的出色表现使人们看到 CNN 在图像识别领域的巨大潜力。此后,各种 CNN 结构不断涌现,至今已经完全挤压了传统图像识别算法的生存空间。

卷积神经网络由几种不同结构的层连接而成,下面对几个最重要也是最常用的层结构进行介绍。

(1) 卷积层。该层通常使用多个不同的卷积核,对输入图像做滑动窗口卷积操作,目前人们认为它的作用包含了特征提取。大于 $1×1$ 的卷积核会产生边界效应,降低输出图像的维度。由于一个模型中会使用几个甚至几十个卷积层串联,图像的信息会因为维度过分降低而消失,这被称为边界效应。实际应用中常常对输入图像进行边界填充来避免边界效应,通常使用的填充值为 0。

(2) 池化层。又称降采样层。该层将池化窗口内的多个输入像素值转化为输出图像中的一个像素值。常用的池化方法有最大值池化和平均值池化,即取池化窗口内的最大值或平均值输出。池化层的作用是降低网络对简单几何变换的敏感程度,增加算法的鲁棒性。

(3) 全连接层。该层通常作为 CNN 中最后的输出层。和卷积层不同,该层的每个神经元与它前面的所有神经元都有连接,因此该层的参数也非常多。不少新的网络结构为了减少 CNN 的参数数量而放弃了使用全连接层。

(4) 非线性层。多层线性层相连会退化为单层线性层,为了避免这种退化,人们通常会在线性层后面添加非线性层。常用的非线性层处理函数有如图 9.2 所示的四种。

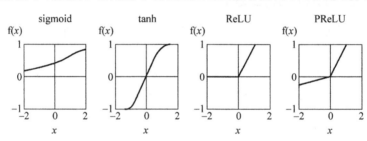

图 9.2 常见的四种非线性函数

完整的卷积神经网络由数种上述基本层结构连接而成,随着网络深度的增加,网络的学习和识别能力也得到大幅提高。我们所说的"网络结构"指的便是基本层之间的连接关系。

9.1.3 Lenet5 网络结构

Lenet5 网络是最早的 CNN 网络结构,由 Yann Lecun 等人于 1998 年提出,被应用于美国的支票手写数字识别系统。Lenet5 网络使用 MNIST 数据集进行训练,对测试集的分类准确度可达 98%。本系统实现的就是使用 Lenet5 对 MNIST 测试集的分类识别。

如图 9.3 所示,Lenet5 网络由 7 个层组成,包括 3 个卷积层、2 个池化层和 2 个全连接层。网络输入为经过边界填充后的手写数字图像,尺寸为 $32×32$ 像素,输出为 0~9 的分类概率。其中,卷积层 3 是整个网络中参数最多的层。

卷积层 1 有 6 个卷积核,1 个输入通道,6 个输出通道,每个卷积核对应一个输出通道的输出图像。池化层 1 将图像维度从 $28×28$ 降低到 $14×14$;池化层 2 则将图像维度由 $10×10$ 降低到 $5×5$。卷积层 2 与池化层 1 的连接关系比卷积层 1 与池化层 1 的连接要更为复杂,

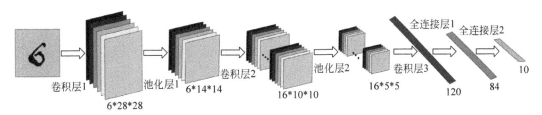

图 9.3 Lenet5 网络结构示意图

具体的连接关系如表 9.1 所示。数字为特征平面的编号,"X"表示相应两个特征平面之间有连接。卷积层 3 将数据转换成 120 个元素的 1 维向量,之后两个全连接层继续降低数据量,最终输出分类概率。

表 9.1 池化层 1 与卷积层 2 连接关系

池化层 1	卷积层 2															
	0	1	2	3	4	5	6	7	8	9	10	11	12	13	14	15
0	X				X	X	X			X	X	X	X		X	X
1	X	X				X	X	X			X	X	X	X		X
2	X	X	X				X	X	X			X		X	X	X
3		X	X	X			X	X	X	X			X		X	X
4			X	X	X			X	X	X	X		X	X		X
5				X	X	X			X	X	X	X		X	X	X

本节只是对 Lenet5 网络的结构做了简要的介绍,有兴趣的读者可以阅读 Yann Lecun 等的论文做更深入的了解。之后的系统实现中,我们使用的是在 caffe 平台上训练好的 Lenet5 网络参数,读者也可以自己尝试在计算机上训练网络。

9.2 系统架构

这一系统需要实现以下功能:
(1) MNIST 手写数字数据集读取;
(2) Lenet5 卷积层 FPGA 加速;
(3) Lenet5 完整网络结构的实现;
(4) 手写数组分类结果的显示。

根据上述功能需求,我们选择 Zynq 芯片作为实现平台,并将系统分为 3 个部分:
(1) 基于 HLS 的卷积加速核:用于 Lenet5 卷积层的 FPGA 并行化加速。
(2) 硬件平台:连接系统各个硬件模块,从而搭建起 Lenet5 网络运行的硬件基础。
(3) 软件:用于实现池化和全连接层、连接各个网络层、控制文件读写和网络运行并显示结果。

构建完整系统的流程图如图 9.4 所示,具体的实现方法将在之后的章节中予以详细说明。

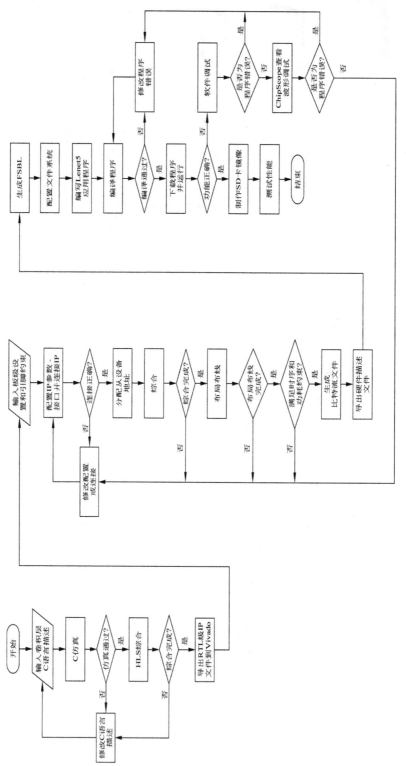

图 9.4 手写数字识别实现流程图

9.3　卷积加速核设计

卷积计算较为复杂,如果采用 Verilog 设计,虽然性能相对较好,但开发难度很高。为了降低开发难度,本系统的卷积加速核基于 HLS 高层次综合工具完成,其结构如图 9.5 所示。

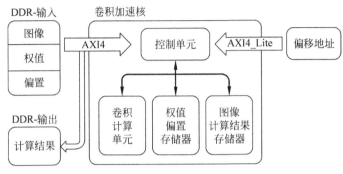

图 9.5　卷积加速核结构示意图

卷积加速核的工作过程如下。首先,卷积核接收外部传入的网络参数和输入输出在内存中的偏移地址,之后 IP 核内的存储控制器将计算所需的数据存放在 PL 端的块存储器 Block RAM 中。计算单元计算出结果后,在存储控制器的控制下,计算结果被放回 DDR 中,完成卷积层的一次运行。

HLS 开发的抽象程度较高,因此描述卷积计算过程的 C 语言代码同通用计算平台上运行的差别不大,但需要注意以下几点:

(1) HLS 的 C 代码不能够使用动态分配内存函数为数组分配空间。这是因为算法最终需要映射到 FPGA 硬件上,HLS 中的数组对应着 PL 端的 Block RAM 和寄存器,在硬件比特流写入 FPGA 后,相当于系统的硬件配置和地址空间已经确定,无法动态地进行修改。设计者需要对卷积的输入输出参数量进行计算,以提前分配好合适的空间。不过 testbench 是可以使用动态内存分配函数的,这是因为 testbench 只用于检查算法的正确性,并不会生成硬件设计文件。

(2) 需要设计 IP 与外界通信的接口,同样使用预编译指令进行指定。优秀的接口设计能够大大提高访存效率。

(3) 需要使用预编译指令对计算过程进行并行化处理,这是 FPGA 加速的关键。

对于一个卷积层而言,存在以下 4 个方面的并行度:

(1) 一次卷积运算内部并行。如图 9.6 所示,一次卷积运算中,一个卷积核内不同权值与对应输入特征图的像素值分别相乘,这些乘法计算间是互不相关的,因此可以并行执行。

(2) 多次卷积运算间并行。对于一个输入特征图和一个卷积核,需要滑动卷积核,做多次卷积运算。如图 9.7 所示,不同滑动窗口的卷积计算之间互不相关,可以并行执行。

(3) 不同输入特征图间并行。对于连接关系较为复杂的卷积层,如卷积层 2,输出特征图的一个像素值,对应着多个不同输入特征图相同滑动窗口位置的模板卷积计算。如图 9.8 所示,不同输入图像的模板卷积计算互不相关,可以并行执行。

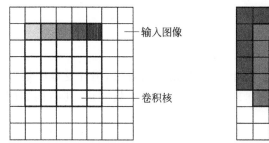

图9.6 一次模板卷积运算内部并行

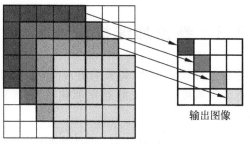

图9.7 多次卷积运算间并行

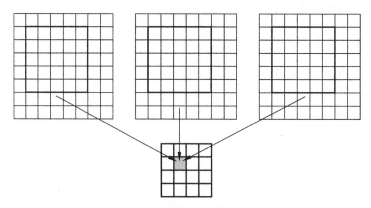

图9.8 不同输入图像间并行

（4）不同输出特征图间并行。对于一个输入特征图，在相同的滑动窗口位置，会进行多个不同卷积核的卷积计算，对应着不同输出特征图同一位置的像素值。如图9.9所示，对应于不同输出特征图的卷积计算可以并行。

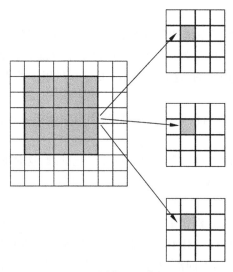

图9.9 不同输出图像间并行

上述4个并行度，在卷积加速核代码设计中以预编译指令的形式体现。以卷积层2为例，加速核 HLS 代码如代码1所示，请读者注意预编译指令的位置。

代码1 卷积层2加速核代码

```
void CONVOLUTION_LAYER_2(const float input_feature[image_Batch * 6 * 14 * 14],
        const float weights[6 * 16 * 5 * 5],
        const float bias[CONV_2_TYPE],
        float output_feature[image_Batch * 16 * 10 * 10], int init
        )
```
//卷积层2参数:图像存储地址,权值存储地址,偏置存储地址,输出存储地址,初始化参数,初始化
//参数为表示该层第一次运行,需要读取权值和偏置
```
{
// ***************************** 卷积加速核接口 *****************************
# pragma HLS INTERFACE m_axi depth = 1176 port = input_feature offset = slave bundle =
memorybus register
```
//将输入参数接口 input_feature 以内存映射方式映射到 AXI4 总线,master 模式,下同
```
# pragma HLS INTERFACE m_axi depth = 2400 port = weights offset = slave bundle =
memorybus register
# pragma HLS INTERFACE m_axi depth = 16 port = bias offset = slave bundle = memorybus register
# pragma HLS INTERFACE m_axi depth = 1600 port = output_feature offset = slave bundle =
memorybus register
# pragma HLS INTERFACE s_axilite port = init bundle = axilite register
```
//将初始化参数接口 init 映射到 AXI_Lite 总线,slave 模式
```
# pragma HLS INTERFACE s_axilite port = return bundle = axilite register

// ***************************** FPGA 内部块存储区 *****************************
float IBRAM[image_Batch][CONV_1_TYPE][CONV_2_INPUT_WH][CONV_2_INPUT_WH];
```
//存储输入特征图
```
float WBRAM[CONV_2_TYPE][CONV_1_TYPE][CONV_2_WH * CONV_2_WH];
```
//存储网络权值
```
float biasBRAM[CONV_2_TYPE];
```
//存储网络偏置
```
float OBRAM[image_Batch][CONV_2_TYPE][CONV_2_OUTPUT_SIZE];
```
//存储输出特征图
```

// ***************************** 矩阵分块 *****************************
# pragma HLS array_partition variable = IBRAM complete dim = 2
# pragma HLS array_partition variable = WBRAM cyclic factor = 2 dim = 1
# pragma HLS array_partition variable = biasBRAM complete dim = 0
# pragma HLS array_partition variable = OBRAM cyclic factor = 2 dim = 2
```
//矩阵分块的作用
```
// ***************** 从内存中读取输入图像并存放至 IBRAM 中 *****************
copy_input_1:
  for(int batch = 0;batch < image_Batch;batch++){
    copy_input_2:
      for(int j = 0;j < CONV_1_TYPE;j++){
        copy_input_3:
        for(int k = 0;k < CONV_2_INPUT_WH;k++){
          copy_input_4:
          for(int l = 0;l < CONV_2_INPUT_WH;l++){
          # pragma HLS pipeline II = 1
          IBRAM[batch][j][k][l] = input_feature[batch * CONV_1_TYPE * CONV_2_INPUT_WH * CONV_2_
          INPUT_WH + j * CONV_2_INPUT_WH * CONV_2_INPUT_WH + k * CONV_2_INPUT_WH + l];
```

```
                    //将原本在内存中线性放置的数据按照四维数组的方式放置在 IBRAM 中
}}}}
// ************************ 第一次运行时读取权值和偏置 ********************
if(init)
{//如果是第一次运行才读取,否则跳过,节约时间
    copy_kernel_1 :
    for (int i = 0; i < CONV_2_TYPE; i++) {
      copy_kernel_2 :
      for(int j = 0;j < CONV_1_TYPE;j++){
          copy_kernel_3 :
          for(int k = 0;k < 25;k++){
          #pragma HLS pipeline II = 1
          WBRAM[i][j][k] = weights[i * CONV_1_TYPE * CONV_2_SIZE + j * CONV_2_SIZE + k];
    }}}
    copy_bias:
    for(int i = 0;i < CONV_2_TYPE;i++){
      #pragma HLS pipeline II = 1
      biasBRAM[i] = bias[i];
    }}
// ************************ 卷积计算 ************************
BATCH :                                        //批处理
for (int batch_cnt = 0; batch_cnt < image_Batch; batch_cnt++) {
  ROW_K:                                       //卷积核逐行
  for(int row_k = 0;row_k < 5;row_k++){        //两层嵌套循环展开对应并行度 2
    COL_K:                                     //卷积核逐列
    for(int col_k = 0;col_k < 5;col_k++){
      ROW :                                    //输入图像逐行
      for (int row = 0; row < CONV_2_OUTPUT_WH; row++) {
        COL:                                   //输出图像逐列
          for (int col = 0; col < CONV_2_OUTPUT_WH; col++) {
            DEPTH_OUT:                          //逐输出通道,循环展开对应并行度 4
            for(int depth_out = 0; depth_out < CONV_2_TYPE; depth_out++){
            #pragma HLS unroll factor = 2
              #pragma HLS pipeline II = 1       //计算流水线化
              float mult[CONV_1_TYPE];          //存放乘加结果
            #pragma HLS array_partition variable = mult complete dim = 0   //矩阵完全分割
              float acc = 0;
              DEPTH_IN:                         //逐输入通道,循环展开并行度 3
              for (int depth_in = 0; depth_in < CONV_1_TYPE; depth_in++)
              {
                #pragma HLS unroll               //作用域从内层到外层的所有循环
                if(tbl[depth_in * 16 + depth_out])
                //tbl 是表示输入输出连接关系的矩阵,不为零表示对应的输入输出间有连接
                {
                mult[depth_in] = IBRAM[batch_cnt][depth_in][row + row_k][col + col_k] *
                WBRAM[depth_out][depth_in][row_k * 5 + col_k]; //计算乘积
                }
                else
```

```
                {
                    mult[depth_in] = 0;              //没有连接时值为零
                }
            }
            acc = (mult[0] + mult[1]) + (mult[2] + mult[3]) + (mult[4] + mult[5]);
        //将所有输入通道的乘积值相加,得到一个输出通道的一个像素点
        //对应于一个卷积核的值分量
            if(col_k == 0&&row_k == 0)
                OBRAM[batch_cnt][depth_out][row * 10 + col] = acc;
            else
                OBRAM[batch_cnt][depth_out][row * 10 + col] += acc;
        //不同卷积核计算值相加,得到最终的输出像素点值
    }}}}}}
// ****************** 计算结果存入内存 *******************
    copy_output:
    for(int i = 0;i < image_Batch;i++){
        for(int j = 0;j < CONV_2_TYPE;j++){
            int depth_offset = j * 100;
            for(int k = 0;k < CONV_2_OUTPUT_SIZE;k++){
                #pragma HLS pipeline II = 1
                output_feature[i * 1600 + depth_offset + k] = _tanh(OBRAM[i][j][k] + biasBRAM[j]);
}}}}
```

9.4　硬件架构设计

系统完整的硬件平台设计基于 Vivado 完成,使用模块化设计的方法。除了 HLS 生成的卷积加速核 IP 外,还需要以下几个 IP。

(1) Processing System7 IP。此 IP 对应 Zynq 7000 系列芯片内的 ARM 处理器核。Zynq 7000 系列芯片配有两个 ARM Cortex-A9 处理器核,因此一个硬件平台内可选用一个或两个 Processing System7 IP,本设计使用了一个。使用与 PS 相连的片内外设也要通过配置此 IP 来完成,因此 Processing System7 IP 也可以说代表了整个 PS 端。

(2) AXI Interconnect。用于连接各个使用 AXI3 或 AXI4 总线的 IP。AXI Interconnect 是多个子 IP 的集合体,可实现交叉互连、地址管理、数据位宽转换、AXI4 与 AXI3 之间的协议转换等多种功能。由于 Processing System7 IP 仅支持 AXI3 协议,因此将其他使用 AXI4 总线接口的 IP 与 Processing System7 IP 相连时必须通过 AXI Interconnect 中继。

(3) PmodOLED IP。用于控制显示用的 OLED 屏,由 Digilent 提供。

(4) XlConcat。用于将多个中断源连接到 Processing System 的中断接口。

(5) System Reset。提供系统的时钟和复位信号。

如图 9.10 所示,将各个 IP 配置并连接。确认无误后,为 AXI 从设备分配内存映射地址,再经过综合、布局布线和生成比特流等步骤,最终得到系统硬件设计的完整设计文件。

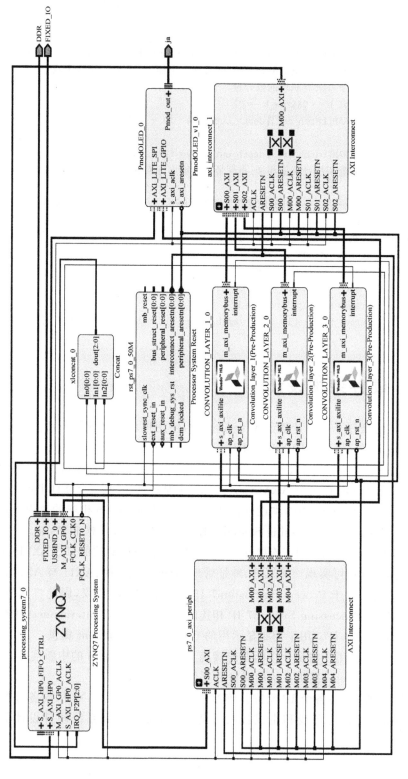

图 9.10　硬件平台模块化设计图

9.5 软件架构设计

完成了硬件平台的设计和导出后,系统运行还需编写 PS 端控制程序。主要完成的功能有:

(1) 池化层和全连接层实现;

(2) 运行文件系统以实现图像、权值等数据文件的读取;

(3) 控制显示屏显示运行结果;

(4) 调用 PL 端卷积加速核。

主程序流程如下:

算法 1　主程序流程

```
Procedure Lenet5
    Config file system                        //配置文件系统
    Config OLED                               //配置 OLED
    Load MNIST data                           //读入 MNIST 测试集图片
    Load weights                              //读入权值
    Load bias                                 //读入偏置
    Config Convolution Layer1                 //配置卷积层 1 加速核
    Config Convolution Layer2                 //配置卷积层 2 加速核
    Config Convolution Layer3                 //配置卷积层 3 加速核
    for i ← 0 to 100 do                       //识别 100 张图片
        Execute Convolution Layer1            //执行卷积层 1
        Execute Pooling Layer1                //执行池化层 1
        Execute Convolution Layer2            //执行卷积层 2
        Execute Pooling Layer2                //执行池化层 2
        Execute Convolution Layer3            //执行卷积层 3
        Execute Fully Connected Layer1        //执行全连接层 1
        Execute Fully Connected Layer2        //执行全连接层 2
    end for
    Output result                             //输出识别结果
    Release file system                       //释放文件系统
end procedure
```

PL 端使用 AXI4 总线通信的 IP 的调用方法在之前的章节中已经叙述过了。这里以卷积核 2 为例,给出了卷积层加速核的详细调用代码。

代码 2　卷积层 2 加速核配置和调用

```
XConvolution_layer_2 layer_c2;                          //卷积层 2 加速核结构体实例化
XConvolution_layer_2 * ptlayer_c2 = &layer_c2;          //结构体指针
XConvolution_layer_2_Config c2_config;                  //卷积层 2 配置结构体实例化
XConvolution_layer_2_Config * ptc2_config = &c2_config; //配置结构体指针
//获取配置信息
ptc2_config = XConvolution_layer_2_LookupConfig(XPAR_CONVOLUTION_LAYER_2_0/_DEVICE_ID);
if(!ptc2_config)
{
    xil_printf("convolution layer 2 initiation failed\r\n");
    exit(1);
```

```
}                                                      //判断是否获取到配置信息
status = XConvolution_layer_2_CfgInitialize(ptlayer_c2,ptc2_config);    //IP初始化
if(status!= XST_SUCCESS)
{
    xil_printf("convolution layer 2 initiation failed\r\n");
    exit(1);
}                                                      //判断是否成功初始化
XConvolution_layer_2_Set_input_feature(ptlayer_c2, (u32)POOL1_ADDR);
XConvolution_layer_2_Set_weights(ptlayer_c2, (u32)WC2_BASE_ADDR);
XConvolution_layer_2_Set_bias(ptlayer_c2, (u32)BC2_BASE_ADDR);
XConvolution_layer_2_Set_output_feature(ptlayer_c2, (u32)HCONV2_ADDR);
                                                       //写入内存基址
XConvolution_layer_2_InterruptGlobalEnable(ptlayer_c2);//开全部中断
XConvolution_layer_2_Set_init(ptlayer_c2, (u32)init);  //配置初始化参数
XConvolution_layer_2_Start(ptlayer_c2);                //启动卷积核运行
```

最后需要制作 Zynq 启动镜像以实现上电自动运行。启动镜像由三个文件组成,包括 FSBL 可执行文件(.elf)、硬件比特流文件(.bit)和应用程序可执行文件(.elf)。Xilinx SDK 中提供了启动镜像的生成工具,用户选择 Xilinx tools→Create Boot image,添加 BOOT.bin 文件的输出路径后,按照"FSBL 可执行文件→硬件比特流文件→应用程序可执行文件"的 顺序把这些文件添加进来。选择 Create image,即可生成用于 SD 卡启动的 Zynq 启动镜像文件 BOOT.bin。最后将 BOOT.bin 复制进 SD 卡的根目录,开发板即可通过 SD 卡启动系统。

9.6 系统性能分析

9.6.1 功耗评估

打开布局布线设计窗口,选择 Report Power,可以得到芯片功耗的分布情况,如图 9.11 所示。Zynq 芯片结温为 48℃,片上总功耗为 1.998W,其中静态功耗 0.171W,占比 9%,动态功耗 1.827W,占比 91%。

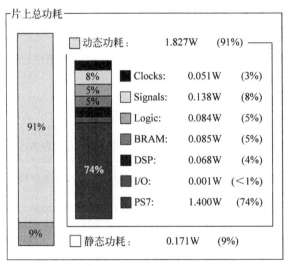

图 9.11 功耗评估

9.6.2　器件资源利用率

Zynq片上资源的利用率如表9.2所示。所有资源中利用率最高的是DSP48E1,这是卷积层使用了大量的浮点乘加运算导致的。若将神经网络权值定点化,可以减少DSP的使用,降低计算复杂度。

表9.2　器件资源利用率

	BRAM_18K	DSP48E1	FF	LUT	I/O
已使用资源	172	198	27036	24673	8
总资源	280	220	106400	53200	125
占比/%	61.43	90.00	25.41	49.76	6.40

9.6.3　时序约束

表9.3展示了建立/保持时间和脉冲宽度的裕度(Slack)。最差裕度(Worst Slack)是指实际的建立/保持时间和目标建立/保持时间之差,当该数据为正时,说明有时间裕度,满足时序要求;当数据为负时,则表明有数据通路不满足时序约束。总负裕度为所有裕度为负的路径的裕度和,该值为0说明满足时序约束。由表9.3中的数据可以看出,设计满足时序约束,此时PS端时钟频率为100MHz,PL端时钟频率为50MHz。

表9.3　建立/保持时间和脉冲宽度裕度

	建立时间	保持时间	脉冲宽度
最差裕度/ns	4.077	0.020	8.750
总负裕度/ns	0	0	0

9.6.4　加速性能

为了分析系统加速性能,表9.4中列出了MNIST测试集100张图片识别的运行时间。其中,硬件运行时间指三个卷积层经过FPGA加速后的运行时间。由于池化层和全连接层等未经硬件加速,故硬件总运行时间中包含了硬件加速卷积层运行时间及PS端纯软件实现的池化层和全连接层的运行时间。软件运行时间指的是未采用硬件加速核,全部手写识别算法都在PS端执行的软件运行时间。

表9.4　100张测试集图片识别运行时间

	卷积层1	卷积层2	卷积层3	总运行时间
硬件运行时间/ms	54.277	50.673	10.421	2522.959
软件运行时间/ms	16850.696	24072.791	5682.130	48974.622
软件/硬件运行时间比	310.457	475.061	545.258	19.412

由性能加速测试结果可以得知,卷积层硬件加速效果比较理想。但总运行时间的加速比远低于卷积层的加速比。硬件加速测试中除卷积层外部分的平均运行时间 t_1 为:

$$t_1 = 2522.959 - 54.277 - 50.673 - 10.421 = 2407.588(\text{ms})$$

软件加速测试中除卷积层外部分的平均运行时间 t_2 为：

$$t_2 = 48974.622 - 16850.696 - 24072.791 - 5682.130 = 2369.005(\text{ms})$$

t_1 与 t_2 基本相同，可知 IP 调用的开销并不是阻止总运行时间加快的主要因素。总运行时间进一步降低需要对全连接层和池化层进行加速。

第 10 章

CHAPTER 10

FPGA 综合实验

FPGA 综合实验的内容覆盖人工智能、多媒体处理和经典数字电路三部分，以 CNN 的手写数字识别系统、语音处理系统和数字示波器系统为例介绍 FPGA 数字系统的设计、实现方法。重点在于架构设计以及信号采集、信号传输、信号处理和输出控制四个基本子系统的集成，集成时需考虑数据流和控制流的合理规划，例如通信的接口时序、数据格式等。

10.1 语音处理系统的 FPGA 实现

语音处理系统设计的目的是搭建系统级语音处理系统，实现基于 WiFi 的语音实时传输和基于 FPGA 的语音滤波、语音播放功能，掌握根据需求设计语音处理系统的方法，具备语音处理系统功能扩展的能力。

10.1.1 实验设备

本实验所需的硬件平台、硬件模块和软件平台说明如表 10.1 所示。

表 10.1 语音处理系统 FPGA 实验设备列表

类　　别	名　　称	数　　量	备　　注
硬件平台	Basys3 开发板	1	支持其他 Xilinx FPGA 开发板
	Andriod 智能手机	1	
硬件模块	WiFi 模块（ESP8266）	1	非 PmodWiFi
	PmodI^{2}S	1	
软件平台	Vivado 2017.1		
App	WiFi 语音通话 APP（UDPTalk_16.apk）		

10.1.2 功能要求

所实现的语音处理系统应具备以下功能：

（1）WiFi 通信功能。手机 APP 通过 WiFi 协议传输 8kHz 采样，16 位量化，单声道的 PCM 语音数据给 WiFi 模块，WiFi 模块通过 UART 接口以 921600b/s 的波特率向 FPGA 发送 PCM 数据帧。

（2）语音加噪和滤波功能。FPGA 解析接收到的串行 UART 信号后，转换成 PCM 格式的并行语音数据,在 FPGA 内部叠加 3.5kHz 的正弦噪声,根据外部开关选择调用语音滤波算法生成滤波后的语音或未经滤波处理的加噪语音。

(3) 语音播放功能。滤波后/加噪的 PCM 语音按照 I^2S 协议的时序传输数据给 $PmodI^2S$ 模块,以 8kHz 采样,16 位量化,双声道(左右声道数据相同)的格式进行播放。

10.1.3 设计分析

根据功能要求,可知系统应用场景如图 10.1 所示。需设计 UART 接收模块从 WiFi 模块获取语音信号,设计语音滤波模块实现语音噪声产生和滤除功能,设计 I^2S 播放模块产生 I^2S 时序,将语音数据发送 $PmodI^2S$ 进行播放。

图 10.1 语音处理系统应用场景

系统架构具体如图 10.2 所示。其中 UART_top 实现 UART RX 时序,进行串行语音数据的接收;语音滤波功能由 FIFO 缓冲模块(FIFO)、正弦波噪声产生模块(Noise_add)和 FIR 低通滤波模块(FIR)组成,通过外部开关选择滤波功能开启与否,在开关开启和关闭状态下,I^2S 模块的输入分别为滤波后语音和加噪语音,I^2S_top 模块实现 I^2S_master 发送时序。

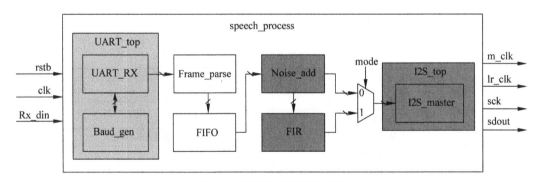

图 10.2 语音处理系统架构图

注意:系统涉及异步时钟域(UART 时钟域与 I^2S 时钟域)的通信,考虑到 UART 接收波特率高于 I^2S 发送波特率,在设计中需要引入异步 FIFO 模块进行语音数据的缓冲。

手机 APP 通过 WiFi 协议以数据包的形式下发语音数据,数据包的格式如图 10.3 所示,一个 WiFi 数据包由 N 帧数据组成,N 通常取 1,在信道条件较差时,N 可能取值大于 1,每一个数据帧又分为帧头信息和语音数据信息,其中帧头信息为 9 字节的序列 72'h7F_7F_01_64_00_00_00_00_00,语音数据为手机端在 20ms 内采样得到的 320 字节 PCM 量化的语音,WiFi 按字节以大端模式发送 16 位量化的语音数据。由于 N 取值随信道质量有所变化,为防止 FIFO 发生写满,需设置足够深度的 FIFO。

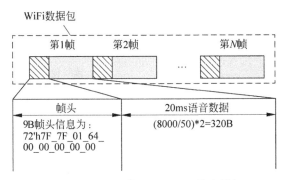

图 10.3　WiFi 传输的数据包格式详解

FIR 滤波器可使用 Xilinx 的 IP 核 FIR complier 生成或根据需求自行设计。正弦噪声产生采用 Xilinx 的 IP 核 DDS complier,具体设置方式请参照基础实验章节中的介绍。

10.1.4　逻辑设计

语音处理顶层模块设计如下:

```
module speech_process (
input          clk,              //FPGA 系统时钟,100MHz
input          rstb,             //FPGA 系统复位,高有效
input          mode,             //0:带噪语音; 1:去噪语音

//UART RX
input          Rx_din,           //UART 串行数据输入
//I²S TX
output         m_clk,            //PmodI²S 主时钟
output         lr_clk,           //PmodI²S 帧时钟(左右声道)
output         sck,              //PmodI²S 位时钟
output         sdout             //PmodI²S 串行数据
);

//时钟模块信号
wire  clk_14_750;                //UART 的输入时钟 14.750MHz
wire  clk_6_146;                 //I²S 模块的输入时钟 6.146MHz
wire  clk_14_750_bufg;
wire  clk_6_146_bufg;
wire  [7:0] Rx_dout;             //UART 的单字节数据输出
wire  Rx_dout_en;                //UART 单字节数据接收完成标志
reg   [31:0] Rx_cnt;             //UART 接收字节计数器
reg   Rx_16bit_en;               //UART 语音数据接收完成信号
                                 //高有效,用于产生 fifo 写使能信号
reg   Rx_byte;                   //UART 接收字节数据标识
                                 //1: 高字节,0: 低字节

//帧解析模块信号
wire  [7:0]  voicedata;          //语音信号
wire  voice_en;                  //有效语音信号标识
//fifo 读使能相关信号
reg   [7:0]  data_samp;          //I²S spkr_done 宽度计数器
```

```
reg   data_en_cnt;
reg   data_en;                                    //I²S 语音数据发送完成信号
                                                  //高有效,也用于 fifo 读使能

//fifo 模块信号
wire  wr_en, rd_en;                               //fifo 读写使能信号
wire  full, empty;                                //fifo 空满状态信号
reg  [15:0]  Rx_16bit;                            //16 位 PCM 语音数据
                                                  //字内小端模式([MSB:LSB])
wire  [15:0]  i2s_data;                           //16 位 PCM 语音数据
                                                  //字内小端模式([MSB:LSB])

//i2s 模块信号
wire  [15:0]  pcm_16bit;                          //16 位 PCM 语音数据
                                                  //字内小端模式([MSB:LSB])
wire  [15:0]  data_in;                            //16 位 PCM 语音数据
                                                  //字内大端模式([LSB:MSB])
wire  spkr_done;                                  //声道数据发送完成信号高有效
                                                  //持续一个 I²S 位时钟的宽度

//时钟模块
clk_wiz_0 u_clk_wiz_0 (
.clk_in1        (clk ),
.clk_out1       (clk_14_750_bufg ),
.clk_out2       (clk_6_146_bufg )
);

//BUFG: 全局时钟缓存(Global Clock Buffer),只能以内部信号驱动
BUFG BUFG_inst1 (
.O              ( clk_14_750 ),                   //时钟缓存输出信号
.I              ( clk_14_750_bufg )               //时钟缓存输入信号
);
BUFG BUFG_inst2 (
.O              ( clk_6_146 ),                    //时钟缓存输出信号
.I              ( clk_6_146_bufg )                //时钟缓存输入信号
);

//UART 模块
UART_top u_UART_top (
.rstb           ( rstb ),
.Rx_clk         ( clk_14_750 ),
.Rx_din         ( Rx_din ),
.Rx_dout        ( Rx_dout ),
.Rx_dout_en     ( Rx_dout_en )
);

//帧解析模块
frame_parse u_frame_parse (
.rstb           ( rstb ),
.clk            ( clk_14_750 ),
.i_framedata    ( Rx_dout ),
.i_frame_en     ( Rx_dout_en ),
.o_voicedata    ( voicedata ),
```

```
.o_voice_en      ( voice_en )                  //有效数据标识信号
);                                             //有效时持续高电平

//UART 模块 16 位语音数据接收完成信号(Rx_16bit_en)生成逻辑
always @ (posedge clk_14_750 or posedge rstb)
if (rstb) begin
    Rx_16bit <= 16'b0;
    Rx_byte <= 1'b0;
    Rx_cnt <= 32'b0;
end
else if (voice_en && Rx_dout_en) begin
    Rx_16bit <= {Rx_16bit[7:0], voicedata};    //高字节先接收
    Rx_byte <= Rx_byte + 1;
    Rx_cnt <= Rx_cnt + 1;
end


always @ (posedge clk_14_750 or posedge rstb)
if (rstb)
    Rx_16bit_en <= 1'b0;
else if (voice_en && Rx_dout_en && Rx_byte == 1'b1)
    Rx_16bit_en <= 1'b1;                       //语音数据接收完成
else
    Rx_16bit_en <= 1'b0;

//I²S 模块 16 位语音数据发送完成信号(data_en)生成逻辑
always @ (posedge clk_6_146 or posedge rstb)
if(rstb)
    data_samp <= 8'b0;
else if (spkr_done)                            //I²S 数据发送完成时,计数器加 1
    data_samp <= data_samp + 1;
else
    data_samp <= 8'b0;


always @ (posedge clk_6_146 or posedge rstb)
if (rstb) begin
    data_en <= 1'b0;
    data_en_cnt <= 1'b0;
end
else if (data_samp == 1'b1 && data_en_cnt == 1'b0) begin
    data_en <= 1'b1;
    data_en_cnt <= ~data_en_cnt;
end
else if (data_samp == 1'b1 && data_en_cnt == 1'b1) begin
    data_en <= 1'b0;
    data_en_cnt <= ~data_en_cnt;
end
else
    data_en <= 1'b0;

//fifo 读写使能信号驱动逻辑
assign wr_en = full ? 1'b0 : Rx_16bit_en;
```

```verilog
assign rd_en = empty? 1'b0 : data_en;

//fifo 模块
fifo_generator_16k u_fifi_generator_16k (
.rst                ( rstb ),
.wr_clk             ( clk_14_750 ),
.rd_clk             ( clk_6_146 ),
.din                ( Rx_16bit ),
.wr_en              ( wr_en ),
.rd_en              ( rd_en ),
.dout               ( i2s_data ),
.full               ( full ),
.empty              ( empty ),
.almost_full        ( ),
.almost_empty       ( ),
.rd_data_count      ( ),
.wr_data_count      ( )
);


//noise 产生模块
wire [7:0] noise;
wire signed[15:0] i2s_data_mix;
reg [15:0] i2s_data_used;
dds_compiler_1 u_dds_compiler_1 (
.aclk                  ( clk_6_146 ),              //输入时钟
.m_axis_data_tvalid ( ),
.m_axis_data_tdata  ( noise ),                     //正弦噪声输出
.m_axis_phase_tvalid ( ),
.m_axis_phase_tdata ( )
);
assign i2s_data_mix = $signed(i2s_data) + $signed({noise,5'b0});
                                                   //原始语音叠加正弦噪声
                                                   //进行噪声放大为 32 倍
//fir 模块
wire [31:0] i2s_data_fir;
fir_compiler_2 u_fir_compiler_2 (
.aresetn            ( ~rstb ),
.aclk               ( lr_clk ),
.s_axis_data_tvalid ( 1'b1 ),
.s_axis_data_tready ( ),
.s_axis_data_tdata  ( i2s_data_mix ),
.m_axis_data_tvalid ( ),
.m_axis_data_tdata  ( i2s_data_fir )
);

always @ (posedge lr_clk or posedge rstb)
if (rstb)
    i2s_data_used <= 16'b0;
else if (mode)                                     //滤波后语音
    i2s_data_used <= i2s_data_fir[31:16];
else                                               //带噪语音
```

```
                i2s_data_used <= i2s_data_mix;

//I²S 数据信号
assign pcm_16bit = i2s_data_used;
//数据位序逆转
assign data_in = {pcm_16bit[0], pcm_16bit[1], pcm_16bit[2], pcm_16bit[3],
                  pcm_16bit[4], pcm_16bit[5], pcm_16bit[6], pcm_16bit[7],
                  pcm_16bit[8], pcm_16bit[9], pcm_16bit[10], pcm_16bit[11],
                  pcm_16bit[12], pcm_16bit[13], pcm_16bit[14], pcm_16bit[15]};

//I²S 模块
I2S_master            #(
.FS                   (8000),                   //语音采样频率(Hz)
.DIN_W                (16),                     //语音量化位数
.FPGA_CLK             (6_146_000),              //I²S 模块输入时钟频率(Hz)
.LR_SAM               (1))
u_I2S_master(                                   //每声道样点数
.clk                  ( clk_6_146 ),
.rstb                 ( rstb ),
.data_in              ( data_in ),              //I²S 16 位并行数据输入
.m_clk                ( m_clk ),
.lr_clk               ( lr_clk ),
.sck                  ( sck ),
.done                 ( spkr_done ),
.sdout                ( sdout )
);
endmodule
```

10.1.5　仿真结果

搭建仿真验证环境,产生 16 位位宽、500Hz 的正弦信号作为串行语音输入,在 mode＝0 时(加噪模式),PmodI²S 输入为携带噪声的信号 i2s_data_mix。当 mode＝1 时(降噪模式),PmodI²S 的输入为滤除噪声后的信号 i2s_data_fir,波形结果如图 10.4 所示。

其中帧头解析结果波形如图 10.5 所示,帧头信息为 72'h7f_7f_01_64_00_00_00_00_00,检测到该信息后信号 o_voice_en 在整个帧持续时间内有效(置高),FIFO 可进行后续读写操作。

10.1.6　实现流程

(1) WiFi 模块、PmodI²S 模块与 BASYS3 FPGA 板连接并上电,将耳机插入 PmodI²S 音频孔。

(2) 程序下载到 BASYS3,复位启动系统。

(3) 手机连接 WiFi"wifi_476",打开 APP(UDPTalk_16.apk),设置 IP 地址为 192. 168.7.1,连接 WiFi 模块,单击"接听"开启语音采集。

10.1.7　拓展任务

(1) 请尝试改进 FIR 低通滤波器设计方法,对比不同滤波器滤波后的语音播放效果。

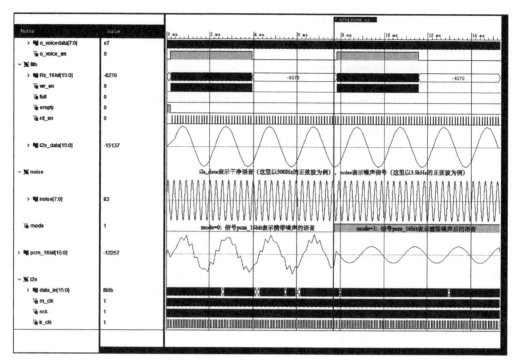

图 10.4　仿真波形

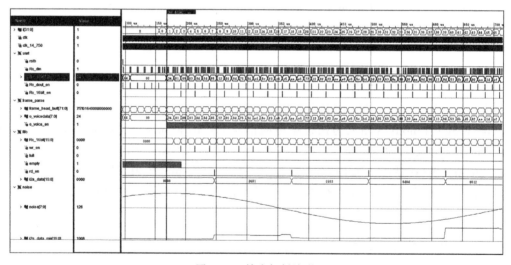

图 10.5　帧头解析波形

（2）请实现带语音播放计时显示功能的语音处理系统功能，要求在 LCD 显示屏中显示 UART 接收到的字节数、字数、显示 FIFO 状态等信息以便于设计的功能扩展和调试。

10.2　数字示波器的 FPGA 实现

简易数字存储示波器的工作过程一般分为存储和显示两个阶段。在存储阶段，首先对被测模拟信号进行采样和量化，经 A/D 转换器转换成数字信号后，依次存入 RAM 中，当采样频率足够高时,就可以实现信号的不失真存储。当需要观察这些信息时,只要以合适的频率把这些信息从存储器 RAM 中按原顺序取出,经 D/A 转换后送至 VGA 显示器就可以观察到还原后的波形。该实验过程涉及 A/D,RAM 等器件,以及示波器如何计算被检测信号的峰峰值与频率,需要对数字存储示波器的主要组成结构以及工作原理有一定的了解。

10.2.1　实验设备

本实验所需的硬件平台、硬件模块和软件平台说明如表 10.2 所示。

表 10.2　数字示波器 FPGA 实验设备列表

类　　别	名　　称	数　　量	备　　注
硬件平台	Basys3 开发板	1	支持其他 Xilinx FPGA 开发板
	VGA 显示器	1	
	信号发生器	1	低频信号发生器
软件平台	Vivado 2017.1		

10.2.2　功能要求

设计一个简易数字存储示波器,要求:

(1) 能对模拟信号进行采样、存储以及显示,该模拟信号可以是正弦波、方波、三角波等周期信号,同时计算出信号的频率和峰峰值,并通过 VGA 显示输出。

(2) 该简易示波器的可测电压范围为 0~1V,频率为 4kHz 以下。

(3) 可以通过 Basys3 上的按键 BTNC(U18)改变采样时钟,从而改变 VGA 模块显示的波形,拨码开关 SW0(V17)可以选择动态显示波形或者锁存当前波形。

10.2.3　设计分析

本实验设计的是数字存储示波器,而被测信号属于模拟信号,所以需要对被测信号进行采样、量化转化为数字信号并存入 RAM 中。而后在进行显示时 RAM 中读出数据并恢复为模拟信号,作为 VGA 模块的输入。在显示信号波形时需要同时显示信号的频率和峰峰值,因此需要根据采样点计算频率和峰峰值。

其中 A/D 模块选择 xc7a35tcpg236-1 自带的片内 XADC 模块,该模块是一个双通道、12 位的模数转换器,转换速率 1MSPS,通过动态配置端口(Dynamic Reconfiguration Port, DRP)可以控制和读取 XADC 模块。XADC 模块包括一定数量的片上传感器,用来测量片上的供电电压和芯片温度。

由于 VGA 显示的波形必须稳定,而 VGA 输出模块是根据 RAM 中存储的采样点显示信号波形,因此 RAM 中存储的采样点必须具有一定规律,本例中的触发模块根据采样信号判断触发条件(过零后的上升沿触发),满足触发条件才将采样点存储到 RAM 中,从而保证了 VGA 模块显示的稳定性。

根据功能要求需要将波形的频率、峰峰值和信号波形同时显示,因此需要根据 A/D 模块的采样点将频率和峰峰值计算出来。峰峰值计算模块根据 RAM 中存储的采样点的最大值和最小值求差计算峰峰值。频率计算模块先将 A/D 之后的采样值整形成方波,然后计算每秒钟整形后方波的高电平脉冲,高电平脉冲的个数即被检测信号的频率。

该简易数字存储示波器的简化框图如图 10.6 所示。

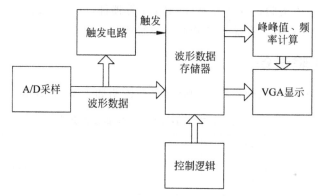

图 10.6   数字示波器的结构图

10.2.4   逻辑设计

本实验总共包含 11 个模块,1 个顶层模块,10 个子模块。其中 OSC_top.v 是顶层模块,char_rom_mapping.v 是频率值和峰峰值的 VGA 显示映射模块,waveform_mapping_rom.v 是波形采样值的 VGA 显示映射模块,Fre_Vopp_mapping_rom.v 是固定字母的 VGA 显示映射模块,vga_core.v 是 VGA 显示的控制模块,vga_initials.v 是 VGA 显示初始化模块,clock_control.v 是时钟分频模块,xadc_0.xci 是 XADC 的 IP 例化,trigger.v 是触发条件检测模块,waveform_ram.v 是波形存储及峰峰值计算模块,Fre_Calculate.v 是频率值计算模块。

限于篇幅,这里仅介绍触发条件检测模块(trigger.v)、波形存储及峰峰值计算模块(waveform_ram.v)、频率值计算模块(Fre_Calculate.v)。

(1) 触发条件检测模块的逻辑设计。根据 VGA 接口标准可知,VGA 显示器采用逐行扫描的显示方式,且每行从左到右逐点扫描。满足一定的触发条件(本实验选择过零点之后的上升沿检测)才能存入 RAM,可以确保 RAM 中的数据具有一定的稳定性,从而保证了VGA 模块的稳定显示。

```
// *************** 文件名: trigger.v ****************
module trigger(
input clk_AD,
input rst,
input[7:0] trigger_DI,              //A/D 模块后的采样值
output trigger                       //上升沿触发存储采样值
);

reg[7:0]shift_reg[3:0];
always@(posedge clk_AD,posedge rst)begin
if(rst)begin
    shift_reg[0]<= 0;
    shift_reg[1]<= 0;
    shift_reg[2]<= 0;
```

```
        shift_reg[3]<= 0;
    end
    else begin
        shift_reg[0]<= trigger_DI;
        shift_reg[1]<= shift_reg[0];
        shift_reg[2]<= shift_reg[1];
        shift_reg[3]<= shift_reg[2];
    end
end
//上升沿判断条件
assign trigger = (shift_reg[0]>= shift_reg[1] && shift_reg[1]>= shift_reg[2]
                 && shift_reg[2]>= shift_reg[3])? 1'b1:1'b0;

endmodule
```

（2）波形存储及峰峰值计算模块的逻辑设计。将 A/D 模块输出的采样值存入 RAM 中，同时根据存入 RAM 的值计算峰峰值。

```
// *************** 文件名：waveform_ram.v *****************
module waveform_ram(
input   clk_AD,                         //采样值写 RAM 时钟
input   rst,
input   sw0_stop,                       //用于判断是否将采样值存在 RAM 中
input   clk_05Hz,                       //更新峰峰值时钟
input[9:0]   addr_in,                   //VGA 模块行扫描值
input[7:0]   data_in,                   //RAM 中的 A/D 采样值
input trigger,                          //上升沿触发为 1
output reg[3:0]   vopp_num_u,           //峰峰值个位数
output reg[3:0]   vopp_num_d,           //峰峰值十位数
output reg[3:0]   vopp_num_h,           //峰峰值百位数
output reg[7:0]   data_out              //当前扫描列中的 A/D 采样值
);
parameter left_10 = 4015;               //左移 10 位,提高电压精度
reg[7:0]WaveFormRam[639:0];             //用于存储采样值的 RAM
reg[9:0] ram_cnt;

always@(posedge clk_AD,posedge rst)begin
if(rst)begin
    ram_cnt <= 0;
    WaveFormRam[ram_cnt] <= 0;
end
else if(ram_cnt <= 638)begin
    ram_cnt <= ram_cnt + 1;
    WaveFormRam[ram_cnt] <= data_in;   //存储采样值
end
else if(ram_cnt > 638 && data_in >= 8'b10000000
        && trigger == 1'b1 && sw0_stop == 0)begin
    ram_cnt <= 0;
end
end

always@( * )begin
```

```
    if(addr_in > 639 || addr_in < 0)
        data_out = 8'b0;
    else                                        //根据 VGA 扫描地址输出响应值
        data_out = data_out = 8'd255 - WaveFormRam[addr_in];
    end


    reg [7:0] max_reg,min_reg,max,min;
    wire[9:0] vopp_temp;
    reg [9:0] vopp,vopp_d,vopp_h;
    always@(posedge clk_AD,posedge rst)begin
    if(rst)begin
        max <= 8'b01110000;
        min <= 8'b01110000;
    end
    else if(ram_cnt <= 637)begin
        if(max_reg < WaveFormRam[ram_cnt])       //计算 RAM 中采样点的最大值
        max_reg <= WaveFormRam[ram_cnt];
        if(min_reg >= WaveFormRam[ram_cnt])       //计算 RAM 中采样点的最小值
        min_reg <= WaveFormRam[ram_cnt];
    end
    else if(ram_cnt == 638)begin
        max <= max_reg;
        min <= min_reg;
        max_reg <= 8'b01110000;
        min_reg <= 8'b01110000;
    end
    end


    assign vopp_temp = max - min;                 //最大值与最小值做差求峰峰值

    always@(posedge clk_05Hz, posedge rst)begin
    if(rst)
        vopp <= 0;
    else
        vopp <= (vopp_temp * left_10) >> 10;      //更新峰峰值
    end
    always@( * )begin                             //计算出峰峰值的个、十、百位
    if(vopp >= 100)begin
        vopp_num_u = vopp % 10;
        vopp_d = vopp / 10;
        vopp_num_d = vopp_d % 10;
        vopp_num_h = vopp / 100;
    end
    else if(vopp >= 10)begin
        vopp_num_u = vopp % 10;
        vopp_num_d = vopp / 10;
        vopp_num_h = 4'b0000;
    end
    else begin
        vopp_num_u = vopp;
        vopp_num_d = 4'b0000;
```

```
        vopp_num_h = 4'b0000;
    end
end
endmodule
```

（3）频率值计算模块的逻辑设计。根据 A/D 模块输出的采样值计算频率，先将 A/D
之后的采样值整形成方波，然后计算每秒钟整形后方波的高电平脉冲，高电平脉冲的个数即
被检测信号的频率。

```
// *************** 文件名: Fre_Calculate.v ******************
module Fre_Calculate(
input   clk100,
input   rst,
input   sw0_stop,
output  clk05Hz,
input   [7:0]  data_in,              //A/D模块输出的采样值
output reg[3:0] fre_num_u,           //频率值的个位数
output reg[3:0] fre_num_d,           //频率值的十位数
output reg[3:0] fre_num_h,           //频率值的百位数
output reg[3:0] fre_num_t,           //频率值的千位数
output reg[3:0] fre_num_m,           //频率值的万位数
output reg[3:0] fre_num_l            //频率值的十万位数
);

reg[26:0] clk_1Hz_cnt;
reg clk1Hz;                          //用于计算被检测信号的频率值
always@(posedge clk100, posedge rst)begin
if (rst)begin
    clk_1Hz_cnt <= 0;
    clk1Hz <= 0;
end
else if(clk_1Hz_cnt >= 99999999)begin
    clk_1Hz_cnt <= 0;
    clk1Hz <= ~clk1Hz;
end
else
    clk_1Hz_cnt <= clk_1Hz_cnt + 1;
end
assign clk05Hz = clk1Hz;

reg[3:0] b0,b1,b2,b3,b4,b5;          //保存频率个位至十万位暂存值
wire pulse;
assign pulse = (data_in >= 8'b10000000 && sw0_stop == 0)? 1:0;
always@(posedge pulse, posedge rst)begin
if(rst)begin
    b0 <= 0;
    b1 <= 0;
    b2 <= 0;
    b3 <= 0;
    b4 <= 0;
    b5 <= 0;
```

```
        end
    else if(clk1Hz == 1'b1)begin                    //1Hz 时钟高电平脉冲计算频率
        if(b0 == 9) begin b0 <= 0;
            if(b1 == 9)begin b1 <= 0;
                if(b2 == 9)begin b2 <= 0;
                    if(b3 == 9)begin b3 <= 0;
                        if(b4 == 9)begin b4 <= 0;
                            if(b5 == 9) b5 <= 0;
                            else b5 <= b5 + 1;
                        end
                        else b4 <= b4 + 1;
                    end
                    else b3 <= b3 + 1;
                end
                else b2 <= b2 + 1;
            end
            else b1 <= b1 + 1;
        end
        else b0 <= b0 + 1;
    end
    else begin
        b0 <= 0;
        b1 <= 0;
        b2 <= 0;
        b3 <= 0;
        b4 <= 0;
        b5 <= 0;
    end
    end


always@(negedge clk1Hz, posedge rst)begin
if(rst)begin
    fre_num_u <= 0;
    fre_num_d <= 0;
    fre_num_h <= 0;
    fre_num_t <= 0;
    fre_num_m <= 0;
    fre_num_l <= 0;
end
else if(sw0_stop == 0)                              //锁存计算得到的频率值
begin
    fre_num_u <= b0;
    fre_num_d <= b1;
    fre_num_h <= b2;
    fre_num_t <= b3;
    fre_num_m <= b4;
    fre_num_l <= b5;
end
endmodule
```

10.2.5　仿真结果

仿真上述设计的过程如下:

(1) 在 Vivado 中创建一个仿真文件(testbench),并在该文件中验证设计的功能,对设计做功能仿真。

(2) 由于数字示波器是对模拟信号进行采样,存储以及显示,testbench 中直接验证 A/D 采样后的设计功能,所以输入信号是 A/D 采样后的数字信号。对设计项目仿真得到波形如图 10.7 所示。

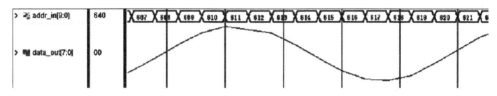

图 10.7　仿真波形

其中 addr_in 为 VGA 控制模块中传递过来的行计数器 hc,data_out 是 RAM 中存储的 A/D 采样值,从图 10.7 中可知,当行计数器 hc 在 0~639 时,输出采样波形,且该波形与实际信号波形一致,可知逻辑设计的功能正确。

10.2.6　实现流程

选择 Basys3 开发板,VGA 显示器,信号发生器实现上述设计的过程如下:

(1) 建立一个新的工程项目,项目名称为 Oscilloscope,选择 FPGA 型号为 xc7a35tcpg236-1,然后添加各个子模块及顶层模块的 HDL 文件。

(2) 根据 Basys3 开发板的用户手册给顶层模块的输入、输出信号分配到器件相应的引脚位置,并指定电气标准 LVCMOS3.3V,然后综合实现,并生成比特流文件。

(3) 将 Basys3 与 VGA 显示器连接好,并准备好一台信号发生器,产生的信号直流偏移量为 500mV,电压范围为 0~1V,频率为 4kHz 以下,然后将比特流文件写入目标器件中,观察 VGA 模块显示的信号波形,此时通过按键 BTNC(U18)可改变采样频率。

10.2.7　拓展任务

(1) 修改上述程序增加示波器显示触发条件。

(2) 通过增加一个拨码开关 SW1 使显示波形可左右移动。

10.3　基于 Zynq 的 CNN 手写数字识别系统实现

基于 Zynq 的手写数字识别系统的描述见第 9 章。本节将介绍其系统实现的详细步骤。

10.3.1　实验设备

本实验所需的硬件平台、软件平台说明如表 10.3 所示。

表 10.3　基于 Zynq 的 CNN 手写数字识别系统实验设备列表

类　　别	名　　称	数　　量	备　　注
硬件平台	ZYBO Z7-20 开发板	1	支持其他 Xilinx Zynq-7000 FPGA 开发板
	PMOD OLED 显示屏	1	
软件平台	Vivado HLS 2017.1	/	
	Vivado 2017.1	/	
	XilinxSDK 2017.1	/	

10.3.2　功能要求

所实现的手写数字识别系统应实现以下功能：

（1）卷积层的 FPGA 加速。

（2）完整 Lenet5 网络的实现。

（3）对 MNIST 手写数字数据集的分类，分类结果可显示。

10.3.3　设计分析

设计分析详见第 9 章。

10.3.4　实现步骤

1. HLS 卷积加速核设计

首先使用 HLS 高层次综合工具进行卷积层加速核的设计。Vivado HLS 开始界面如图 10.8 所示。我们需要新建一个 HLS 工程，选择 Create New Project。

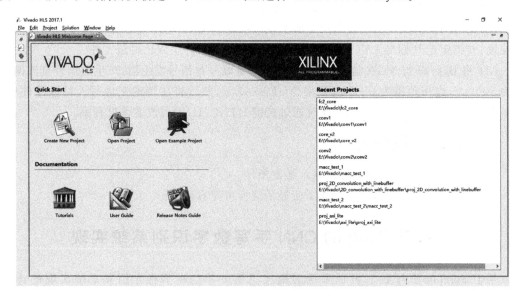

图 10.8　Vivado HLS 开始界面

如图 10.9 所示输入工程名称 core_cnn，可以按照自己的习惯更改工程的存储路径，单击 Next 按钮。

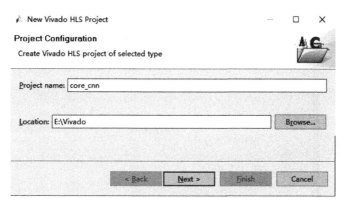

图 10.9　设置工程名和路径界面

在接下来弹出的两个 Add/Remove Files 中都选择 Next。第一个跳过的是指定顶层函数,这一步在代码设计完成后再进行,第二次跳过的是添加设计文件,工程建立完成后再添加。

在图 10.10 所示的 Solution Configuration 界面中,单击 Part Selection 中的"…",选择使用的器件。

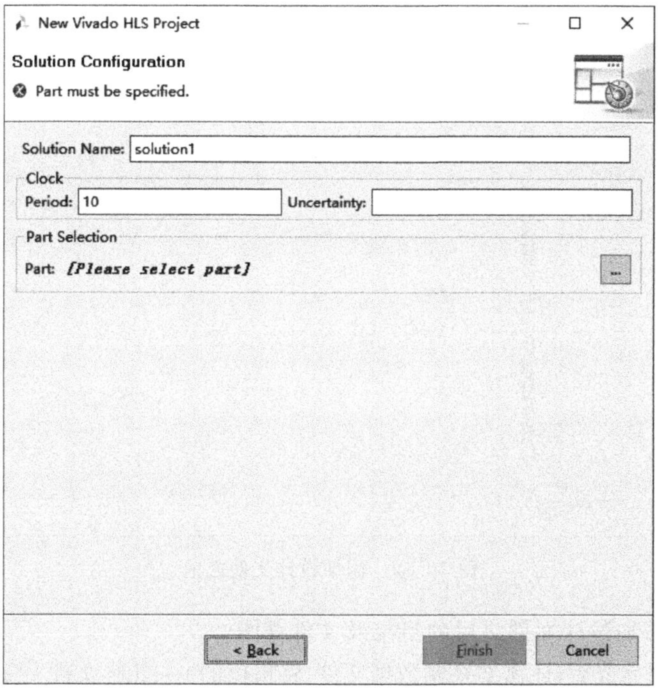

图 10.10　解决方案配置界面

可以按芯片型号,也可以按照开发板选择。我们使用的是 Zybo Z720 开发板,Board 选项中并没有该选项,因此在 Parts 选项中选择芯片型号 xc7z020clg484-1。选择完成后单击Finish 按钮完成解决方案的配置。HLS 主界面如图 10.11 所示。

向工程路径下复制提供的设计源文件,图 10.12 所示为添加设计文件之前的目录情况。

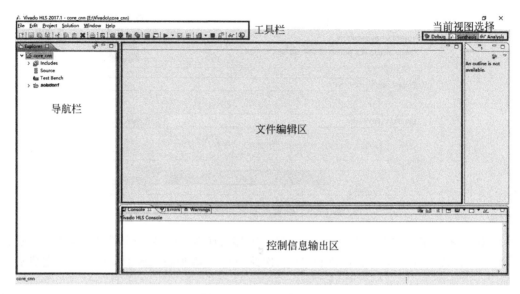

图 10.11　HLS 主界面

图 10.12　添加设计文件之前

图 10.13 为添加设计文件之后的目录及文件截图。

设计文件复制完成后，还需要复制数据文件，将提供的 weights 文件夹复制到上述路径。

下一步，在导航栏中添加源文件如图 10.14 所示。其中，Source 下拉项中的文件是最终会被综合为 IP 的设计文件，而 Testbench 下拉项中的文件则用于仿真，一定要注意区别。注意，当前只有一个解决方案 Solution1，字体加粗，表明该解决方案处于活动状态。最终将有 3 个解决方案，对应 3 个卷积加速核。

添加文件后，需要对工程属性进行设置，单击工具栏 Project→Project Settings，在弹出的 Project Setting 窗口中单击左侧的 Synthesis。在 Top Function 中单击 Browse，选择

CONVOLUTION_LAYER_1,将其设置为当前解决方案的顶层函数,如图 10.15 所示。

名称	修改日期	类型	大小
.apc	2018/7/16 17:53	文件夹	
.settings	2018/7/16 17:53	文件夹	
solution1	2018/7/16 17:53	文件夹	
.cproject	2018/7/16 17:53	CPROJECT 文件	19 KB
.project	2018/7/16 17:53	PROJECT 文件	2 KB
common.h	2018/5/23 20:18	C/C++ Header F	3 KB
conv_sw.cpp	2018/5/21 11:08	C++ Source File	6 KB
conv_sw.h	2018/5/21 11:07	C/C++ Header F	1 KB
conv1_top.cpp	2018/5/23 19:40	C++ Source File	11 KB
conv1_top.h	2018/5/23 15:48	C/C++ Header F	1 KB
fullyconnect.cpp	2018/5/21 11:04	C++ Source File	1 KB
fullyconnect.h	2018/5/21 11:03	C/C++ Header F	1 KB
mnist.h	2018/5/21 11:05	C/C++ Header F	4 KB
pooling.h	2018/5/21 11:05	C/C++ Header F	5 KB
testbench.cpp	2018/5/23 15:50	C++ Source File	9 KB
vivado_hls.app	2018/7/16 17:53	APP 文件	1 KB

图 10.13　添加设计文件之后

图 10.14　添加设计文件之后的导航栏

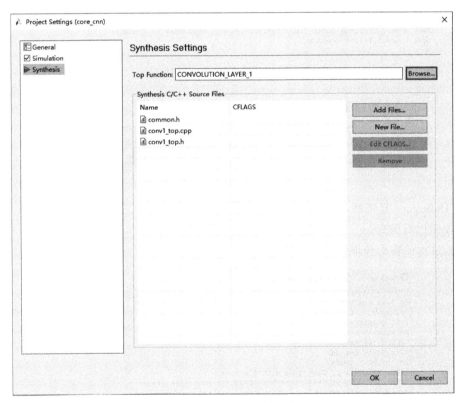

图 10.15　设置顶层函数

设置完成后,需要将 testbench.c 中数据文件的路径修改为读者自己的路径,如图 10.16
和图 10.17 所示。

修改完成并保存后,可以开始 C 仿真了。如图 10.18 所示,选择工具栏中的 Run C
Simulation。

在弹出的 C Simulation 对话框中可以配置编译选项。当需要启动调试器时可以勾选

```
76
77      //D:/vivado2017 docs\conv1\conv1 read MNIST data & label
78      READ_MNIST_DATA("E:/Vivado/core_cnn/weights/t10k-images.idx3-ubyte",MNIST_IMG,-1.0f, 1.0f, image_Move);//读取
79      READ_MNIST_LABEL("E:/Vivado/core_cnn/weights/t10k-labels.idx1-ubyte",MNIST_LABEL,image_Move,false);//读取图像
80
81      }
```

图 10.16   修改数据文件路径

```
106
107     load_model("E:/Vivado/core_cnn/weights/Wconv1.mdl",Wconv1,CONV_1_TYPE*CONV_1_SIZE);
108     load_model("E:/Vivado/core_cnn/weights/Wconv3.mdl",Wconv2,CONV_2_TYPE*CONV_1_TYPE*CONV_2_SIZE);
109     load_model("E:/Vivado/core_cnn/weights/Wconv5.mdl",Wconv3,CONV_3_TYPE*CONV_2_TYPE*CONV_3_SIZE);
110
111     load_model("E:/Vivado/core_cnn/weights/bconv1.mdl",bconv1,CONV_1_TYPE);
112     load_model("E:/Vivado/core_cnn/weights/bconv3.mdl",bconv2,CONV_2_TYPE);
113     load_model("E:/Vivado/core_cnn/weights/bconv5.mdl",bconv3,CONV_3_TYPE);
114
115     load_model("E:/Vivado/core_cnn/weights/Wpool1.mdl",Wpool1,POOL_1_TYPE*4);
116     load_model("E:/Vivado/core_cnn/weights/Wpool2.mdl",Wpool2,POOL_2_TYPE*4);
117
118     load_model("E:/Vivado/core_cnn/weights/bpool1.mdl",bpool1,POOL_1_TYPE);
119     load_model("E:/Vivado/core_cnn/weights/bpool2.mdl",bpool2,POOL_2_TYPE);
120
121     load_model("E:/Vivado/core_cnn/weights/Wfc1.mdl",Wfc1,FILTER_NN_1_SIZE);
122     load_model("E:/Vivado/core_cnn/weights/Wfc2.mdl",Wfc2,FILTER_NN_2_SIZE);
123
124     load_model("E:/Vivado/core_cnn/weights/bfc1.mdl",bfc1,BIAS_NN_1_SIZE);
125     load_model("E:/Vivado/core_cnn/weights/bfc2.mdl",bfc2,BIAS_NN_2_SIZE);
126     cout<<"model loaded"<<endl;
127
```

图 10.17   修改设计文件路径

图 10.18   启动 C 仿真

Launch Debugger 复选框,其他 3 个选项也可以按照需求勾选,这里我们都不选择,直接单击 OK 按钮进行仿真。

仿真过程的输出和最终仿真结果可以在 Console 控制台中查看,如图 10.19 所示。

```
Console ☒   Errors   Warnings
Vivado HLS Console
HW test completed
accuracy : 100/100
Test Completed
HW execution time : 0.895 seconds
C1 : 0.161 seconds
C2 : 0.214 seconds
C3 : 0.07 seconds
INFO: [SIM 211-1] CSim done with 0 errors.
INFO: [SIM 211-3] *************** CSIM finish ***************
Finished C simulation.
```

图 10.19   C 仿真结果输出

除了通过控制台观察仿真结果外,还可以打开 CONVOLUTION_LAYER_1_csim.log 文件观察仿真过程中输出了什么信息。

仿真通过后,选择工具栏中的 Run C Synthesis,启动 C 综合,如图 10.20 所示。

图 10.21 所示为 C 综合完成的界面,之后已经可以导出 IP 包了。但是 HLS 提供了进

图 10.20 启动 C 综合

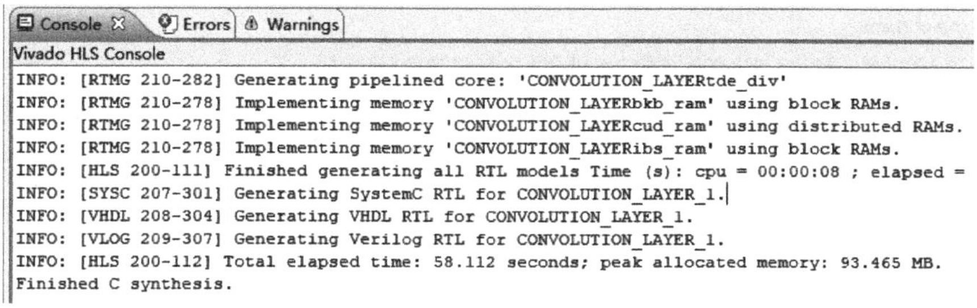

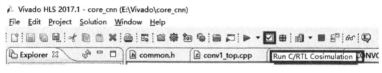

图 10.21 C 综合完成

一步的仿真工具——C/RTL 联合仿真,如图 10.22 所示。读者可以尝试运行后,查看仿真波形,进一步理解 testbench 的作用和 AXI 的接口时序。

图 10.22 启动 C/RTL 联合仿真

如图 10.23 所示,选择工具栏 Export 图标,导出 IP 包。

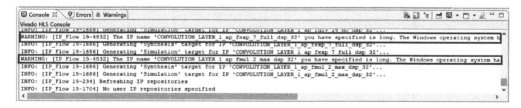

图 10.23 导出 RTL 级 IP 包

如图 10.24 所示,Console 控制台可能会输出警告信息,这是由于一些自动命名的文件名过长导致的,系统会自动处理,可以忽略。

图 10.24 可以忽略的警告

导出完成后,在工程路径下的 solution1/impl 文件夹下可以看到 ip 文件夹,这就是已经设计好的卷积加速核 IP。在下一步硬件平台设计中,需要用到该文件夹。

2. 硬件平台设计

关闭 HLS,打开 Vivado,选择 Vivado 开始界面左侧区域的 Quick Start → Create Project,建立新工程。输入工程名并设置工程路径,勾选 Create project subdirectory 复选框,如图 10.25 所示。

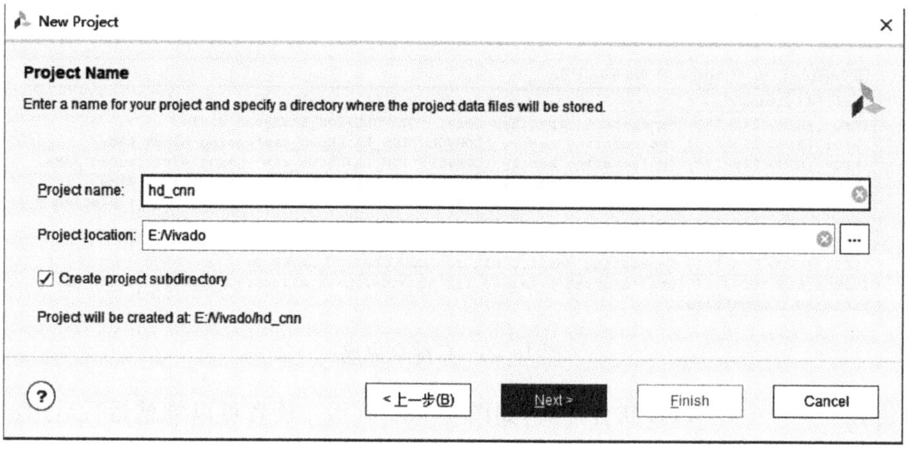

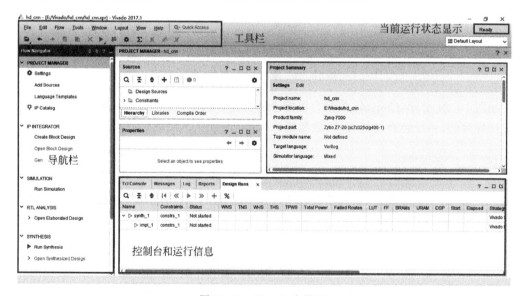

图 10.25　设置工程名和路径

工程类型选择 RTL Project,并勾选 Do not specify sources at this time 复选框,表示当前不指定源文件。

之后选择器件,在 Board 选项中选择 Zybo Z7-20,方便之后的 IP 配置和接口使用。如果没有相应的开发板选项,可以参考 8.4.1 节给出的方法进行配置,也可以直接指定芯片,但直接指定芯片的方法会导致之后的步骤有所不同,因此在这里使用开发板指定的方法。

完成工程的初始配置后,Vivado 的主界面如图 10.26 所示。

图 10.26　Vivado 主界面

在左侧导航栏中选择 IP Catalog,打开 IP 配置,添加自定义和第三方 IP 的路径。右键选择 Add Repository...,如图 10.27 所示。

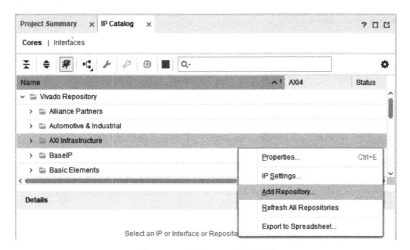

图 10.27　添加 IP 所在目录

选择上一小节卷积加速核 IP 所在文件夹,为了使用 Pmod 官方 IP,需要把 vivado-library-master 文件夹也选择进来。添加完成会弹出提示框,如图 10.28 所示。

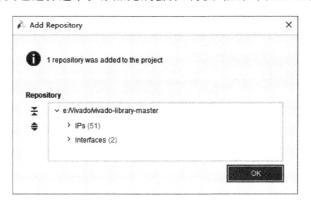

图 10.28　IP 目录添加成功

右侧导航栏选择 IP INTEGRATOR→Create Block Design,创建模块化设计,在弹出框输入设计名,如图 10.29 所示。

单击设计区工具栏的"＋",添加 IP,首先添加 ZYNQ7 Processing System,添加完成后的设计界面如图 10.30 所示。

单击图 10.30 中 Run Block Automation 选项,进入图 10.31 所示界面。执行 IP 的自动配置,左侧全部勾选后单击 OK 按钮。

ZYNQ7 Processing System IP 自动配置完成后的截图如图 10.32 所示。

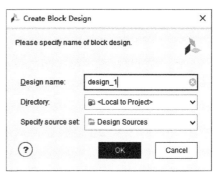

图 10.29　设计初始配置

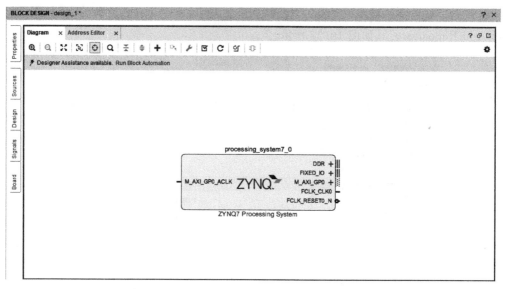

图 10.30　ZYNQ7 Processing System IP 添加完成

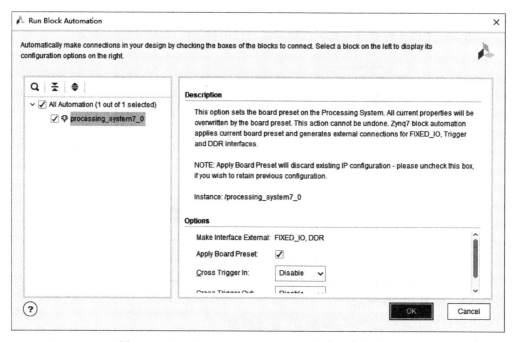

图 10.31　ZYNQ7 Processing System IP 自动配置界面

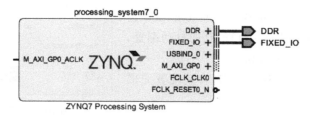

图 10.32　自动配置完成后的 ZYNQ7 Processing System IP

同样的方法,添加 PmodOLED 的 IP 如图 10.33 所示。之后单击魔术卡选项 Run Connection Automation,执行 IP 的自动连接。勾选左侧全部选项,单击 OK 按钮,如图 10.34 所示。

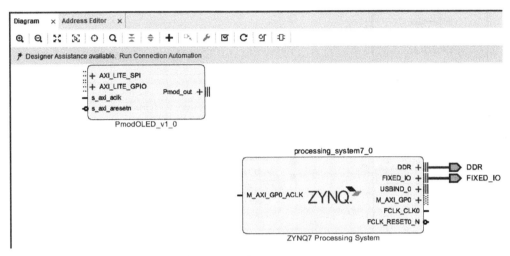

图 10.33　添加 PmodOLED IP

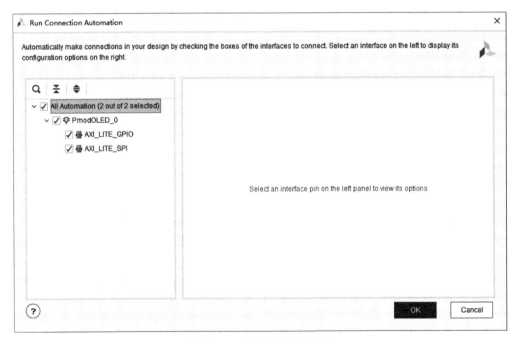

图 10.34　IP 自动连接配置

侧边栏选择 Board 选项,双击 Pmod→Connector JA,这一步是使用开发板上的 JA 接口,PmodOLED 显示屏就连接在 JA 接口上,如图 10.35 所示。

如图 10.36 所示,选择 Pmod_out,单击 OK 按钮。

PmodOLED 连接完成后,电路如图 10.37 所示。

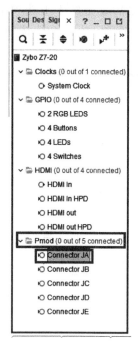

图 10.35　选择板级连接部件

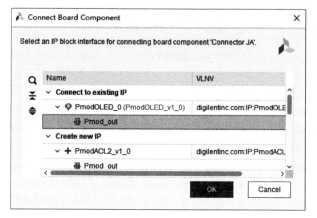

图 10.36　设置连接关系

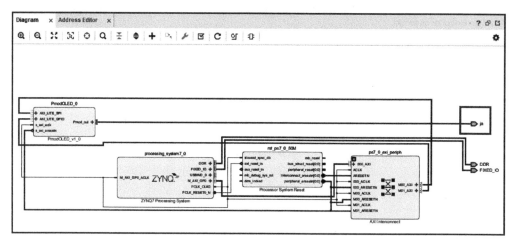

图 10.37　Pmod 接口连接后的模块化设计图

　　将 3 个卷积加速核 IP、一个 XConcat 和一个 AXI InterConnect 添加到设计区。IP 的作用参见第 9 章。之后设置 ZYNQ7 Processing System,如图 10.38 所示。

　　左侧选择 PS-PL configuration,勾选 M AXI GP0 interface 和 S AXI HP0 interface,如图 10.39 所示。

　　如图 10.40 所示,选择 Interrupts,勾选 IRQ_F2P[15:0],用于添加中断接口。

　　如图 10.41 所示,配置 XConcat,在 Number of Ports 中输入 3。

　　两个 AXI Interconnect 分别按照图 10.42 和图 10.43 修改接口数量。

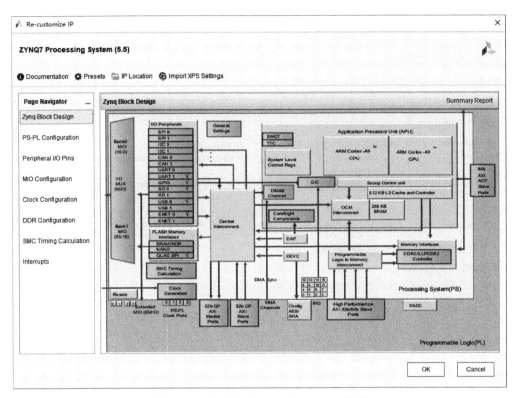

图 10.38　ZYNQ7 Processing System 配置

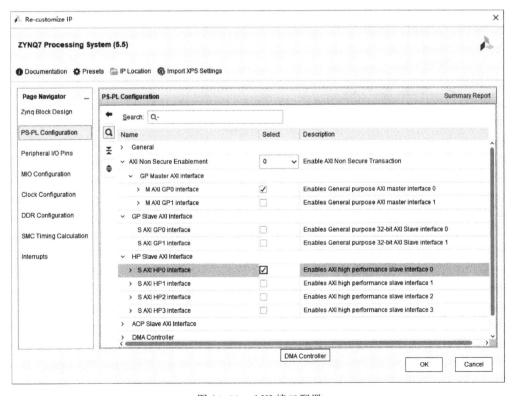

图 10.39　AXI 接口配置

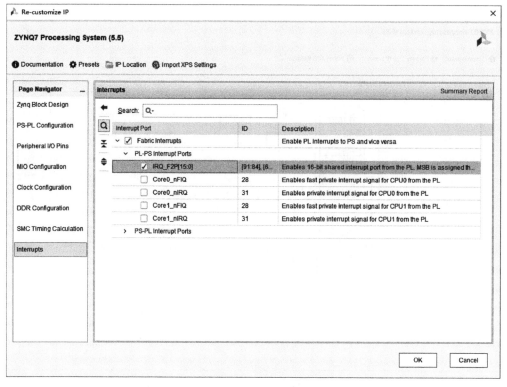

图 10.40　中断配置

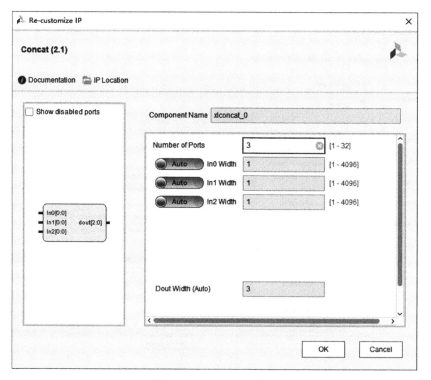

图 10.41　XConcat 配置

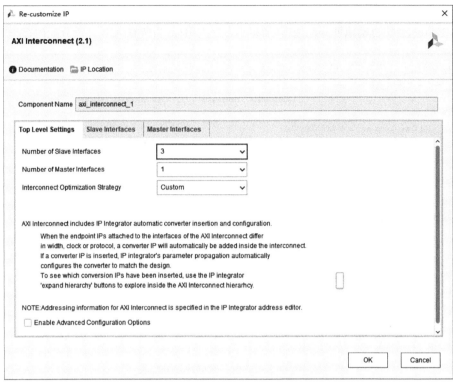

图 10.42 AXI Interconnect 配置 1

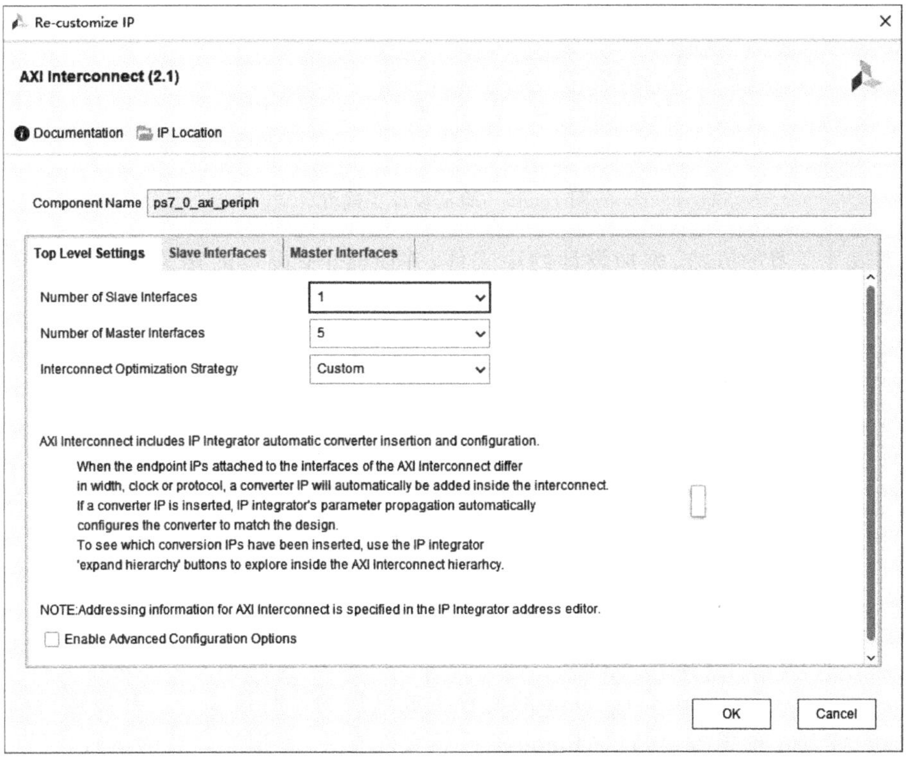

图 10.43 AXI Interconnect 配置 2

所有 IP 配置完成后,按照第 9 章中完成所有 IP 的连接。之后如图 10.44 所示,打开 Address Editor,使用自动地址分配选项(加粗小方框内图标)为所有 AXI 外设分配内存映射地址。

Cell	Slave Interface	Base Name	Offset Address	Range		High Address
∨ ⊞ processing_system7_0						
∨ ⊞ Data (32 address bits : 0x40000000 [1G])						
▬ PmodOLED_0	AXI_LITE_SPI	Reg0	0x4000_0000	64K	▼	0x4000_FFFF
▬ PmodOLED_0	AXI_LITE_GPIO	Reg0	0x4001_0000	4K	▼	0x4001_0FFF
▬ CONVOLUTION_LAYER_1_0	s_axi_axilite	Reg	0x43C0_0000	64K	▼	0x43C0_FFFF
▬ CONVOLUTION_LAYER_2_0	s_axi_axilite	Reg	0x43C1_0000	64K	▼	0x43C1_FFFF
▬ CONVOLUTION_LAYER_3_0	s_axi_axilite	Reg	0x43C2_0000	64K	▼	0x43C2_FFFF
∨ ⊞ CONVOLUTION_LAYER_1_0						
∨ ⊞ Data_m_axi_memorybus (32 address bits : 4G)						
▬ processing_system7_0	S_AXI_HP0	HP0_DDR_LOWOCM	0x0000_0000	1G	▼	0x3FFF_FFFF
∨ ⊞ CONVOLUTION_LAYER_2_0						
∨ ⊞ Data_m_axi_memorybus (32 address bits : 4G)						
▬ processing_system7_0	S_AXI_HP0	HP0_DDR_LOWOCM	0x0000_0000	1G	▼	0x3FFF_FFFF
∨ ⊞ CONVOLUTION_LAYER_3_0						
∨ ⊞ Data_m_axi_memorybus (32 address bits : 4G)						
▬ processing_system7_0	S_AXI_HP0	HP0_DDR_LOWOCM	0x0000_0000	1G	▼	0x3FFF_FFFF

图 10.44 AXI 内存映射地址分配表

按照图 10.45,单击设计区 Validate Design 图标,验证设计正确性,如果有报错,应检查是否有连接错误。

图 10.45 验证设计正确性

参考 8.4.1 节的方法,添加设计约束文件,并使能 JA 接口的相关配置。引脚约束如图 10.46 所示。

```
##Pmod Header JA (XADC)
set_property -dict { PACKAGE_PIN N15   IOSTANDARD LVCMOS33 } [get_ports { ja[0] }]; #IO_L21P_T3_DQS_AD14P_35 Sch=JA1_R_p
set_property -dict { PACKAGE_PIN L14   IOSTANDARD LVCMOS33 } [get_ports { ja[1] }]; #IO_L22P_T3_AD7P_35 Sch=JA2_R_P
set_property -dict { PACKAGE_PIN K16   IOSTANDARD LVCMOS33 } [get_ports { ja[2] }]; #IO_L24P_T3_AD15P_35 Sch=JA3_R_P
set_property -dict { PACKAGE_PIN K14   IOSTANDARD LVCMOS33 } [get_ports { ja[3] }]; #IO_L20P_T3_AD6P_35 Sch=JA4_R_P
set_property -dict { PACKAGE_PIN N16   IOSTANDARD LVCMOS33 } [get_ports { ja[4] }]; #IO_L21N_T3_DQS_AD14N_35 Sch=JA1_R_N
set_property -dict { PACKAGE_PIN L15   IOSTANDARD LVCMOS33 } [get_ports { ja[5] }]; #IO_L22N_T3_AD7N_35 Sch=JA2_R_N
set_property -dict { PACKAGE_PIN J16   IOSTANDARD LVCMOS33 } [get_ports { ja[6] }]; #IO_L24N_T3_AD15N_35 Sch=JA3_R_N
set_property -dict { PACKAGE_PIN J14   IOSTANDARD LVCMOS33 } [get_ports { ja[7] }]; #IO_L20N_T3_AD6N_35 Sch=JA4_R_N
```

图 10.46 添加引脚约束

右击 design_1.bd,选择 Creat HDL Wrapper,创建完成后,可以按照 Synthesis→Implementation→Generate Bitstream 的流程生成最后的比特流文件。开始运行前会有 3 个如图 10.47 所示的警告,它们与 Pmod 的原始文件有关,不影响之后的运行,可以直接单击 OK 按钮跳过。

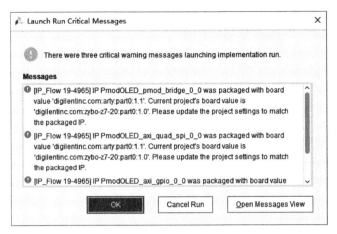

图 10.47　可忽略的警告

由于工程较大,综合、布局布线和生成比特流的时间在 30min 左右。

到此,硬件设计全部完成。接下来需要编写控制程序。在敲代码之前,需要将生成好的硬件平台设计文件导出到软件开发套件 SDK 中。选择 File→Export→Export Hardware 导出硬件描述文件,选择 File→Launch SDK,打开软件开发套件。

3. 软件设计

最后进行应用程序设计。启动的 Vivado SDK 主界面如图 10.48 所示。

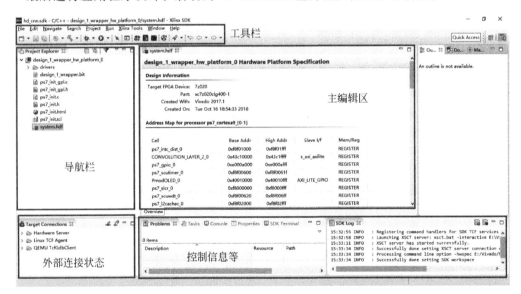

图 10.48　Vivado SDK 主界面分区

建立应用程序工程。在工具栏选择 File→New→Application Project,按照图 10.49 在界面输入:

(1) 工程名称,图中为 app_cnn;

(2) 操作系统平台选择 standalone(裸机);

（3）编程语言选择 C++；

（4）板级支持包选项，点选 Create New；

（5）单击 Next。

工程模板选择 Empty Application，创建完成后，导航栏的文件列表如图 10.50 所示。

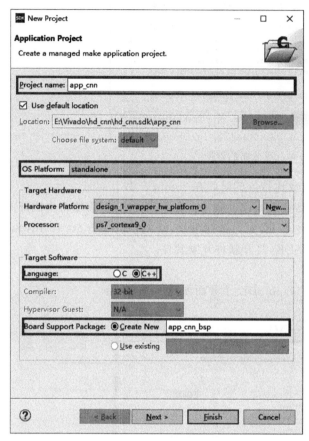

图 10.49　工程配置界面

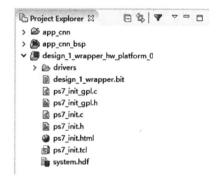

图 10.50　工程创建完成后的列表

之后进行板级支持包的设置，以使用 Xilinx 提供的文件系统 xilffs。选择工具栏 Xilinx Tools→Board Support Package Settings。

如图 10.51 所示，在 Overview 中勾选 xilffs 复选框。

如图 10.52 所示，在 xilffs 选项中修改 use_lfn 一项的值，由默认的 false 改为 true，从而允许使用长文件名。

添加提供的设计源文件和头文件。这里，以新建文件的方法添加文件。在导航栏右键，选择 New→Header File，添加新的设计头文件。如图 10.53 所示，在弹出框中填入完整的文件名，注意要包括扩展名.h。

导航栏右键，选择 New→Source File，添加设计源文件。输入源文件的完整文件名。需要添加的文件较多，具体名称和类型见图 10.54 中方框。注意删除建立工程时系统自动生成的文件 main.cc。

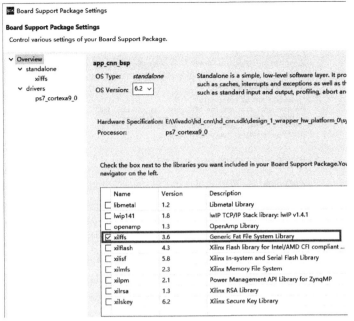

图 10.51　文件系统 xilffs

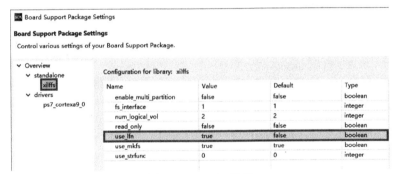

图 10.52　xilffs 配置

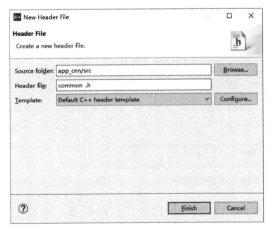

图 10.53　添加设计头文件

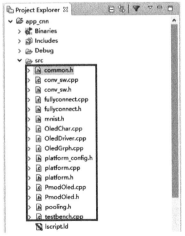

图 10.54　所有需要添加的文件

将提供的源文件和头文件的内容复制粘贴到相同名称的文件中,按 Ctrl＋S 组合键保存,系统会自动进行编译,如果没有错误就会生成可用的.elf 文件,如图 10.55 所示。

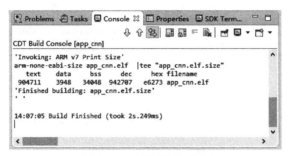

图 10.55 工程建立成功

这时候已经可以通过串口将硬件设计比特流文件和应用程序下载到 Zybo 板上观察运行结果了。不过如果想通过 SD 卡或者板载 Flash 启动工程,还需要制作启动镜像。首先建立 FSBL 工程,建立 FSBL 工程的方法与应用程序工程相似,但需要选择使用 C 语言,并在下一步使用 Zynq FSBL 模板。FSBL 的配置方法如图 10.56 所示。

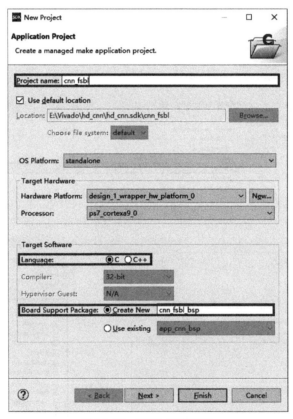

图 10.56 FSBL 工程配置

工程建立完成后会自动生成 FSBL,无须用户修改。最后制作启动镜像。选择工具栏 Xilinx Tools→Create Boot Image,在 Output BIF file path 中设置 Flash 启动镜像的保存路径,在 Output path 中设置 SD 卡启动镜像 BOOT.bin 的保存路径,在 Boot image partitions

中选择 Add,添加各个所需的文件,如图 10.57 所示。

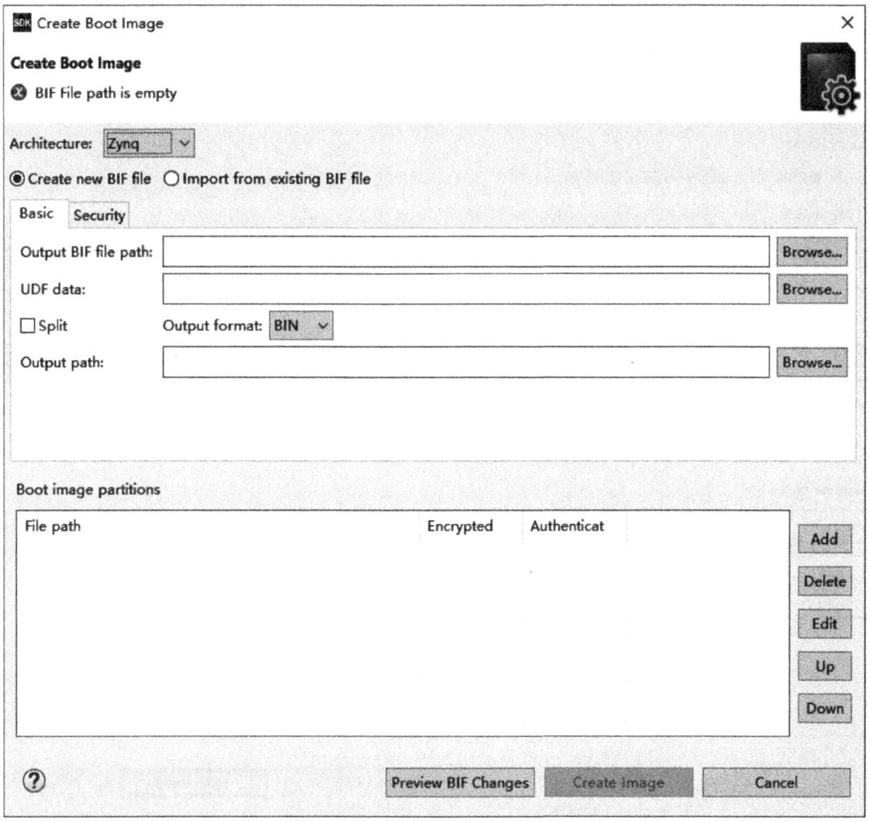

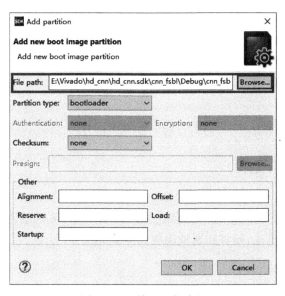

图 10.57 创建启动镜像的界面

首先添加 FSBL,再添加硬件比特流文件,最后添加应用程序文件,顺序一定不能出错。图 10.58 是文件路径输入界面。

图 10.58 输入文件路径

添加完成后的界面如图 10.59 所示,单击 Create Image,完成启动镜像的创建。

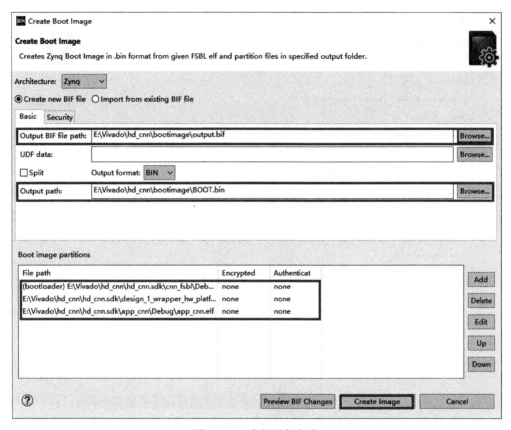

图 10.59 全部添加完成

如图 10.60 所示,可以在所设置的路径下看到两个启动镜像。将 BOOT. bin 复制到 SD 卡的根目录,通过跳线设置启动方式为 SD 卡启动,即可运行实验。

图 10.60 启动镜像文件

10.3.5 实验效果

在 testbench. cpp 中通过定义 Mode Selection 中的 MNIST_DISPLAY_MODE、HW_TIME_TEST_MODE 和 SW_TIME_TEST_MODE,可以编译出不同效果的应用程序,分别对应图片显示模式,硬件加速性能测试模式和纯 CPU 运行性能测试模式。运行效果如图 10.61 所示。

(a) 识别效果

(b) 三个卷积核硬件加速及总运行时间

(c) 全部采用软件的运行时间

图 10.61 CNN 手写数字识别系统运行效果

10.3.6 拓展任务

(1) 分别完成 Lenet 网络对 1000 张、5000 张、10000 张 MNSIT 测试集图片的分类,并记录使用 FPGA 加速核和不使用加速核的两种模式的运行时间。

(2) 按照卷积层加速核的实现方法,使用 HLS 设计池化层/全连接层加速核,观察使用不同加速核时的加速效果。

(3) 有条件的读者,可以使用资源更多的开发板进行全网络加速。思考一下,全网络加速的 FPGA 加速设计还需要考虑哪些问题?其结构与单层加速核有什么不同?

Basys3 开发板

Basys3 是一个围绕着 Xilinx Artix®-7 FPGA 芯片 xc7a35tcpg236-1 搭建的开发板,它集成了大量的 I/O 设备(拨码开关、7 段数码管、LED 等)和 FPGA 所需的支持电路(电源电路、编程电路以及 VGA 接口电路等),适合于实现从基本逻辑设计到复杂控制逻辑设计的各种数字逻辑电路。

具体地,Basys3 开发板的资源分布及标号(按照分布位置标号)如图 A.1 所示,包括电源指示灯、拨码开关等 16 个电路组件,这些资源的简要说明见表 A.1。

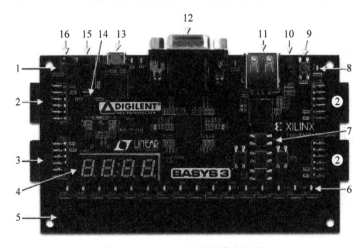

图 A.1　Basys3 开发板资源标号

表 A.1　Basys3 开发板资源说明

标　号	描　述	标　号	描　述
1	电源指示灯	9	FPGA 配置复位按键
2	Pmod 连接口	10	编程模式跳线柱
3	模拟信号 Pmod 连接口(XADC)	11	USB 主机连接口
4	4 位 7 段数码管	12	VGA 连接口
5	16 个拨码开关	13	UART/JTAG 共用 USB 接口
6	16 个 LED	14	外部电源接口
7	5 个按键开关	15	电源开关
8	FPGA 编程结束指示灯	16	电源选择跳线柱

1. 电源电路

如图 A.2 所示，Basys3 开发板可以通过两种方式进行供电，一种是通过 J4 的 USB 端口供电，另一种是通过 J6 的接线柱进行供电（5V）。通过 JP2 跳线帽来进行供电方式的选择。电源开关通过 SW16 进行控制，LD20 为电源开关的指示灯（亮表示电源开启）。

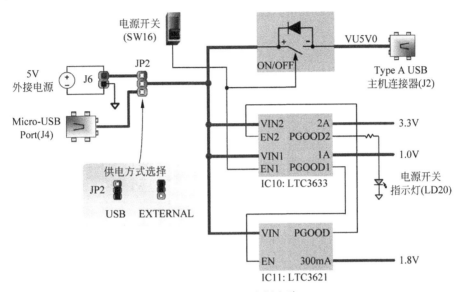

图 A.2　Basys3 电源电路

2. FPGA 配置电路

如图 A.3 所示，FPGA 编程支持 3 种方式，通过跳线帽 JP1 进行选择：

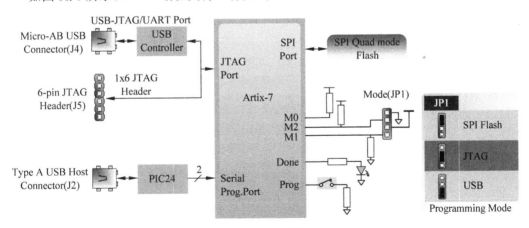

图 A.3　Basys3 配置电路

（1）JP1 选择 JTAG 时，用 Vivado 通过 JTAG 方式下载 .bit 文件到 FPGA 芯片。

（2）JP1 选择 SPI Flash 时，用 Vivado 通过 QSPI 方式下载 .bin 或 .mcs 文件到 Flash 芯片，实现掉电不易失。

（3）JP1 选择 USB 时，用 U 盘或移动硬盘通过 J2 的 USB 端口下载.bit 文件到 FPGA 芯片（建议将.bit 文件放到 U 盘根目录下，且只放 1 个），该 U 盘应该是 FAT32 文件系统。

3. LED 电路

LED 部分的电路如图 A.4 所示。当 FPGA 输出为高电平时，相应的 LED 点亮，否则 LED 熄灭。板上配有 16 个 LED，在实验中灵活应用，可用作标志显示或代码调试的结果显示，既直观明了又简单方便。

4. 拨码开关电路

拨码开关的电路如图 A.5 所示。在使用这个 16 位拨码开关时开关拨到下挡时，表示 FPGA 的输入为低电平。

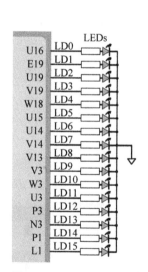

图 A.4　Basys3 LED 电路

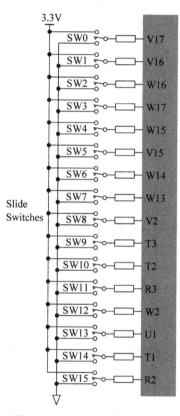

图 A.5　Basys3 拨码开关电路

5. 按键开关电路

按键部分的电路如图 A.6 所示。板上配有 5 个按键，当按键按下时，表示 FPGA 的相应输入脚为高电平。

6. 数码管电路

数码管显示部分的电路如图 A.7 所示。Basys3 使用的是一个 4 位带小数点的七段共阳数码管，当相应的输出引脚（W7/W6/U8/V8/U5/V5/U7/V7）为低电平时，该段位的 LED 点亮。位选位（W4/V4/U4/U2）为低电平选通。

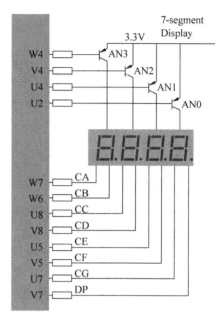

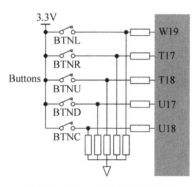

图 A.6　Basys3 按键开关电路　　　　　　图 A.7　Basys3 数码管电路

7. I/O 扩展电路

4个标准的扩展连接器(其中一个为专用 AD 信号 Pmod 接口)允许设计使用面包板、用户设计的电路或 Pmods 扩展 Basys3 开发板。8针连接器上的信号免受 ESD 损害和短路损害，从而确保了在任何环境中的使用寿命更长。图 A.8 为 Basys3 I/O 扩展接口。

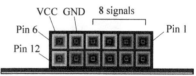

图 A.8　Basys3 I/O 扩展电路

ZYBO 开发板

ZYBO 是一款围绕 Xilinx Zynq-7000 系列器件所构建的功能丰富、入门级的嵌入式软件和数字电路开发平台。其中 Zynq-7000 基于 Xilinx 全可编程片上系统（AP SoC）架构，紧密集成了双核 ARM Cortex-A9 处理器与 Xilinx 7 系列 FPGA。通过提供存储器、音视频 I/O、SD 卡槽等丰富的多媒体接口和外围设备与 Zynq-7000 相配合，ZYBO 开发板能支持完整的嵌入式系统设计。ZYBO 开发板的资源分布及标号（按照分布位置标号）如图 B.1 所示，资源说明见表 B.1。

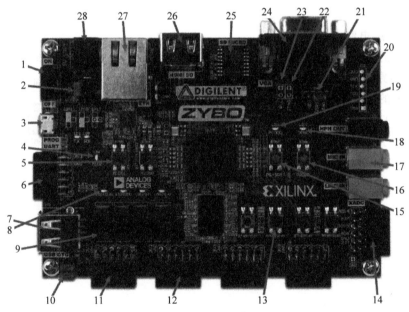

图 B.1　ZYBO 开发板资源标号

表 B.1　ZYBO 开发板资源说明

标号	描　述	标号	描　述
1	电源开关（SW4）	6	MIO Pmod 接口
2	供电模式选择跳线（JP57）	7	USB-OTG 接口
3	USB 编程/USB-UART 接口	8	GPIO LED（LD0-LD3）
4	MIO LED（LD4）	9	GPIO 拨码开关（SW0-SW3）
5	MIO 按钮（BTN4、BTN5）	10	USB-OTG 模式选择跳线

续表

标号	描　述	标号	描　述
11	标准 Pmod 接口(JE)	20	6-PIN JTAG 接口
12	高速 Pmod 接口(JB、JC、JD)	21	编程模式选择跳线(JP5)
13	GPIO 按钮(BTN0-BTN3)	22	独立的 JTAG 模式使能跳线
14	XADC Pmod 接口(JA)	23	PLL Bypass 跳线
15	处理器复位按钮(PS-SRST,BTN7)	24	VGA 接口
16	FPGA 配置复位按钮(PROGB,BTN6)	25	micro SD 接口(卡槽在背面)
17	音频 Codec 接口	26	HDMI 输入/输出接口
18	FPGA 配置完成指示灯(DONE,LD10)	27	以太网接口
19	板卡电源状态指示灯	28	电源接头

1. 电源电路

ZYBO 开发板可以通过三种方式进行供电,第一种是通过 USB 编程/USB-UART 接口(J11)供电;第二种是通过电源接口(J15)供电,建议使用标配的 5V/3A(电源功率需大于12.5W)外接电源适配器,注意电压超过 6V 时可能导致开发板损毁;第三种方式为电池供电。这三种方式的选择由跳线帽 JP7 和插针 J14 的连接情况来确定,具体使用如图 B.2 所示。

电源开关 SW4 对开发板电源进行开启和关闭控制。当电源开启时电源指示灯 LED(LD11)亮起。

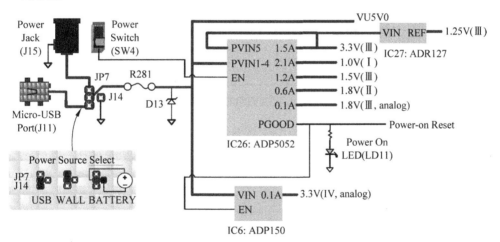

图 B.2　ZYBO 电源电路

2. FPGA 配置电路

ZYBO 支持三种默认编程模式,分别是:

(1) JTAG 编程模式:上电启动时,默认从 USB 编程/USB-UART 接口(J11)编程。

(2) QSPI Flash 编程模式:上电启动时,默认从开发板的 QSPI Flash 中读取配置文件进行编程。

(3) MicroSD 卡编程模式:将 MicroSD 卡插入卡槽(J4),上电启动时,默认从 SD 卡中读取配置文件进行编程。

这三种编程模式的选择通过跳线帽 JP5 进行,具体使用如图 B.3 所示。

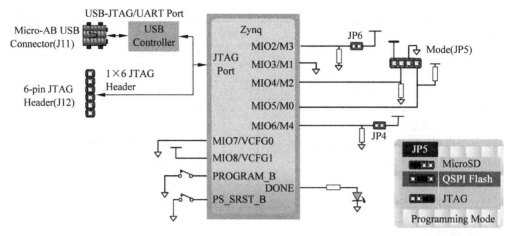

图 B. 3　ZYBO 配置电路

3. 时钟电路

如图 B. 4 所示,ZYBO 为 Zynq PS_CLK 输入提供 50MHz 时钟,并提供外部 125MHz 参考时钟接到 PL 的引脚 L16。

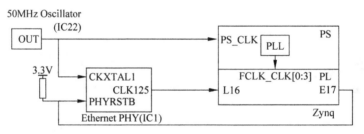

图 B. 4　ZYBO 时钟电路

Zynq FPGA 芯片根据 PS_CLK 和 L16 这两个输入时钟,采用 PLL(PS 或 PL 都有)或 MMCM(仅 PL 有)产生供内部 PS 和 PL 使用的工作时钟,具体描述如表 B. 2 所示。

表 B. 2　Zynq 时钟使用说明

Zynq 时钟输入引脚	时钟来源	描　述	用　途
PS_CLK(50MHz)	50MHz 晶振(IC22)	输入至内部 PS。PS 具有专用 PLL,能够采用 PS_CLK 产生多达四个参考时钟,每个参考时钟具有可配置的频率	4 个 PS 参考时钟可用于为 PS 子系统生成工作时钟 4 个 PS 参考时钟可用作 PL 端的 MMCM 和 PLL 的输入
L16(125MHz)	Ethernet PHY(IC1)	外部 125MHz 参考时钟,输入至内部 PL。PL 包括两个 MMCM 和两个 PLL,可用于生成具有精确的频率和相位关系的时钟	仅供 PL 使用,作为 PL 端的 MMCM 和 PLL 的输入

4. LED 电路

ZYBO 的 LED 电路如图 B.5 所示,ZYBO 提供 5 个用户可访问的 LED 资源(LD12/LD3/LD2/LD1/LD0),当 FPGA 输出为高电平时,相应的 LED 点亮,否则 LED 熄灭。

5. 拨码开关电路

ZYBO 的拨码开关电路如图 B.6 所示,当拨码开关(SW3/SW2/SW1/SW0)拨到下挡时,FPGA 输入为低电平。

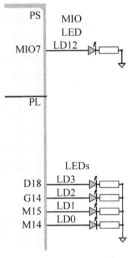

图 B.5　ZYBO LED 电路

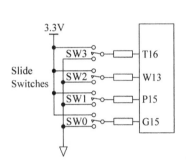

图 B.6　ZYBO 拨码开关电路

6. 按键开关电路

ZYBO 的按键开关电路如图 B.7 所示,一共有 6 个供用户使用的按键开关(BTN5/BTN4/BTN3/BTN2/BTN1/BTN0),当开关按下时,FPGA 输入为高电平。

7. VGA 接口电路

如图 B.8 所示,ZYBO 开发板使用 18 个可编程逻辑引脚(F19~R19)来创建模拟 VGA 输出端口。包括 16 位颜色深度(5 位红色,6 位绿色和 5 位蓝色)和两个标准同步信号(HSYNC 水平同步和 VSYNC 垂直同步)。

VGA 的控制时序请参见 Digilent 公司提供的 *ZYBO™FPGA Board Reference Manual*。

8. I/O 扩展电路

如图 B.9 所示,ZYBO 的 I/O 扩展电路是 2×6,直角,100 密耳间距的 Pmod 母连接器,可与标准 2×6 引脚接头配合使用。每个 12 引脚 Pmod

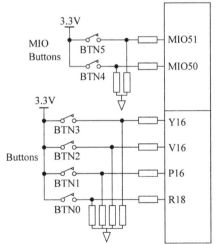

图 B.7　ZYBO 按键开关电路

连接器提供两个 3.3V VCC 信号(引脚 6 和 12),两个接地信号(引脚 5 和 11),8 个逻辑信号。VCC 和接地引脚可提供高达 1A 的电流。

Pin 1: Red　Pin 5: GND
Pin 2: Gm　Pin 6: Red GND
Pin 3: Blue　Pin 7: Gm GND
Pin 13: HS　Pin 8: Blu GND
Pin 14: VS　Pin 10: Sync GND

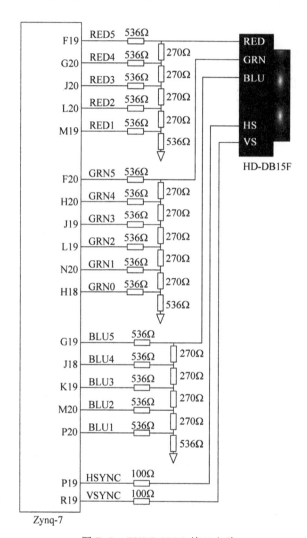

图 B.8　ZYBO VGA 接口电路

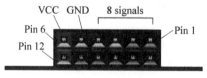

图 B.9　ZYBO I/O 扩展电路

参 考 文 献

[1] 徐文波，田耘. Xilinx FPGA 开发实用教程[M]. 2 版. 北京：清华大学出版社，2012.

[2] 孟宪元，陈彰林，陆佳华. Xilinx 新一代 FPGA 设计套件 Vivado 应用指南[M]. 北京：清华大学出版社，2014.

[3] 陈赜. CPLD/FPGA 与 ASIC 设计实践教程[M]. 2 版. 北京：科学出版社，2010.

[4] Bhasker J. Verilog HDL 硬件描述语言[M]. 徐振林等，译. 2 版. 北京：机械工业出版社，2000.

[5] 夏宇闻. Verilog 数字系统设计教程[M]. 3 版. 北京：北京航空航天大学出版社，2013.

[6] 张德学，张小军，郭华. FPGA 现代数字系统设计及应用[M]. 北京：清华大学出版社，2015.

[7] 王江宏，蔡海宁，颜远，等. Intel FPGA/CPLD 设计（高级篇）[M]. 北京：人民邮电出版社，2017.

[8] 薛一鸣，陈鹞，何宁宁，等. 基于 DFT 滤波器组的低时延 FPGA 语音处理实现研究[J]. 电子学报，2018，46(3)：695-701.

[9] 阎石. 数字电子技术基础[M]. 6 版. 北京：高等教育出版社，2016.

[10] Ciletti M D. Verilog HDL 高级数字设计[M]. 李广军等，译. 2 版. 北京：电子工业出版社，2014.

[11] 高亚军. 基于 FPGA 的数字信号处理[M]. 北京：电子工业出版社，2015.

[12] 陆佳华，江舟，马岷. 嵌入式系统软硬件协同设计实战指南：基于 Xilinx Zynq[M]. 北京：机械工业出版社，2013.

[13] 何宾，张艳辉. Xilinx Zynq-7000 嵌入式系统设计与实现：基于 ARM Cortex-A9 双核处理器和 Vivado 的设计方法[M]. 北京：电子工业出版社，2016.

[14] 符晓，张国斌，朱洪顺. Xilinx ZYNQ-7000AP SoC 开发实战指南[M]. 北京：清华大学出版社，2016.

[15] 何宾. 基于 AXI4 的可编程 SoC 系统设计[M]. 北京：清华大学出版社，2011.

[16] LeCun Y，Bottou L，Bengio Y，et al. Gradient-Based Learning Applied to Document Recognition[J]. PROCEEDINGS OF THE IEEE，1998，86(11)：2278-2324.

[17] Krizhevsky A，Sutskever I，Hinton G，et al. ImageNet classification with deep convolutional neural networks[J]. Advances in Neural Information Processing Systems，2012，25，1106-1114.

[18] Gschwend D. ZynqNet：An FPGA-Accelerated Embedded Convolutional Neural Network[D]. ETH Zürich，Department of Information Technology and Electrical Engineering. 2016.

图书资源支持

感谢您一直以来对清华大学出版社图书的支持和爱护。为了配合本书的使用，本书提供配套的资源，有需求的读者请扫描下方的"书圈"微信公众号二维码，在图书专区下载，也可以拨打电话或发送电子邮件咨询。

如果您在使用本书的过程中遇到了什么问题，或者有相关图书出版计划，也请您发邮件告诉我们，以便我们更好地为您服务。

我们的联系方式：

地　　址：北京市海淀区双清路学研大厦 A 座 701

邮　　编：100084

电　　话：010-83470236　010-83470237

资源下载：http://www.tup.com.cn

客服邮箱：tupjsj@vip.163.com

QQ：2301891038（请写明您的单位和姓名）

用微信扫一扫右边的二维码,即可关注清华大学出版社公众号。

科技传播·新书资讯

电子电气科技荟

资料下载·样书申请

书圈